U0001176

跨域人生

大市場
小故事

吳紹華◎著

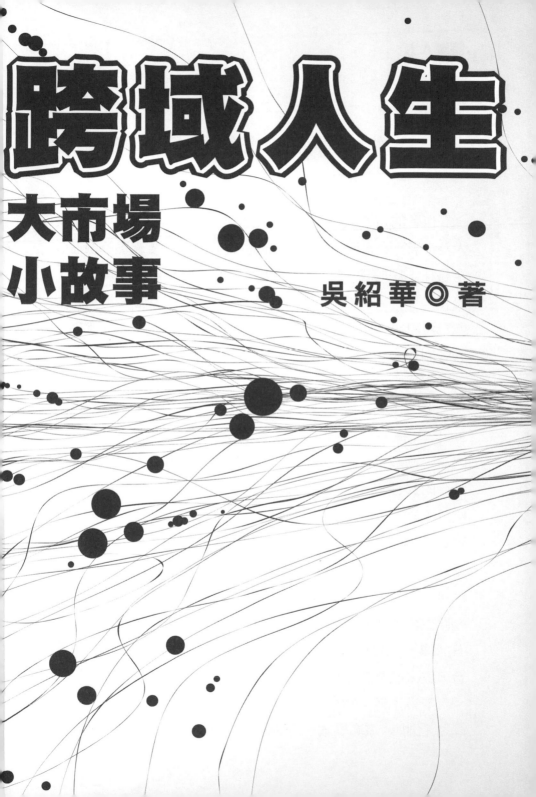

〔推薦序〕

一本勇闖大陸市場必讀的好書

　　作者的這本大作，可以說是集合了他個人過去近 30 年勇闖大陸市場，在台商、外商、陸商的經營管理真實經驗所撰而成，全書採「序時體」方式記載報導，更能反映事件的真實性，對於作者保存紀錄檔案的功力，可以說是相當佩服。當然此類回憶也可用另一種「主題」方式敘述，例如：行銷管理、品牌建立、勞資關係、組織管理等，但如此一來，就顯得教科書學究的形式了。

　　書中【第 3 篇】分析美國玩具品牌 Mattel，以及咖啡品牌 Starbuck 在上海開店的例子，分別從戰略及戰術角度分析其成敗因素，極具價值。【第 4 篇】也提到大陸市場其實是孕育台灣品牌的最佳場所，他並提出產品力是建立品牌的後盾，事實上由於大陸地大人多，我過去就說大陸市場應是台商最佳的「品牌練兵場」，過去幾年也有一些成功的案例，例如：家用小家電艾美特、最近疫情影響下，床墊供應商採直播方式進攻內銷市場、化粧保養品牌，如自然美等、零售業河南王的丹尼斯、輪胎業的瑪吉斯……等等，但可惜是尚無真正高科技產品的自有品牌，HTC 的智慧手機最早發明，但只有硬體，沒有軟體配合，致未能乘勝追擊，完成獨角獸事業，極為可惜。

　　本書不僅對經營現狀有分析，也與時俱進，討論了一些新課題，例如：電商模式、共享經濟、Airbnb，並分析新零售型態，

足為疫情後經營模式的參考，他也進一步討論到企業社會責任，如：CSR 及 ESG 等，都是企業永續經營不可忽視的課題，作者對年輕人的期許，可說是語重心長。

不過有一點，我對於他就「接班」的問題所下的標題有意見，他認為「企業接班是假議題」，其實台灣企業中至少 80% 為家族企業，俗話說「富不過三代」，意指接班問題沒處理好，家族企業很快就會分崩離析，第一代打下的基礎就會煙消雲散，非常可惜。我個人認為家族企業應該永續經營，事前應做好股權控制的安排，家族信託、股權轉讓限制、訂定家族憲法、接班人的培養、所有權與經營權的分割、專業經理人的留用……等等，為百年、千年企業立下典範。

總之，這是一本想了解大陸市場、大陸人民思維、進攻大陸內銷市場的好書，早期台商進入大陸市場是發「機會財」，但如今只有靠本領發「管理財」，我們應該慶幸有一個龐大的大陸市場就在我們身旁，不應該忽略或假裝大陸市場的不存在，如何融入？如何善用？是必須下工夫研究的；當然有機會就有風險，不要以為大陸還是人治社會，必須法律、合約上站得住腳，正派、合法經營，記得江丙坤先生曾說過台商要做三件事：一、正派合法經營；二、照顧員工；三、行有餘力，回饋社會；這樣才能贏得大家的尊重。

東吳大學企管系商學管理講座教授
高孔廉

〔推薦序〕

亂局中的自處之道

　　本書作者吳紹華是極為傑出的東吳校友，不過我對他最深刻的印象，不僅僅是在課業方面的優異表現，更如同本書〈9-4 職場必備的基本五力〉中最後一段所說的，他的大學生活精采豐富且忙碌地參加各種社團活動，建立了日後職場的各項基本技能與豐富的社會人脈。

　　2019 年底，一場突如其來的新冠肺炎，將全球打趴至今，成為眼下影響全世界最大的災難性事件。不禁讓世人憂慮災難何時才會結束？坦白講，這種混亂的世局前所未有，但未來仍會再現甚而更鉅時，我們該如何面對？紹華這本書提到很多經營的案例，提醒大家回歸事業經營的初心，正是我們專業經理人身處亂局中的治事之道，任何天大的困難與晦暗不明的情況，只要您肯坦然面對，必能如同具備火眼金星般有正確的經營策略與經營方向。

　　其實在事業經營過程中，不論總體經濟情勢如何紛亂？個別企業的問題永遠都不曾少過，再糟糕的情況下，也能找到那些表現很優的企業。本書〈7-4 談新零售〉文中，一家資歷最淺的上市電商，如同台灣其他電商在疫情期間業績大幅受惠，但它特別之處是在同行業績增加 30% 之時，它的營收與獲利卻是翻倍成長。究其原因，可追溯到 2017 年新加坡電商蝦皮進軍台灣市場所帶來的運費補貼戰，這家新電商不為所動，堅決砸錢

建設自動化物流倉庫。沒想到 3 年後一場疫情來襲，讓同行有訂單貨卻出不了，當下高下立判！難不成這家企業有先見之明，非也！他們的管理層只是非常清楚了解什麼是「對的事情」，沒在競爭壓力下亂了陣腳而已。

　　現在世局之亂，大半原因是錢太多造成的，全球大國幾乎都在製造量化寬鬆的金融環境，但大家心中都明白在疫苗沒有出來前，發債印鈔票是眼下各國政府唯一能提供的暫時止痛劑。錢多對企業有時是好事，但用錯地方那可能就變成壞事。書的結語〈事業經營的道與術〉，談到近年來聯合國大力鼓吹的ＥＳＧ（環保，社會與企業治理），給產業界提供了一個對的用錢方向，希望政府針對疫情紓困的資金流入產業後，不會被公司拿去包裝行銷，或只是花錢補貼搶市佔而已；而是能多投資在環保、教育、照顧員工與弱勢團體的身上，這才是企業長青的根本之道。

　　紹華這本書表面上是在談他過去職場的風風雨雨，卻也是最珍貴的企業理論與實務結合的寶貴經驗。實則是一本專業經理人的職場必讀寶典，也將給中小企業主帶來一些啟發與正面的能量！

東吳大學名譽教授暨講座教授

馬君梅

〔推薦序〕

無私道盡跨域經營的奧祕

　　吳紹華先生是本系傑出的系友，1989 年時搶得頭籌勇赴大陸，擔任國際品牌的行銷工作，24 年豐富的實戰經驗，見證了大陸如何由灰姑娘一路蛻變，至今已非當時的吳下阿蒙了！20餘萬字的大作梳理著腦海中的一塊塊拼圖，有血、有淚、有收穫，拼整出在海外奮鬥的大道理。更體會出海外經營除了勇氣，還要有對的時機、本事、本錢和運氣。

　　書名為《跨域人生——大市場小故事》，特別介紹其中關鍵之字為「跨域」、「大市場」、「小故事」。

　　「跨域」；台灣出生、成長的紹華先生，於國際上市企業一路爬升至 CEO 的專業經理人闖蕩中國大江南北各個市場，娓娓道來多年跨域（台灣業主 vs 中國市場 vs 歐美的產品授權）經營的甘苦與寶貴經驗。目前企業配合政策南下發展也有許多共通點，深具參考的價值。

　　「大市場」：中國市場的大，許多一個省的人口就比台灣多上數倍，台灣常引以為傲的成功管理思維及經驗，在中國的「大」市場會有哪些衝擊？又該做些什麼調整呢？提醒之餘，也分享了得勝的祕訣。祈願在機會翰海中能乘風破浪，得勝歸來。

　　「小故事」：全書紹華先生以生動說故事方式將一個個實

務帶出，串接對應著學理上的理念、價值、原則、策略、戰術……把許多名詞、形容詞都化成了有想法、有做法的動詞了！閱後，定能讓讀者引而深思，過去的許多迷思為之豁然——原來是如此！

　　本人除了在大學任教，亦曾擔任銀行董事 10 年，見過許多大、小企業的成敗興衰。感謝紹華先生無私的分享，道盡了海外經營期間的奧祕。特別推薦現職或未來的業主及專業經理人，若是企業（尤其中小企業）未來面對拓展海外市場，事先如何分析其商機及風險、落腳後各個功能面於營運時的諸多問題，尤其是與行銷管理、代理或經營自有品牌、銷售通路選擇等議題，更是值得閱讀。

　　本書鼓勵讀者們要擁有正直、誠實的理念，要有勇氣去面對挑戰、面對困難解決問題、坦然接受現實，規避風險踏步前行，不只可以看見腳前的燈，也能有機會尋得遠方的光。

　　這是本可讀性高又有參考性的書，特此榮幸推薦。

東吳大學企管系教授

沈筱玲

〔推薦序〕

對台灣的愛與期許

　　台灣人有企業家精神，勇於在資源有限的情況下不斷地精益求精，創造商機爭取利潤。台灣製造的優良產品每年為台灣賺進龐大的外銷收入，然而台灣市場小，企業的發展格局受到局限，亦是不爭的事實。誠如本書所提台灣地區每年 20 萬新生兒童，是無法建立一個奶粉品牌的。如何跳脫格局，拓展更大的市場，建立自有品牌？是台灣企業的願景。不僅企業如此，個人職業生涯亦然！努力必須與所得相匹配，才是對努力最好的獎賞，台灣優秀人才也在尋求更廣闊的舞台，揮灑長才，豐富人生。位於海峽對岸，與台灣有相同語言、血緣關係、歷史文化，現擁有 14 億人口、人均 GDP 達美金 1 萬元的大陸市場是個發展的舞台。

　　進入大陸市場不是一件容易的事，不論是土地面積、自然環境、風土民情、生活習慣及消費偏好均與台灣市場迥然不同，此差距不是單憑想像就可以臆測的。筆者接觸過許多台商，每個人都有一段痛苦碰壁期及辛酸奮鬥歷程，這些何嘗不是追求豐厚報酬所必須付出的代價嗎？當然並不是每個人都會成功，至少你可以先藉由前人的經驗，避免犯相同錯誤，來增加你成功機會。如果你能拋棄個人主觀成見，做好打掉重練的準備，以認真、謙虛的態度來認識大陸市場的話，那你離成功愈來愈近了。

市面上有關大陸市場的書籍內容多為介紹大陸政策、法規及制度等方面。這本書是從企業經營者角度分享經營大陸市場的實務心得，屬於「軟實力」方面，非常難得且稀有的作品。正所謂「智慧不在於你經歷過什麼，在於你領悟什麼」？作者將其在大陸市場工作 24 年實戰經驗中領悟到的事情，提煉出精髓，以輕鬆風格說故事方式提醒台商進入大陸市場應注意事項及常見錯誤。我在閱讀本書過程中常感心有戚戚焉！書中提到企業應該堅持守法的觀念，千萬不要利用法規不齊備、灰色地帶或者與當地領導的特殊情誼，牟取利益或節省成本。試想，哪個地方的人會歡迎以不法手段賺取當地利益的人？更何況，你是外地來的人。歐、美已開發國家如此，台灣不也是如此嗎？這是投資者貪小利、僥倖心態，與政治制度無關。企業經營是永續的，必須負責任的經營，切勿因一時貪念，將企業置於險境。

認識作者吳紹華先生是在他出版第一本書《深不可測——大陸市場的機會與陷阱》的新書發表會上。當時我正在為台商投資權益保障宣導工作尋覓講者，聽完紹華兄的演講，深受感動。後來多次邀請紹華先生對台商及大學生進行演講，果然大受好評。一眨眼數年過去，其間台灣法律人參加大陸司法考試的人數逐年增加，準備投入大陸法律服務市場。我感嘆紹華先生的遠見，而紹華兄對於台灣企業及年青人的出路始終抱持著使命感。我也深信，愛台灣應該是為台灣企業及青年人謀求最大的發展機會。

環宇法律事務所主持合夥律師

李書孝

〔作者序〕

走出不一樣的人生

　　1949 年，家父因戰亂隨國府撤退台灣；40 年後的 1989 年，我因職涯選擇而到上海工作；前者是因戰爭所迫而帶來的遷徙，後者則是我在個人職涯規劃，主觀意識上所做的決定，這樣的決定源自我的志趣與個性，因我在東吳大學企管系唸書時，對行銷管理特別有興趣，畢業後進入產業界，才發覺以往教案中所談的策略思考，很多是在台灣這個小市場中派不上用場。1988 年起，中國逐步開放，加上新台幣大幅升值，西進大陸已是台商莫之能禦之趨勢；我本身個性好動又喜歡冒險，所以當老闆徵求同仁赴陸考察時，我立馬就自告奮勇表達意願，因此成為老闆除外，公司西進大陸的第一人，也開啟了我 24 年多彩多姿的跨域人生。

　　雖然跨出台灣職場是我事前預想過的、是有動機的，但對於去了之後會帶來怎樣的人生改變？當時可還沒想到！事後回想，這個改變影響了我 35 歲以後整個人生，影響我的家庭生活、影響我太太，同樣也影響兩個小孩的成長歷程，不只影響我這一代，事實上也已經影響了我的下一代。

　　其中最珍貴的收穫，就是大陸這個大市場，教了我很多新東西，也帶給我很多新朋友，產生很多新觀念，讓我職涯人生變得豐碩精采，而家人的堅定支持最是重要，因為途中會面臨一個又一個艱難的抉擇，但我們全家始終以長期角度，來經營

我們的跨域人生，因為我與我太太堅信，國際競爭力是台灣年
輕人遲早要面對的挑戰，我們這一代正好躬逢其盛，若能懂得
把握機遇，就能利用職場轉換的機會，讓我們的子女早一步成
為具備國際觀與國際競爭力的一代。

　　大陸市場到底有多大呢？大陸市場的巨大是由兩個部分組
成的，就是「地大」加上「人多」，這兩部分分開來講，都是
淺顯易懂的，但這兩個因素交錯影響與組合，所產生的乘數效
果，形成百倍於台灣市場的規模與複雜度，這種廣度與深度就
好比汪洋大海，對習慣優游於台灣小池塘的台商與台幹而言，
表面上同文同種，看似差異不大，實際上對大多數的台灣朋友
來說，卻是身處波濤洶湧，不知水到底有多深的險境當中，不
同的人文習慣與相異的體制背景，再加上某些不肖老台的錯誤
導引，讓我們想去大陸發展的台灣朋友們，感覺處處是機會，
但同時處處又是陷阱。

　　對大陸社會持平而客觀的對待，是在大陸市場長期打拚的
關鍵，首先是要理解它並能接受它，絕不能有心懷瞧不起當地
人的心態，大陸朋友在某些習慣上必然與我們不同，入境問俗
是必經的學習過程，有些事情其實他們還比我們超前很多，但
也不要輕易被某些澎湃的外象給迷惑，市場雖大，但賺錢並不
容易，所有正當生意都應該是一步一腳印走出來的，所有的成
功也都是來自扎實的基本功。

　　到海外開創事業，主要對手是擁有天時、地利、人和條件
的當地人，而且眼下大陸對手普遍的財力與資源條件已高於我
們，國際視野與能見度也不輸我們，再加上被大陸巨大市場吸

引過去的國際菁英，台灣年輕人焉能不識水性，不做足功課與準備，就想直接游入大陸市場這個深海大洋之中？

雖然本書所談的大市場是以中國市場為主軸，但為免過多受到過往 24 年經驗的制約，除了將個人經歷的大、小事情回憶整理外，還將近年對中國市場有某些重大影響的國際大事與過往經驗同時並陳分析，目的在顯示某些經驗與觀察，與現今世道相比並未脫節，也期望能藉由這些案例，給各位有志大陸市場與職場的朋友，多一點借鏡與啟發，讓大家少走彎路、少些折騰。

談大陸市場的大，就不得不先講台灣市場的小，但這是先天的局限性，我們儘管羨慕，但事實就是如此，就連日本這個中國的政治世仇，也得乖乖讓出世界第二大經濟體的位置，而且日本商界更將中國大陸，視為未來生意的主要增長地區，不斷加碼投資。包括台灣在內的亞洲四小龍，在大陸搞政治的年代傾全力拚經濟，因此得有過往的輝煌，但在中國這頭巨獅覺醒後，四小龍早已被遠遠拋後，雖然很多台灣朋友對此還不太能接受，心態上一直無法平衡，但承認現實確是需要學習的第一課。

大陸憑藉地大、人多、資源豐富的優勢崛起，還在全球經濟普遍低迷的 21 世紀，迅速調整角色，由世界工廠往世界市場移動，眼下全球經濟 G2 強權之勢已沛然成形，台灣人要思考的不是逃避與對抗？更不應忽略與假裝大陸的不存在，正確的態度應該是如何融入？如何妥善運用我們身旁這個大市場？

所以由案例引伸，多少會談到台灣年輕人如何走出台灣的

舒適圈？如何將大陸市場視為台灣內需市場的延伸？如何利用大陸市場來圓我們的品牌夢？台灣政治上的恐中心態導致國家施政的保守，是我們升斗小民是無力改變的，但登高望遠，尋找自己更寬廣的事業舞台，絕對是自己可以掌握的。

　　21 世紀正確的職場眼光，應該不只看台灣，還要能看到大陸，更要看到整個大中華與全世界。未來絕不是只與身邊左鄰右舍的朋友在競爭，還可能與對岸及全球的精英同場較勁。現代的社會不論是職場還是市場，國家間的邊界越來越模糊，我們有幸在身旁就有一個那麼巨大的成長中市場，我們可以視而不見，一邊怪社會對我們不公，沒有好的工作機會，也可以用另一種積極正面的態度，走出去擁抱機會，我們可以給自己千百個理由，將頭埋在沙堆裡，也可昂首告訴自己，我要賺錢、我要發展、我要過好日子，所以我們只有坦然面對競爭，迎向挑戰。

　　另外，要特別說明，我之所以出書，不是我有多成功，相反的，我的職場經驗平凡而普通，用統計學的觀點，我的職場成績只能說是普普通通，但也因為這樣，讓我的歷練具備了某種程度的代表性，可以說是大多數台幹跨海西進大市場的典型案例。加上我自幼就喜歡說故事，在企業做主管就經常長篇大論，好為人師，退休後沒有部屬當聽眾，只有靠寫作表達想法了，幸運地是有出版社欣賞並願發行，能一遂我幫助年輕人的心願！

吳紹華

跨域人生
大市場小故事
|目錄| CONTENTS

第 1 篇

叢林市場　處處兇險

　　我職場生涯的最初 10 年是在台灣度過的，這 10 年養出我在工作上的自信與雄心壯志，特別是與台、清、交一流腦筋的科技朋友同事多年共事磨練後，難免有種自我感覺良好的自負，所以剛到大陸工作的頭幾年，往往會有點瞧不起大陸對手的心態。事實上，90 年代初期，與大陸機構談合作合資，一邊談還要一邊教，因為當時的大陸不論是政府或企業界，都不太清楚市場經濟這回事，不過他們展現出來的謙虛與好學，卻是令人佩服的。後來合資企業成立了，我也由合作前負責談判協調的角色，進入到合資企業內實際參與企業的營運，也就是從那時起，才發現我在大陸職涯發展，真正嚴格的考驗正要開始！

　　這時的我突然發現，原來在台灣工作是多麼幸福！以前在台灣工作之所以順風順水，其實大半原因是由於環境使然，並不是自己有多厲害，到了人生地不熟的海外市場，特別是 20 多年前的中國大陸，政策法規不明、市場遊戲規則不清楚、產業配套極度不足、從業人員素質不齊，是個十足的叢林市場，才發現前所未有的考驗接踵而來。以往沒碰過的疑難雜症層出不窮，連解決問題的法源依據都要自己找，處理手段不但需要技巧還要耐心，更需入境問俗，而且必須顧全當地滯後不全的律法與行政觀念，所以走大路、行正道，成為我們大陸事業長期經營的不二原則，換句更平常的說法，就是將「誠實」作為我領導團隊的核心價值，要求遇問題說真話，做事務實不務虛，這讓三天兩頭就遭遇一些新鮮麻煩的我們，至少能快速、正確地切入問題核心，也能更有效率地面對實際，克服一個又一個的難關。

這樣的行事原則，表面上是走遠路，成本高、耗時較多，但卻是規避無謂經營風險的最佳途徑，也讓公司與我自身能安然度過在經營過程中的風風雨雨，所謂「走大路、行正道」，在工作執行面來說，就是「守法」二字而已。20多年前至今，西進台商前撲後繼絡繹於途，死在沙灘上的十之八九都是栽在守法上！坦白說，大多數的企業老闆與高管，本身並無違法意圖也非貪小之輩，但初到一個陌生的市場，一不留神誤信讒言，小則賠錢走冤枉路，大則身觸法網，留下一生的遺憾。

剛去大陸工作的台灣朋友最容易受兩種人影響，一種是老僑，某些已先去大陸幾年的台灣朋友，會在你需要的時候，好意給你一些過來人的經驗，如果彼此間並無利益糾葛，那倒是可以聽聽，但最重要的是你自己要能分析判斷與求證，有時盡信書，還不如無書；另一種是首批任用的大陸幹部，為表忠心與能幹，往往會提出某些貪圖近利、遊走灰色的建議，看似聰明的做法，往往最終都是連本帶利要你加倍奉還的。所以在異地工作或創業，於私交友、於公用人最是重要，用到正直勤懇、能講真話的員工那是福氣，但建立妥當又能相互勾稽的內部管理機制，則是確保長期經營成功的必要功課。

正確的說法，企業經營的成功是方方面面的事都要考慮到的，加上周延的規劃與好團隊的執行力，有時還要靠點運氣才行。但往往只要一個小疏忽，就能搞砸整個事情，前功盡棄。最打擊員工士氣的事，莫過於一邊是同仁全力以赴，另一頭卻是一些吃裡扒外的小人在咬公司的布袋！所以，光有強大的攻擊能力在商戰中是無法獲勝的，開疆闢土的同時千萬要顧到安

內的建設工作，才不會讓企業老是賺三年虧兩年，在來回折騰
中辛苦掙扎。

因此，身為海外企業的高管，不僅要耳聰目明、靈活應變，
更需以身作則堅守立場，培育攻守兼備的團隊，建立合理透明
的營運機制。簡單地說，企業掌舵者的主要角色，就在設立正
確的目標，堅持誠實與守法的道路行事，面對隱晦不明、自己
並不熟悉的外地市場，絕不投機取巧走捷徑，也不會面對困難
視若無睹，而是坦然面對險境，用堅定的態度、誠實可靠的務
實做法，帶領團隊在叢林市場中，披荊斬棘，迎難前行。

1-1

我被黑道威脅了

我生在台灣，長在台灣，碰到台灣黑道本不稀奇，稀奇的
是我居然是在大陸碰到了台灣黑道！這事發生在我任職台商、
擔任廣州總部行政副總的第二年，處理這件事所經歷的過程，
給我的內心帶來極大的震撼，也讓我長進不少。

1991 年，我任職的公司成為當時世界最暢銷的卡通品牌，
在中國大陸唯一的授權商後，開啟了我們在大陸內需市場的業
務布局；到 1998 年時，我們在大陸已設立了 6 個地區辦事處，
透過這 6 個區辦，在全國順利發展出直營零售網點與上百家的
經銷商，當時的生意好、競爭少、毛利高，而且還是款到發貨，

這是在台灣不可能的付款條件，而且終我24年大陸職場的經驗，這點完全沒改變過，當時可以說是順風順水，一切都在正常的軌道中運作前行。

　　某一天，總部接到一個來自稅局的通知，讓我們突然驚覺到公司內部出了問題！稅局是在我司前一年的財務憑證中，發現了兩張假發票，因為大陸實施的是流轉稅制，增值稅率高達17%，進項稅可以從銷項稅中扣抵，所以不少不法商人用假發票來騙稅，因此中國政府對增值稅發票的管理是非常嚴格的，抓到了不僅有高額罰款，而且相關責任人還要吃上刑事官司。由於這兩張假發票都是來自我司的同一單位——成都辦事處，而且是由同一家道具供應商開出來的，新上任的財務經理覺得此事很不尋常，立刻翻查這個部門以往道具的請款發票，並讓成都的財務人員，暗查這家道具廠與其承包的貨架品質，才發覺這家道具廠所做的貨架不僅偷工減料，還低價高開，混充假發票於其中，最重要的是如此的空殼公司，若非我司當地負責人有意包庇，是不可能長期承攬我司工程的，隨著對這個單位業務工作的全面清查，一系列更嚴重的問題逐漸顯現。

　　除了原來假發票與虛報費用的問題外，發現這個單位還有其他兩大弊端：一是利用職權以權謀私，侵占公司資產。先用人頭身分，以客戶名義開設重慶專賣店，再以極優惠的條件（包括放帳）出貨給這個假客人，一年後再以無力經營為由，高價賣回給我司自營，這中間來來回回占盡公司好處。二是挪用經銷商貨款。包括成都辦事處與轄下重慶、昆明兩聯絡處，所有批發業務的主管全是這位成都負責人自己的親信，這些業務員

平日與經銷商生意往來，經常代表公司代收貨款，日久後就開始挪用客戶貨款，供自己的私人生意周轉用。

　　由於事證明確，多人涉案又身居業務要職，總部決定要快速處理，因此當下電召這位成都經理黃女士回廣州總部開會。同一天，我以行政副總身分飛往成都，接管成都辦事處。也許是心中有鬼，這位經理非常敏感，到了廣州後，她並不進公司，而是爭取時間搞清情況，等當天下午一切明朗之後，這位經理根本就不進廣州總部了，同時她在成都的親信，包括重慶、昆明在內的業務主管好像人間蒸發般，集體消失不見了。所以我雖順利接管成都辦事處，卻是處於一個相關責任人全部行蹤不明的情況下，當下立刻向總部搬請救兵，火速抽調南京與鄭州的主管，分赴重慶與昆明接管當地業務，也從上海與杭州各調一位同事來成都幫我，一邊向當地的成都同事說明情況穩定軍心，同時立即著手清查所有的客戶交易。

　　這時我的手機響起了，手機另外一頭傳來一個低沉的男生聲音，自稱是黃經理的台灣男朋友，大意是說大家都是出外打工的夥計，何不抬抬手放她一馬！如果查辦到底，他們就豁出去了，我們辦事處就會不斷地被騷擾，並危及成都同事的安危！電話中，我好意請他轉告當事人，最好是她自己出面解決問題，掛下電話後，我立即了解此人的背景，才驚覺到我剛剛是被黑道威脅了！

　　由於事涉成都同事的安全，我不敢大意，立即向當地管區報案，並向派出所請求派駐便衣員警一名，經派出所主管同意為期一個月，相關費用由我司支付，隨後的 1 個月在我們辦公

司的會客室裡，總是看到一個年輕小夥子朝九晚五與我們同事一起上下班。我相信這樣的安排必然會很快傳到對方耳裡，同時調派到重慶、昆明的主管與當地店長們的處置得宜，成功阻止了對方想趁亂劫貨的企圖。

相信當時成都辦公室內部仍有其眼線，公安派駐的消息想必已傳出去，所以對方顯然已無法在辦公室裡搞破壞了，至此成都辦公室的內部情緒基本上穩住，剩下是對不法分子的追查，由於當時兩岸並無有關司法方面的互助協定，雖然事證明確，但在當事人返台後，除了道德勸說，我們拿她真是一點沒輒。過了 7 年追溯期，還可大搖大擺地再去大陸。但當地附從為惡的陸籍員工則是陸續就逮，也都給予了應得的刑事處罰。兩個月後，這個單位全面恢復正常運作，而公司為避免重蹈覆轍，也因此啟動了一系列的組織變革。

其中最大的改變，是在事情發生後的半年內，陸續將全國 6 個辦事處，全部升格改制為能合法開發票的分公司，逼使所有分支機構的財務管理體制化。業務規範明訂業務員絕不可代公司收取貨款，也不可代客戶領貨，也利用訂貨時會對經銷商反覆說明清楚。當然這種領先同業的改變，讓公司成本大增，但公司體質因之明顯提升，從此以後，所有分公司的業務都是明明白白，在陽光的檢視下清楚運作。這個教訓反而讓我們體制精進，也讓我往後在大陸的職場生涯獲益良多，更讓我清楚了解到，只有完善合理與合法的營運體系，才能真正預防弊端的發生，而企業本身無弊病纏身，同仁自然專心工作，效率高、生意又好，同仁們工作也自是愉快萬分！

1-2 兩年伙房頭 老家起新厝

　　這句順口溜，是描述在廠裡負責辦伙食的主管油水很多，只要幹個兩年，所賺的錢就可以在自己老家蓋新屋了。20多年前我負責管廠的時候，不折不扣就遇到了這件事情，對工廠員工而言，每日三餐是最能表現公司福利好壞，與對員工是否用心的大事，除了讓員工吃飽吃好外，用餐時段也是同仁休憩與相互聯誼的時刻，一頓令人愉悅的午餐，對下午枯燥的生產線工作來說，絕對具有加分效果。

　　伙食要辦得好，不在錢多錢少，首在每一分錢都能用在實處上。20多年前我們廠的員工超過700人，那時每人每日伙食費預算是人民幣5元，所以每個月十多萬元人民幣的伙食預算，在當時絕對是筆大錢，有關伙房主管貪污的流言蜚語從來就不曾少過，但直到我確實收到一封長長的黑函，我才真正面臨到必須「處理」的情境當中。

　　首先，我必須找出寫黑函的是那位同事？若能使這位同事願意出面談，代表此事可信度很高，也表示舉報人敢承擔責任，同時也表示對我這個主管的信任。透過人事部門的私下察查，我與舉報人私下見面談了2個小時，舉報的同事本人在伙房工作了好幾年，對伙房的日常運作與其中弊端知之甚詳，在事證

與人證俱全的情況下，我並沒有立即出手，因為我們私人機構，本身不具備調查辦案的公權力，行事間若稍有偏差，不但無法解決問題，反而會讓公司受害更深。

　　因此在採取任何行動前，我首先要搞清楚怎麼做才是合法的？會不會引起員工不良的反應與後遺症？如何做才不會讓公司陷入騎虎難下的困境之中？於是第一件事就是就教予負責我們工廠管區的公安。派出所的刑警隊長在聽了我的陳述說明後，沉思了一下回答說：「這種事交給我們具備公權力的單位來辦是比較妥當，但處理這類平日工作用刀動火的員工來說，有個基本原則，就是不論查辦結果如何？都不能讓其返回原來的工作崗位，因為其工作性質太具危險性了。」坦白講，這是個原本我根本沒思考過的問題，而且是極其重要的關鍵。

　　接著第二天早上，兩名便衣刑警到了我們廠裡，隨即召來伙房主管，請其說明採購流程與交待整個供應商資料，其中一名刑警在拿到供應商材料後，立即會同其公安同事循線訪查，同時在與我們伙房主管談得差不多後，刑警隊長將嫌犯從辦公室移回派出所繼續偵訊。當天下午，負責查訪供應商的刑警，帶著證據確著的供應商帳本與收賄資料回來，在與我們做過資料的核對後，公安人員接著的工作，就是要在 72 小時的法定羈留時限內，讓嫌犯俯首認罪。

　　隨著公安傳回來的嫌犯自白，我與同仁規劃好下一步的處理方案，這時我們決定根據公安的建議，不打算向當事人就貪污所得求償，除了貪污金額計算不清外，最主要就是要快刀斬亂麻，讓此案的當事人沒機會挾怨報復。所以我們人事部的同

就在派出所當場與當事人談妥，不對其貪污案提出告訴，但必須自動離職。第二天在公安的陪同下，當事人回廠打包行李後離廠。至此，本案平安落幕，當然也開啟了日後對工廠伙食一連串的改革行動。

1-3 一個奇怪的過年紅包

阿貴是我們廣州工廠的保安隊長，在某一個農曆新年的前夕，他收到工廠陳姓台籍經理的一個大紅包。中國人過年長官給部屬紅包是常態，廣東人通常在新年第一天上班的一大早，會由老闆親自發到每位員工手裡，稱之為「利市封」，不過金額通常不大，只是圖個吉利而已。

但阿貴拿到的這個紅包金額逾人民幣千元，在 20 年前的大陸這可是很多當地人一個月的工資，這個大紅包讓正直又謹慎的阿貴覺得很可疑，因為他覺得過年紅包的金額不該這麼大，而且他的工作素與這位經理無涉，沒來由的給這個大紅包，他覺得事有蹊蹺！阿貴將這個紅包上繳，同時也將心中的疑問告訴了我們，他說他想了很久，成衣廠應該只有一件事跟他的部門有關，就是每個月賣廢料碎布時，成衣廠會讓回收業者的車進廠區拉這些廢布，等裝完一車後，經門衛過磅檢查後放行。

於是我們找來財務經理研究這情況，請財務部立刻核對成

衣廠每月報繳賣廢布的數量與金額，一查之下，發現成衣廠上報的車數與門衛簽放的車數不符，兩者差異數達一倍以上，每月短報賣料收入達數千元到上萬元人民幣不等，由於白紙黑字無法抵賴，這位經理在我們約談後只得立刻自動辭職走人。

隨著他的離職，更多的事情被曝露，過年前他不只送這位保安隊長大紅包，他還大手筆的送給手下課長每人一支手機，要知道今日手機一點都不稀奇，但在 20 多年前，手機可是絕對高檔的奢侈品喔！而且平日下班後，常常招待手下幹部喝酒唱歌，這表示破洞應該不只這一個，但是找出關鍵人物，至少重點就堵住了。

這事讓我體會到沒有制度勾稽的授權是很可怕的，而良善的制度也賴相關部門與忠誠幹部的執行，這又牽涉主管平日待人處世與領導統御的風格，如果不是保安隊長本身正直，而且信任我們主管不會官官相護，相信這事可沒那麼快被察覺的，可見做人做事真是環環相扣，缺一不可啊！

1-4　來自客人的勒索

每年 3 月 15 日是大陸的「消費者權益保障日」，這個活動本身目的在提倡消費者自身的維權意識，進而逼使廠商提升商品品質。這對當時剛進入市場經濟的大陸產業，的確在防止假

貨、杜絕仿冒上有所助益，但不過才幾年的光景，卻演變成一個大陸商家普遍的一個惡夢。

記得 2000 年的某一天，我在廣州開發區的總部接到一個客人的投訴電話，由於對方堅持要找工廠的最高主管談，我們市場部的同仁只得將這個電話，轉到我這個不直接經辦生產業務的主管頭上，這位自稱是我們的客人用很不友善的口氣詢問：「我們企業對不對自己的產品負責？」聽了這個帶有陷阱的問題，我好聲回答：「我們公司是 Disney 在中國的眾多授權商之一，但不是唯一，而且還有一些不法的仿冒品充斥市場，我們公司當然對自己生產的產品負責，但對別家廠商的商品就無法負責了！」

這位客人誘我入殼不成，惱羞成怒的對我咆哮道，上個月在廣州替他小孩買了一雙 Disney 童鞋，由於鞋子的瑕疵，小孩因此跌倒受傷，要我們負責賠償！我耐著性子回答：「只要你告訴我貨號、購買店鋪，提出購貨憑證，經確認後確屬我們公司賣出的商品，我們一定負責。」這位老兄顯然對我的回覆極度不滿，在電話的另一端不斷語帶威脅對我繼續叫囂。此時我心中已然有數，這位老兄並非我們的客人，充其量只是在地攤上，買了一雙便宜的仿冒品而已，因為他根本拿不出購貨憑證，甚至連商品貨號也講不出來。

這類來自消費者的怪異投訴，每年總有幾回，基本上本著誠信原則處理，都能合理解決，但我們全體同仁彼此相互提醒，遇事不論有理沒理，絕對不可動氣，我們堅持要做到理直氣平，因為和氣才能生財。

但另一種來自產業界文化流氓的無理需索，才是真正比較大條的問題，隨著大陸經濟日漸發達，各行業的專業媒體與社團跟著出現，這些半官方的機構，標榜著照顧消費者權益的大旗，公然要求我們廠商做付費廣告或宣傳，如果每次都拒絕，就會有遭受負面新聞報導的可能，他們輕聲講重話，口不出惡言，而且舉止有禮，這才是最棘手的對象，所以當時對媒體的選擇與對待，也是我們必須面對的課題。還好眼下電商模式興起，較易形成市場百家爭鳴的光景，反而降低了傳統媒體對市場的影響力，毋寧說這是一個正向的轉變。

1-5 有理走遍天下

任何部門的除弊行為，只是企業改造的第一步，而且除弊的目的在「興利」，所以除弊時，不能拿個大刀亂砍殃及無辜，特別是與市場有關的業務，因為大多數的客戶是無辜的第三者，同公司一樣也可能是受害者。如何解決公司的問題，同時兼顧客人的權益，並對企業未來生意的發展，產生正面助益？這考驗著專業經理人的承擔與功力！

我們在處理成都分辦內部腐敗問題時，就連帶衍生出一個棘手的業務問題，而這也是任何一位主管都不願發生的，就是不希望因內部問題的處理而影響到生意，可是事實上又很難完

全不受影響，因為要由新人接手工作時，客人不可能不問原因，我們的同仁也不可能支支吾吾，說得不清不楚，問題是，當你的回答聽到不同的客戶耳裡時，就會有不同的反應出來，明理的客人會關心自己的權益有無受損，誇張的客人就會想利用這個機會多占些便宜了。

而且不可否認在現有客戶中，肯定有一些朋友與原業務交情非淺，雖然我們可從部分客人的反應中，聽出這裡面有著原業務員教唆的影子，但我們要求同事們堅持用理性，不帶任何負面情緒的態度，來面對客戶所有的責難，這是面對客人的第一個原則。

而想趁機佔便宜的客人，無非是在經濟層方面的，當時最嚴重的要求有兩個；其一是稱某批貨款已交原業務，但沒收到貨，要求公司補貨；其二是說原業務有答應他可以無條件退貨，要求公司兌現承諾，並說雖然業務員未依公司規定辦事，是業務員個人的錯，不是公司的錯，但業務員對外就代表公司行事，客戶並不清楚公司的內部規定，所以業務員承諾過的事，公司就要負責。客戶很聰明選在訂貨會大庭廣眾下，公開質問上述問題，簡直就是一場嚴酷的現場考試，大家七嘴八舌，有人比大聲，有人自稱是生意行家，還好我們的同仁從頭到尾不與客人爭吵。

當客人大致表達完畢後，我要大家坐下來說，接著開始表白如下：「各位朋友您們講得很有道理，業務員在外代表公司，即使他已離職，但原業務員對各位所做的承諾，我司一律負責，只要各位拿得出書面憑證，經我司查證無誤即可兌現。這道理

很簡單，在前業務員已離職的情況下，任何公司都不可能單憑各位口說的講法就辦的，書面的事證是絕對必要的，當然，我們公司也會查證文件內容及其真實性，只要屬實，我司一律負責到底。」

在我上述表白過後，大家心平氣和地又談了個把鐘頭，這個紛爭就大致平息了。事實上在往後的日子裡，並沒有任何一位客人拿出什麼文檔要求過任何索賠，而且都還與公司繼續做生意，新任的市場部經理，事後問我怎麼那麼有把握知道會是這個結果？

其實我根本不知會有什麼樣的結果？我所知道的是，最壞的情況就是業務員在口頭上忽弄客人，因為違反公司規定的承諾，通常是不會留下任何書面文檔的，如果沒有這回事，客人硬要去捏造一個憑證，就觸犯了偽造文書的刑責，而且是屬於詐欺的刑事罪。我相信以客戶的水準，不會沒事找事，自己引禍上身的。其實我處理這件事情只是依據合情、合理、合法的原則而已，相信大陸的朋友與我們台灣人是一樣講道理的，也相信在有糾紛時，大陸的執法機構會公允的依法辦事，當然也有可能是我們運氣比較好，我們的客人中並沒有那種真正的奸詐險惡之輩，如果有的話，估計就沒那麼容易過關了。

第 2 篇

組織缺陷的代價

一個人會生病，主因身體虛弱，身體的免疫系統無法抵抗病毒的侵入所致，企業也是同樣的道理，我 30 年的職涯生活，處理過無數的公司內部弊端，但幾乎所有的弊病，都源自企業內部的組織設計與流程出了問題！

大陸市場由於幅員廣大，很多著眼於開拓大陸內需市場的台商，在尚未打開當地市場、生意規模不夠大之前，都會面臨如何建立分支機構的問題？在電商還沒出現的年代，沒有組織就無法發展業務，也無力服務外地的客戶，但建立全國性的分支機構，是件花錢又吃力的工作，而生意不大，本身就無足夠獲利去支撐這個體系，所以很多台商朋友就採用一些變通的做法，希望用較低的成本來發展市場，其中最典型的做法，就是設立辦事處或聯絡處，來取代設立分公司。

又或是分倉到底要如何設立？外區的幹部與日常業務怎麼管理？在過往多年大陸市場的工作經歷中，經常面對一堆台商朋友，不斷地提出這些惱人的問題，當然不同發展階段的企業，做法自然不同，但風險與代價必然是相依相隨的，身為企業主事者不可不察。

2-1 設立分公司？還是辦事處？

設立分公司？還是辦事處？兩者最大的差別是在財務管理

環節，作為分公司是一個獨立於總公司的法人個體，有法人代表，可以代表總公司在授權範圍內對外簽約，可進行實質生意的往來，對客人直接提供商品或勞務，直接收受貨款，但是辦事處在法律上的地位與權責就大不相同了。

我過去在成都負責經營童裝品牌的時候，雖然公司總部位在廣州經濟開發區，但成都分公司的零售業務可以與當地的百貨公司簽訂聯營合約，進駐商場開設專櫃，透過分倉的中轉，鋪貨上架銷售，每月依實際銷售與商場開票結款。經銷部門同樣可透過分倉，批售商品給當地的經銷商，這些經銷客人也可以進分倉挑貨，進行小額零散的補貨，客人可直接在當地付款給成都分公司，直接付款取貨。

但正規的辦事處能夠操作的業務就大受限制，由於辦事處不具備開發票的資格，所有的業務聯繫洽談雖能在當地操作，但必須以總公司名義進行，所有的合同也必須以總公司名義簽署，上一段的所講的經營行為就要跟著改變。成都商場的聯營合同在總公司與百貨公司簽署生效後，總部的備貨必須直發百貨專櫃，每月與商場對帳完畢後，由總部直接寄增值稅發票給百貨公司請款，商場也是直接匯款至總公司的戶頭，地區辦事處並不碰錢。

批銷業務亦同，成都的業務員雖要開發客人，生意談成後，所有的經銷合同是以總公司名義與成都客人簽署，訂單確認後，成都客人直接匯款至總公司，貨物與稅票也是由總公司直發給客人，成都的業務員雖能代表公司談判，但不能碰貨，也不可代表公司收取貨款。

多年前在大陸所遇到的第一件大型企業內部貪污案，就是肇因於當時的公司，以辦事處的模式，來操作分公司的業務，形成內部財會作業上的漏洞，給予有心人士可趁之機。這個教訓讓我們事後，陸陸續續將全國所有的辦事處改制為分公司，雖然分支機構的管理費用上升了，但分公司較靈活的在地業務操作方式，帶來批銷生意的大幅增長，加上正規分公司健全的財會制度，財務風險大降，整體而言，對一個長期成長中的內需型企業來說，絕對是利大於弊的。

坦白講，大部分的台灣中小企業，非到逼不得已，多不會設立分公司的，因為職場經驗告訴我，多數台灣企業老闆以重生意發展為先，一方面高估自己的管控能力，同時總覺得等生意大一些時，自然有實力進行管理與體制的改善，也認為生意規模夠大，才有要求正規管理的必要，在這種重獲利輕管理的思維下，時間到了總得要付出一些代價的。

2-2

中轉倉的設與不設

分公司與辦事處的差別，除了在企業財務管理與操作上的大不同外，另外存在一個物流環節的巨大差異，因為中國施行流轉稅制，從甲地到乙地任何流轉環節都要課征 17％的銷售增值稅，從自己的總倉出貨到分公司的地區倉視同銷售，不論商

品是在地區倉？還是已售出？貨到地區倉就要繳交增值稅給當地政府。所以很多企業不設立分公司的目的之一，就在規避巨大的流轉增值稅。當生意不大時，問題倒還不多，但生意擴大後必引人側目，地方工商部門的察查，必然隨之而來，問題開始接踵而至！

事實上工商局之所以會查，大部分都與公司內當地員工或同業的檢舉有關，其實員工本身沒那麼了解法規，也只是不滿工作環境，或加班太多，或不滿主管作風等個人原因而已，但政府部門一經舉報就必然要查，一查之下，難免不會牽涉一堆有的沒有的？而同業的檢舉，也多半是不滿主管的員工，懷恨在心跳糟同業後的報復之舉，但最重要的關鍵是，身正不怕影子斜，公司本身運作合法才是正理。

2001 年，我下轄某外地辦事處所屬的倉庫，就被查了！且被地方工商部門勒令封倉整改，由於無法出貨根本就無法做生意，所以總部立即派出行政主管，飛赴當地解決問題，幾經交涉之後，當地政府一週後終於同意開倉放行。表面上事情暫告一段落，但隨後數年每到 5 月，地方政府的查察從沒停過，我們的行政主管也每年必到當地報到，在一番交涉交際後再度過關，年復一年，就在玩這種貓捉老鼠的遊戲，雙方好像都樂此不疲，從沒想要真正去解決問題，因為對公務員來說，這樣的情勢對其利益最大，直到數年後，公司總算想通了，將辦事處正式升格為分公司，這才一勞永逸地將問題徹底解決了。

當然規模較小的企業，也不是沒有變通的做法來彈性操作辦事處的工作，比如當地商場合約依法由總公司來簽，貨也由

總倉直接送店，分辦也依規定不設區倉，但有個大店可放較多
的庫存，供當地自營零售各店調貨用。批銷小單補貨，也可讓
客人進店挑貨拿貨，但客人必須直接滙款總部，而貨品也必須
在帳上做「退總倉」與「再出貨」客人的兩個動作，如此，既
可不用設立分公司，又可達到地區業務靈活操作的目的。但各
位朋友要了解，這只是企業由小變大過程中的階段性做法，不
可能以這種表面合法、實際偷吃步的方式活一輩子的。

2-3 在外兼差的外區幹部

　　這是很多無力設立外地分公司，而是以辦事處或聯絡處模
式，來操作外區業務的中小企業最常碰到的問題，因為分公司
較有規模分工明確，擁有健全的財會與稽核機制，所以分公司
主管很難隻手遮天，問題自然較少，若大多數企業設立外區辦
事處的初發點在節約費用，所以用人精簡，往往一人身兼數職，
在因陋就簡的背景下，就給了某些有心眼的外區負責人可趁之
機！

　　在大陸外商任職總經理期間，我們的總部是在上海，其中
在江蘇無錫地區就設立了一個辦事處、一個主管加上一位助理，
負責當地 6 家零售門店的運營，與 20 多位導購員（門市小姐）
的日常管理。在一個冬季冷冽的日子裡，其中一位無錫的店長

電話打到我手機上，投訴她的主管在同業的公司兼差，她願意與我見面談並當面出示證據，但提醒我先勿嚷嚷，見面詳談。

從電話對談中理解此事的嚴重性，於是帶財務副總一起趕赴無錫。我這裡要先聊聊我與全國這麼多門店的店長，平日是如何互動的？身為總經理，每個月我都會安排外地行程，零售自營門市與經銷商網點我必然造訪，但大陸幅員廣大，估計外地自營門店全國平均一年最多也只能看兩次，所以我與外區店長並不常見面，但我每天晚上 11 點以前，一定會收到全國所有門店的當日銷售業績，針對當日營業額破萬元人民幣，表現特優或特差的門店，我會直發短訊到各店長手機上，表達嘉勉或我的關切；長此以往，我與門店長雖不常碰面，但卻建立了某種程度的熟悉感。

當天下午，我們約在商場旁的麥當勞見了面，具體的談過一些問題後，她出示了一份讓我震撼的文件，就是同業公司發給其無錫地區員工的 E-mail，這封 E-mail 是該公司給我司無錫主管的派令，並請其當地員工配合與支持。我一看這 E-mail，心中頓時了然，這是該同業公司外流的內部文件，顯然不只我們當地的員工不滿，連這個同行公司自己的員工也非常不滿，否則我司同仁怎會那麼輕易就能拿到人家的內部文件！

接著不久，另一位下班的店長也來到麥當勞，補充一些她所知道的情況，同時我又再次被電到，原因在這件事兩年前就被發現，是一直延續至今的舊案，當時她們就曾向總部的執行副總（已離職）報告過，但卻不見任何動靜，顯然事情被壓下來了，所以她們這次幾乎花了一年時間，來觀察我這個新總經

理，確定不會出師未捷身先死，因此遲至今日，才再次鼓起勇氣舉報。

　　隔週，我立刻請零售經理約了這位無錫主管回上海總部，這位主管對自己在外兼差之事坦然承認，但卻表達仍願留在我司服務的願望；我想了想回答：「繼續留在公司也是可以考慮的，但鑒於此事所造成的影響，妳必須調回到上海總部才行。」並給她兩天的時間考慮。兩天後，我們收到她的離職信，此事就此告一段落。其實在這種情況下，要求對方「辭職走人」是很正常的，但因為大陸勞動法規定，對違法員工解職，公司必須負責舉證理由，若被解職員工不服，勞動局必然介入調查，事情就變得複雜了，因此若退一步以較緩和的方式處理，讓違法員工自動請辭，反而是比較理想的。

2-4　分公司也能承包出去

　　承包制是中國大陸地區一個特殊但很普遍的企業經營體制，簡單地說，就是從外面來看，這是企業的一個部門，但卻是獨立經營、自負盈虧的獨立單位，表面上這個分公司是隸屬總公司之下，但實際上分公司老總，卻是總部管不太動的小老闆！

　　以台灣經驗來講，比較接近「靠行」的講法，但又比台灣的靠行制度嚴謹很多，因為在大陸的承包制下，分公司每年對

總公司的營業目標是要做出承諾的，當然承諾目標越高，就會拿到總部較好的進貨條件；但分公司的運營也必須與總部保持一致的管理機制，若經營績效卓著，該分公司就會得到豐厚報酬，分公司內部的人事通常也是小老闆自己說了算，但若分公司表現不佳，分公司老總還是可能會被總部換掉的，因為還是有很多排隊等著取而代之的各路英雄，特別是那些熱門地區的一級分公司。

一位與我曾在台商共事的朋友，被挖角到同行陸企，擔任總部品牌事業部的總經理一職，這是個待遇優渥名氣響亮的上市公司，也是以承包制方式成功經營的著名企業。在一個業界會議上與老朋友不期而遇，會議空檔中他聊到在那裡工作的情況，其實我這位同事非常聰明，但過往的工作紀律極差，往往讓老闆又愛又恨，但現在到陸企後卻徹底改頭換面，因為他講了一個重點：「待遇太好了，我在乎它！」

但他最苦惱的就是與這些承包體制下的分公司老總打交道，而且這些分公司老總，要不是老闆或老闆娘的親戚，要嘛就是與大老闆多年一起打天下的革命夥伴，幾乎每個分公司老總都有來頭，在大老闆面前都講得上話，不要認為你這個總公司的事業部老總能指揮他們，要他們買單，必須是看你能端出怎樣有牛肉的方案來，若你的計畫對整個企業有利，卻是損及個別分公司的利益，每個分公司老總，在老闆跟前嘀咕兩句，光口水就能把你淹死。

所以洞悉人性，了解組織內的利害關係，是他上任以來的首要功課，雖然他理解老闆高薪用他是要他「突破」，改變多

年積習所造成的成長停滯，要用他的專業與能力來帶動事業的改革，但成敗似乎非關專業，做人成為做事成功的先決條件，我這位朋友顯然是極為成功，因為據我了解，他至少連續拿了三任（一任 3 年）的高薪聘用合同，能在這個難搞的陸企與老闆下工作那麼久，同業都認為這已是一個不凡的成就了。

這類承包制背景下長大的公司，好處是每個單位有自我成長的動機與動力，缺點則是容易自私自利，形成各自為政的山頭文化。最明顯的就是很難做整合行銷，因為我朋友任職的這個陸企，與台灣最大的嬰童品牌身處同一產業，而我曾任這個台企的中國營運長，經常與這個陸企同場較勁，但我們總是能打勝仗，原因在此。

主要原因是他各個事業部獨立核算，銷售網點依事業部產品類別分別開店，分開考核績效，所以對客人很難提供一站式的服務，當我們的門店做活動，買 A 送 B、買 B 送 C 時，經常一位懷孕媽媽進到我們店裡，5 千元人民幣可以買到 10 項嬰童用品，但到這個陸企店裡就只能買到 7 項，因為買 A 送 B，若銷售額算 A 的，但 B 就是贈品，沒有業績，請問負責 B 品項業務的同事怎會答應?! 何況客人還可能要跑兩個門店，才能買齊東西！

某些品項存貨過多要清，若沒給銷售單位足夠的誘因，就很難動的起來，所以企業整體綜效不易發揮，是承包體制企業給專業經理人的一大考驗。同樣發展新事業也是困難重重，要分公司多用人、多投入資源、多衝刺某些新生意，不是要這些分公司老總先割自己的肉嗎？如果沒有補貼，沒啥眼前的好處？那是推不太動的，這也是一些習慣外商體制下的專業經理人跳

糟陸企前，要先搞懂的一件事！

2-5

經銷商的地盤怎麼給？

　　經銷商經常為了竄貨問題彼此告狀，往往搞得我們品牌公司一個頭兩個大。坦白講，讓下面的經銷商能保持某種程度良性的競爭，本質上並非壞事，野心大實力強的經銷商為賺更多的錢，難免有意無意侵入別人的地盤，但你的地盤會輕易被外區經銷商侵入，也代表你這個經銷商不夠積極，所以通常排解這類糾紛，基本上我是兩造雙方各打 50 大板。但身為品牌商最要緊的是要將市場劃分清楚，不要造成先天上容易混亂的情況，而且要能放也能收，這是個先決條件。

　　初階段發展市場面對多家經銷商爭取代理權時，要在彼此間不夠熟悉的背景下選對經銷商，其實是個有風險的決定，為有效控制風險，我們定了兩個篩選經銷商的標準：第一是他的本事，包括：他對市場與專業的相關理解、做生意的態度……等；第二是本錢，包括：財務實力與專注度，至少要具備符合他業務所需的財力，但最怕他很有錢，但什麼都想做，到處拿代理，這我反而是令人擔心的。其實這是非常簡單的基本要求，除了臂多力分之外，這類有錢人多不願賺辛苦錢，稍遇挫折很容易撤退。面對新市場人生地不熟，加上某些朋友的優異口才，

與部分同事的利害關係及私人因素，所以我對新初次簽約的新經銷商，都會保守以對。

　　所謂謹慎保守的關鍵，就是不要冒冒失失將一個肥沃的大市場，立即就簽給一個沒交往過的對象，而是先給他局部的市場，隨著他的表現再逐步擴大其經營區域。當然與經銷商合作生意，雙方都存在著風險，對方是財務上的投資風險，品牌商的風險則是機會成本與時間成本，若一個市場所託非人，不僅時間被虛耗掉，經營不善也會阻斷很多潛在對象對品牌的興趣，而且對方的授權區域由大變小，他心裡肯定不高興，甚至會挾怨報復，往往搞得兩敗俱傷，生意不進反退。

　　有個不太合適但卻相近的比喻，就是合作生意好比男女的婚姻關係，找錯合作夥伴如同娶錯老婆，就算沒去掉一條命，最少也是掉了半條命；因此，特別在某些指標性的城市，我們對代理授權特別謹慎，有時會收縮到個別百貨公司或街邊店的單點授權，目的在確保品牌的正向發展，因為門店開開關關，經銷商換來換去，對品牌生意最是傷害。但這樣做的前提，首在我們必須克服心中「急功近利」的大魔障！

2-6 銷售通路的矩陣式管理

　　銷售通路在大陸被稱為「銷售渠道」，所以我們在台灣所

講的通路管理,與大陸朋友談就要改成「渠道管理」了。這是市場學裡 4P 的其中之一（Path）,在大陸這個大市場裡特別重要,因為台灣市場太小了,台灣的通路經驗拿到大陸去,是不太夠用的,因為台灣所學,多是美、日等國成熟市場的案例,拿到台灣這個小市場用都嫌勉強,何況當時大陸這個叢林市場呢?

2000 年初,我被台灣最大的嬰童品牌找去擔任大陸事業的營運長,就是因為大部分的台企對真正「批發通路」或「經銷通路」的經營多感到非常頭痛。當時這個企業在台灣經營已超過了 20 年,在台灣一地就開了 200 多家的自營門店,基本上已不太有經銷商經營的空間,也談不上什麼批發生意了。後來是因為量販店的興起,很多企業才針對這個新的市場通路,開發這個平台需要的專屬商品,以批發賣斷或寄售的方式與量販店合作,這就是很多台灣企業所謂的批發經驗,要不然就是五分埔的成衣批發。

初期大部分去大陸做內需生意的台商,也是先由自己最熟悉的門市零售開始,但大陸實在太大了,很快台商就發現只憑自己的實力,除了公司所在地與少數城市,根本走不出去,面對幅員廣大的大陸市場,必須建立經銷商通路,透過與地區經銷商的合作,才可能迅速將商品賣到大陸各地去,只要在大陸懂得如何做經銷批發的生意,就會發現這個生意將占據公司主要的地位,獲利更是數倍於零售自營部門。

事實上主營消費品,在大陸比較有規模的內需型企業,他們的業務通常都分為零售與批發兩個通路部門,其中批發部

門因為人最少，但市場覆蓋面又比零售部門大很多，業務操作單純，營運成本低營業額大，而且現金回收快，自然獲利最豐，但沒過幾年，批發的生意模式開始變得複雜了。

因為經銷商的經營授權是依地區分立的，各自在自己的熟悉地盤上展店或下批，但隨著大陸居民日漸富裕，跨省跨區的大型零售商開始出現，初期是家樂福、大潤發、Walmart 等外商，接著是一堆本土的大型連鎖量販店，在大陸各地如雨後春筍般長出來，對大多數原來財力不足的地區經銷商來說，這是個壞消息，因為這個新的商業平台，將他們的市場份額吃掉，就算我們品牌商願意將他轄區內的量販客人交給他做，他也沒能力把這生意吃下來，何況量販店攜全國的規模優勢，通常要求與品牌總部直接簽約，希望由品牌商直接供貨補貨，這種形勢逼使我們品牌商將量販店通路，從地區經銷商轄區內劃出來，或由總公司或交由專做量販通路的經銷商負責，原地區經銷商即使不高興，卻也莫可耐何。

這時公司也必須跟著要調整組織，總公司與分公司的業務部門，就同步增設了一個量販部門，量販業務部負責與量販客戶締約，還要就量販客人不同的跨省門店，安排不同的經銷商提供當地服務，所以量販部門與批發部門就要經常協調聯繫，對經營量販生意的地區經銷商來說，等於品牌公司有兩個部門在管理他，這就是二維的矩陣式管理形態。

但 2010 年以後，大陸市場的高度競爭，導致很多外商直接切入次級市場，開始直接介入當地較細分專業通路的市場拓展。這可從之前美國最大玩具通路商玩具反斗城（Toys & rus）進入

中國市場談起，因為當時我服務的公司，正是全美最大玩具商美泰（Mattel）的中國總代理，旗下的芭比娃娃幾乎席捲了當時全部的中國市場，大陸各地的經銷商都在爭取其地方經銷權，而玩具反斗城本就是美泰直接簽約的全球客戶，連我們這個總代理也不太有插嘴的餘地，何況是我們下一級的地區經銷商，玩具反斗城對供應商的服務品質要求較高，且供貨價又是由美泰說了算，在經銷商無利可圖的情況下，這個客戶只得由我們總代理自己來處理了。

　　這個經驗讓我們的大陸同事，直接接觸並理解到跨國國際客戶的想法與要求，這也讓我想起我最初在台灣科技公司任職時的類似經驗，那時我們是一家美國企業世界第二大電腦公司的台灣總代理，面對很多美國跨國企業在台灣的業務，都在美國原廠與這些大企業所簽的「全球性合作協議」的框架下操作，此時我們以在地服務商的角色提供有關支援與服務，我們最多會得到服務性的合同，與來自原廠的一些補貼，但不可能期望有什麼超額利潤了。

　　稍後類似玩具反斗城的模式在大陸市場風起雲湧，大陸本土跨省的專業嬰童大型連鎖店遍地開花，很快的我就察覺到，像聯合利華、寶潔、強生這一類的大公司，在公司內組建了一個專門針對嬰童渠道的新業務部門，專職市場開發與服務，我在陸企任職時，就接觸到幫寶適紙尿褲剛成立的嬰童連鎖業務部門。

　　反觀台商與陸企品牌，在這方面就比較後知後覺，主因之一是利益問題讓地區經銷商與原批發部門相互排斥，主因之二，

是台商與陸企缺乏像美國企業，在美國本土大陸型市場過往通路發展的經驗，加上台商多由製造業切入大陸內需市場，本就不擅長通路的發展，何況還面臨到複雜的矩陣式管理型態。

還好科技與電子商務平台的興起，給了財力不足的大陸台商一圓品牌夢的機會，不必從實體通路一城一地逐個突破，但在這個領域，真正的對手又變成陸企了，近來線上線下虛實整合的 O2O 模式，成為熱門話題還沒下去，新的大陸手機品牌 OPPO 靠 3,000 家實體門市，才 5 年就擊潰以電商通路起家的小米，看樣子電商模式也非所向披靡，並進逼華為龍頭老大的地位，顯然在大陸這個大市場，將會有新的通路故事不斷上演，對台商而言，矩陣式的通路管理只是個起點而已。

第 3 篇

企業傳承與公司治理

　　2016 年台灣一家銀行遭美國政府巨額罰款，這讓我們了解到一向嚴謹的金融業，也隱藏著嚴重的公司治理問題，其實公司治理對多數台商似乎只是企業經營的充分條件，而非必要條件。早期很多台商赴陸設廠，常發生公司利用兩岸資訊不對等的環境，以舊機器混充新設備低價高報，一方面賺大陸的吸引外資的優惠條件，同時移花接木讓大股東或高管將企業的錢賺進私人口袋裡，加上那時很多企業投資大陸多繞道第三地或以個人名義，自然給了台商公司很多上下其手的空間。

　　但今日的大陸已非二、三十年前的吳下阿蒙，很多創新的經營模式反倒是來自彼岸，而且台灣社會與小股民們，對企業利益與小股東權益的維權意識也節節高漲，因此這種遊走兩岸灰色地帶的賺錢手法也大幅縮減，這是台商企業老闆自己應該要有所領悟之處。

　　但此刻又有個對公司治理的壞消息，就是近期兩岸的政治僵局，讓兩岸以往所簽的投保協議形同具文，這種雙方政府互不往來、互不溝通的情勢繼續演變下去，將不利政府對企業海外投資的正常監管，當然也就無法真正保障台灣投資人的權益了。還有很多台灣企業，反而利用這種兩岸缺乏官方連系的空檔，運用假陸資的外資身分倒過來騙台灣的投資人，2016 年店頭市場樂陞與百尺竿頭的合併案，應該就是這樣一個典型的完美騙局。

　　由此觀之，現今的公司治理已不再是個企業內部的經營問題，如果企業生意大到涉及海外與對岸時，若內無良好的公司治理，外在又無政府的監管，那受影響的就不只是公司員工與

政府稅收而已了，還有可能禍及一堆無辜的投資大眾了！

3-1 做到標準稱不上優秀

　　近年來台灣很多政治人物與企業家一樣，談到政府運作言必稱 SOP（Standard Operation Procedure，標準作業程序）與 KPI（Key Performance Indicator，關鍵績效指標），好像有了這些標準，就不會做錯事情了，只要按這些標準做事，就沒錯了！顯然大部分的政客搞錯了，任何事情都是結果論是非，由目標看成敗，制定 SOP 與 KPI，其實只是在管過程，最多也只是減少犯下基本錯誤的機率而已，當然政府能像企業般訂立 SOP 與 KPI，這是一種進步，但別忘了，這些標準通常只是基本要求，在企業裡，若你的工作只是符合這些基本要求，絕不可能被同僚認為，你是表現優異的！

　　我在大陸職場有兩年多的時間裡，是在負責整個公司的供應鏈系統，包括：設計、採購、製造、外發與物流等，舉凡產品上架銷售前都是供應鏈的責任，所以必須坐鎮廣州經濟開發區的生產總部，同時每兩週要出差轄下位於香港荃灣的設計部與商品部，因為這兩個部門是供應鏈工作的最前端，所以掌握其工作進度與品質，是做好事情的起點。

　　有天上午，我從廣州帶了兩件當季出廠的 T 恤回香港，這

兩件 T 恤明明都是一樣的尺碼，但實際長短就是明顯的不同，我請商品部同事查查這是怎麼回事？當天中午，商品部主管很快就給我答案了，她回覆，按大陸內地的質檢標準，上下相差 2 公分是合格的，所以沒問題。坦白講，聽到這樣的回答，我當場差點氣得暈倒。

問題的重點是，這兩件 T 恤足足相差 4 公分啊！因為一件比標準短 2 公分，另一件是長 2 公分，個別看都符合國家公差標準，但放在店裡一起賣，你怎麼去跟客人解釋這兩件同樣尺碼的 T 恤卻長短明顯不一，何況我們賣的是世界名牌，又不是菜市場的地攤貨，價錢一點都不便宜，怎麼可以用國家的最低標準，來說自己沒有問題，這是不可能向客人說明，他必須容忍這種差錯的，叫客人不要挑剔了。

說實在的，如果是不小心的話，以後注意改進就好了嘛，大部分的主管並不是那麼在意這些問題的本身，氣惱的是面對這些問題的態度，我們有些同事卻完全不認為這是問題，這才是最大的問題，這表示我們以後應該還會經常拿到這種尺寸相異的衣服，如果我們對視這種瑕疵為正常，那沒有瑕疵是不是反而變成不正常了？

另外，我最初因處理成都辦弊案在兼管其業務期間，正逢當地舉辦隔年春季的批發訂貨會，由於憂慮生意受弊案影響，當地同事眾志成城全力以赴，結果拿下 200 多萬人民幣的批發訂單，在當年全國 6 個分辦中名列前茅，最令人驚訝的是與總部同處一城的廣州辦，那一季訂貨會居然只拿到 20 多萬人民幣的訂單，這個出入意表的成績，嚇壞了公司的管理層，因為廣

東是大陸改革開放最早的地區，市場經濟最發達，個體戶最多、實力又最強，直覺告訴我們，一定是那裡出了問題！

　　剛好處理成都弊案已告一段落，看樣子當地生意也穩住了，於是我回到了廣州總部駐地，但因為憂慮華南地區的生意，我的角色由行政副總兼成都辦經理，再次轉變成兼任廣州辦經理了；我上任廣辦的第一件事，就是要求同仁重辦一次訂貨會。在廣辦的業務會議上，大家一起檢討了前次失敗的經驗，我們逐項比較了成都與廣州兩個單位籌辦訂貨會的所有過程，發現成都辦有做的事廣州辦也都有做，所以廣辦的業務主管不太理解，兩地做法一樣，為何結果差那麼多？

　　我想想後說道，如果是這樣，那差別可能是在執行面了，執行得是否夠徹底？夠用心？比如說我們訂貨會前邀請客人時，是怎麼說的？是否讓客人清楚我們的誠意與目的？他們是否理解，訂貨會對他們生意的幫助與重要性？他們來訂貨會前要做那些準備？訂貨會當場要做些什麼？如何讓客人可以輕鬆愉快地成功訂貨？

　　當然這是件相對的事情，如果要讓客人日後能成功做生意賺得到錢，我們該做些什麼準備與努力？場地？商品？展示效果？標示？動線？促銷方案？售後服務？接單流程？食宿接待？看樣子關鍵在細節。經過詳細討論後，我們訂出了細部的工作計畫，在這次會議之後的第四週，我們在廣州的華美達酒店補辦了一場訂貨會，這次沒讓公司失望，總算拿下了 200 多萬人民幣的訂單。

　　顯然這些經驗教了我們，標準與 SOP 固然重要，但只做表

面還是用心在做，結果卻是大不相同的。台灣社會一向推崇日本企業對品質的堅持，他們追求極致的工匠精神並不難學，問題在我們自身的態度問題，我們是要及格過關就好？還是要追求卓越呢？

3-2 裝飾門面的ISO

　　經營工廠的人都知道，ISO 是工廠標準化與制度化的基礎，很多台廠都在廠區標示著他是通過 ISO 認證的工廠，明顯的透露出這個工廠的專業與自豪感。但深入了解很多工廠在搞假ISO，基本上是講一套做一套，每年花錢拿 ISO，真正的目的是為了生意，ISO 在手表示工廠夠水準，可以多拿一些訂單，報價也較能高些。

　　在我自己負責公司供應鏈之前，就常聽同行說，他們自己的生產部，對業務部門的報價，往往比外廠的報價高很多，而大多數時候，他們卻沒得選擇，必須將訂單下給沒競爭力的自己工廠。其實這不難理解，因為公司的生產部門深知，除非特別情況，就算價格比較高，老闆仍會要求將訂單下給自己的工廠，這是大部分公司領導的正常心態，當時負責業務部門的我，對同行朋友的這些抱怨，也只是抱持著一種理解與同情，並沒感覺太特別。

　　但到我自己開始負責供應鏈時，突然發現這是每天困擾我的大問題，我找廠長來開會，表達業務部與商品部門對其報價的不滿，但生產部同仁只是一再的解釋為何報這個價格，並拿出一堆佐證，說明自己的高價有理。這時我不斷的苦思，到底要用什麼方法，才能讓工廠心甘情願降價呢？

　　苦思之餘，突然想到廠長經常對自己部門過往一年的表現感覺自豪，最常的說法就是去年接單 35 多萬件衣服，利潤卻比往年生產 45 萬件時還高，常聽到他洋洋自得，說明自己的卓越績效。於是我請同仁找出去年同期的衣服報價，發覺我們工廠比去年同款報價高了很多，但原物料這一年來沒漲啊？平均占生產成本 40％的工繳也只上漲了 6％而已啊！而工廠為保障自己的獲利，每每在備料與生產損耗上保守的高估，實際上卻不會發生這麼多，所以最後的生產利潤，會比原來報價預估時好很多，但這根本不該是工廠的功勞，反而是一連串災難的開端。

　　資料齊備後，再次召集廠務會議，這次會議我沒太客氣，並傳達了一個最重要的觀念，就是工廠的高毛利其實是個假利潤，你們用業務部的下單價格來計算利潤，這是個公司內部間的移轉價格，利潤真正實現的前提是生產出來的產品有賣出去，但是因為成本高而導致零售定價趨高，我們至少有一半的貨還壓在倉庫與貨架上，所以本季我們工廠的首要任務，就是生產出具有價格競爭力的好產品。

　　接著我們討論降低生產成本的可能性？我想到利用 ISO 所定的標準來作為工廠推估生產損耗成本的依據，而非憑工廠主管們的自由心證，此時廠長面露難色的告訴我，我們工廠只是

在做 ISO 的書面審查，意思是我們花錢做的 ISO，是玩假的，只是搞了一套完整的紙上流程而已，這時我才恍然大悟，我們真正的生產管理是很粗放的，所謂 ISO 只是公司的裝飾門面而已。

原本大學讀企管時，我最沒興趣的就是生產管理，但現在職責所在，也只得硬著頭皮，自己花工夫去深入了解 ISO 了，與工廠幹部一同努力了兩週，總算將幾個影響生產成本的重要參數合理化，再將這些合理化後的參數，套算在每款衣服的生產成本上，再加了 5% 作為工廠的利潤，過程中廠長並不是很高興，因為此舉迫使工廠平均報價較之前降低了 15% 左右。

但事後證明，我們的改善方向與做法顯然是對的，最令大家欣慰的，全廠同仁普遍建立了成本意識，不再將生產部門自己的失誤與無效率的成本，輕易的轉嫁給業務部門。結果當年工廠接單超過破紀錄的 50 多萬件，生產利潤在平均單價下幅 15% 左右的基礎下仍能達到 200 多萬元人民幣，除了業務部與生產部門雙贏外，還跑出來個第三贏，就是車間作業人員也笑呵呵，因為作業員是按件計酬的，由於報價好自然單子多，產量大收入就高，員工心情好，產品品質就好，到年終結算時，總算看到我們廠長的臉上，露出高興的笑容了。

除了講求硬梆梆的標準與 SOP 外，我也在其中加了些好料給我們自己的工廠，就是讓他們有挑訂單的優先權，我的道理很簡單，就是對自己投資的生產部門，還是有些偏心的胳膊朝內彎，但我們不會像以前用高單價去寵壞我們的工廠，而是要用訂單去引導出他們的潛力與競爭力，因為工廠都喜歡接「款少量大」的單子，一款 10,000 件成衣的訂單，要比一款 1,000

件的單子好做多了，主因上線的準備時間大單、小單都一樣，生產線上的員工，絕對喜歡一款的訂單就可以塞滿 10 天的活，而不是兩天就要換線一次。

除了量大、量小的差別外，另外他們也會挑他們自認比較好做，比較擅長的訂單，這樣品質容易掌握，不通過 QC（Quality Control，品質控制）與返工的機率大減，自然工廠效益大增。其實這裡面也隱藏著我們管理層的另一個算計，難做的單子固然發單價格高些，但出錯的風險也高些，委外生產等於將風險轉嫁外廠，出問題時才可能進行真正的索賠，當然這並非我們所願，所以對委外訂單的品檢品控，是絕對不能馬虎的。

落實 ISO，自然直接有助提高我廠產品的競爭力，更連帶影響外廠報價的下跌，因為他們心中明白，如果價格太高，我們就會將單子留給自己廠做了。我們工廠能力的提升，同時也將生產部門由公司的成本中心變成了利潤中心，提高了能在淡季時接外單的能力，不但提高了工廠本身的稼動率，還可磨練本事增加員工收入，如果外單價格好，利潤比較高，當然他們也有對自己業務部門討價還價的空間，這才是我們樂見的正向發展。

3-3

零缺點與TQC

30 年前我初入職場之際，正是「日本第一」瘋迷全球的年

代，日本製造與日本管理成為企業經營模仿與效法的顯學，其中兩個觀念對我影響重大，就是零缺點與 TQC（全面品質管制）。

搞工廠的朋友，都聽過一個叫 AQL（Acceptable Quality Level，允收標準）的東西，就是品檢的允收標準。日本企業通常將 AQL 訂得很嚴格，不良率訂得是近乎是苛刻得低，對產品的要求近乎零缺點，初看似乎不太近情理，但嚴謹的品質要求，背後卻是對消費者的高度尊重，因為消費者花錢買你的商品，並未少付一分一厘，沒理由收到一個有瑕疵的商品，雖說拿到瑕疵品的機率只有萬分之一，但是對那位拿到瑕疵品的客人來說，就是 100％，誰願意當那個倒楣的客人呢！

有個簡單的算術題，一個 20 道製程的產品，如果每道工序都允許 1％的誤差，那最後製成品的誤差將會超過 18％，這對當時習慣差不多就好的台灣業界，無疑是大開眼界。除了製程管理外，原物料的管理也是品保與品管的關健之一，因為一旦有問題的原物料進入了生產流程之中，最後的成品多多少少一定是有問題，再怎麼好的生產工藝都無法救回來。

我在負責供應鏈管理時，就發覺我們有批訂單，部分的成衣有破洞，很明顯這不是製程上的問題，而是讓有破洞的布料進入了流程之中，而我們工廠原本就有驗布機的，本不該有此失誤。一查之下，原來我們負責收料的同仁，是以抽樣的方式來驗布，顯然是他們漏了這些破洞的布料。

當下我們立刻改變了布料的驗收標準，將布料抽驗改成全驗，如此並未增加我們什麼成本，只是讓經常關機的機器，動

起來而已。不只查看破洞，有關布料的色差，縮水率等也一併嚴格查驗，先是有些布廠放話說，不與我們做生意了，再來就是布廠交貨的品質日好，因為布料供應商心裡很明白，那些客戶驗收比較嚴格？那些客戶比較可以忽弄過關？只要你夠認真，他們是不會來回折騰，給自己找麻煩的。

近年台灣屢屢爆發的食安風波，就是那些根本不該進入食品供應鏈的原物料，被不肖商人混入，往往憑借著高明的化學技能，硬是調製出表面符合人可食用的標準，其實這就是一種作弊，只有回歸到零缺點的精神，從根本就逐出那些原來就不該出現在食物供應鏈的食材與原料，才能最低限度還我們一個安心生活的保障。

而我們台灣今日，普遍還存在一個與 TQC 背道而馳的觀念，就是什麼問題一發生，就責怪那些負責 QC 的品檢人員，他們的確是有責任，但卻不是最主要的責任，TQC 提醒我們，品質是製造出來的，不是 Q 出來的。如果採購原料與生產過程都不重視品質，再多的品檢人員也變不出好產品啊！品檢品控部門本就是製造體系中一個提供間接貢獻的部門，如果本身負責各個生產環節的同仁，大家都有高度的品質意識，就算最後沒有品檢人員來檢查你，你還是零缺點啊！

世界上沒有一家偉大的企業，是因為擁有強大的品檢部門而偉大，也不存在一個組織，是因為傑出的稽核部門而優秀。熟悉歷史的朋友都知道，擁有監察大權的東廠卻是出自中國歷代最弱的朝代，設立監軍制度的明朝也是軍隊最沒有戰力的時代。會做好自身工作的員工，絕不是因為另一位同事要檢查你，

否則每一位同仁是否都要再配一個負責檢查你的同仁，那這位
負責檢查的人，又要誰來檢查他呢？那不是沒完沒了嗎？

顯然若能讓品質意識深入公司的全體員工，那就不需要龐
大的品檢部門，是不是能將多一些的資源投入研發，生產與行
銷，這些能提供直接貢獻的業務上。30 年前的日本社會普遍就
擁有這樣的品質意識，看樣子台灣不只落後 30 年，這可能就是
為什麼 30 年過去了，台灣為何還是開發中國家的原因？也可以
說這是為何這 30 年，台灣人均所得沒啥提升的原因呢？

3-4　採購與溯源管理

剛進職場時，我對採購這個職務一點都沒有好感，因為之
前在大學時的實習經驗，看到我的採購同事都是對廠商呼來喝
去，毫不尊重！我那時就在想，有必要用這種態度對待上游廠
商嗎？而廠商業務一定要對採購背躬屈膝、百般奉承嗎？直到
自己進入職場一段時間，才發現這是個別採購的素質問題，又
或是小廠商碰到大公司的採購，還是大廠商遇到了小客戶的採
購，雙方公司在產業的相對地位的不同，加上採購品項本身的
專業性與稀缺性，才型塑成供方業務與買方採購間互動的基調！

2010 年我在陸企擔任品牌業務總監，這是一個年營業額超
過人民幣 60 億元的嬰兒配方奶粉公司，但我轄下有個小小的嬰

童紡品部門正按計畫趕貨時，巧遇全球大缺棉，棉價一日數變，上午的報價還沒來得及反應，下午又變了，交情還不錯的工廠老闆最後都說：「價格改來改去不好意思，我看這個單子還是不接了。」在一向供遠大於需的紡品產業，這種情況雖然不是常見，但是一旦發生，提價已在所難免，這樣子訂單能否發得出去，那時的關鍵是看我們採購的平常做人？公司過往的誠信與付款紀錄等？所以做採購，千萬不要認為付錢的最大，若平日對待廠商刻薄，經常盛氣凌人，那遲早總是會遭報應的。

身為原物料買手的採購人員，掌握了製成品的核心競爭力，買貴了產品價高難銷，買錯了或混入次品，那產品本身就出問題，由於茲事體大，所以台灣中小企業一般都由老闆，或老闆娘直接管理採購的業務，雖然辛苦但至少安全安心些。但大公司就沒法都由老闆一肩扛下了，其實所有外部的協力商，都是公司內部工作的延伸，有效管理公司的內部採購，與掌握這些外部協力商本身是同一件事情，但因為中間涉及了金錢因素，讓採購工作變的複雜很多，還容易遭致同仁們的眼紅與忌妒。

我在公司負責供應鏈管理期間，年採購金額逾億人民幣，因此第一件事，就是要求有關所有涉及對外採購的同仁，對公司財務部門的任何疑問，都要詳盡地回答，採購對財務部是沒有秘密可言的，這是採購取得同僚工作信任的第一步。第二件事就是要求採購不得接受廠商任何形式的招待，如果必須吃飯，必須是由我們付錢，採購可以拿回公司報帳。

採購是產品源頭管理的第一步，若發現原物料有疑慮那就擋下來，斷不可冒冒失失讓它流進製程中，若原物料都沒問題，

　　那進入製程後又要如何管呢？當然建立全員的品質意識是必然的基礎工作，必須以較高的品保標準來要求我們的產品質量，例如：提高 AQL、增加抽驗樣品數等。但能否確保目標達成，就要看 QC 的執行能力了，特別是生產過程中的檢驗工作才是重點。

　　正巧 25 歲預官役退伍時，我在外銷成衣貿易商做了兩個月的駐廠 QC 人員，這個短暫到我不曾寫在履歷上的工作經驗，卻對我日後管理供應鏈大有幫助。還記得當時我被派去的工廠，是位在宜蘭羅東的一個大製衣廠，在那個台灣外銷成衣如日中天的年代，那是一家赫赫有名的成衣大廠，下有 5 個分廠，我因為完全沒有經驗，所以被派到遠在羅東專做男衫訂單的工廠，由於男衫講究尺寸的平均與平衡，不可能兩個袖子長短不一，每個扣子扣眼必然要對齊，所以我的工作就是拿個布尺整天在車間裡量東量西，發現尺寸有問題的就告訴該工序的組長，她會判斷是否需要返工；在某些工人的眼裡，我是蠻討人厭的，特別是在包裝後的成品抽檢發現問題時，如果是大問題必然要整批貨返修，初期我還很得意，後來發覺這樣的心態有問題，我應該在前半段的製程多花些時間，前面能找出問題，從作業員、組長到廠長都能接受，如果是發現裁片尺寸這種大問題，工廠幹部還會感激你，如果前面製程都察覺不出問題，到全部做好了才嫌東嫌西，那大家意見就大了。

　　這樣的經驗讓我特別注意「製程中的 QC」才是品保的重點，期望品檢人員儘早在源頭就能發現問題，這在自己內部工廠做來問題不大，但外發訂單就比較困難了，因為外包工廠沒有直

接面對市場的壓力，只要出貨時能過得了我們 QC 這關，待將來發現問題，也是我們品牌商自己的事情了。

所以我們特別對外發訂單，定了製程前中後三段的 QC，但定規矩容易，難在是否真正的認真執行？因為我們的 QC 與某些長期往來的外包工廠，多有幾年的深厚交情，難免有時會在關鍵點上給對方方便，所以我們對某些敏感訂單，或較感冒的工廠，會安排不同的 QC 去做不同階段的製程中檢驗，以降低風險。同時下單部門也保持高度警覺，一有風吹草動，採購主管就立即殺到外包工廠，直接盯著現場解決問題，所以在我負責供應鏈任內，並非沒遇過問題，但都在還來得及的時侯就化解掉了，其中也不乏驚心動魄之時，也許是運氣好，但要及早發現，並有足夠時間挽救，顯然是最關鍵的地方。

溯源管理不只用在製造業，對服務業一樣重要，簡單的說就是「追根究底」的工作態度，就像我在大陸管零售業務時，如果一個同城所在的店，昨日的銷售業績特別不好，第二天一早看到日報表，我立刻會向零售主管了解情況，然後殺到現場，目的只有一個，就是表現出重視與解決問題的態度，因為坐在辦公室，想了半天不得其解，但往往一到現場就發現答案了。所以追根究底，往往是與現場管理連在一起的事，這就好像員警辦案一樣，在最接近事發的時候到達現場，你就能發現較多的線索仍留在那兒，自然容易找到原因，解決問題。

加上「人」是服務業最主要的生產因素，同樣的產品、同樣的價格，有的部門賣得很好，有的部門卻很差？同樣是本市的 A 級百貨專櫃，同樣百貨公司也都沒有促銷活動，為什麼兩

者業績會相差 3 倍？十之八九，原因都出在人的身上，不同的人經手同樣的業務，絕對會產生不同的結果。

　　所以不論是在大陸帶製造部門，還是業務單位，我首要工作是從源頭要求起，建設比較嚴謹的制度與體系，然後用這比較高的標準去要求工作，其中最難的就是以身作則，堅持不懈的貫徹執行。換句話說，一個企業的商品與服務品質源自「人」，而影響整個團隊執行力的是他們的領導，所以溯源管理講到最初，責任就是在我們這些公司高幹自己身上了。

3-5 小福利大反響

　　台灣年輕人口中的小確幸，就是我這裡提到的小福利，但是在大陸職場 20 多年一直到今日，都沒聽過大陸年輕朋友以追求什麼小確幸、小幸福之類的話題，可是你在大陸管理生意，若在很多生活細節上不肯對員工花精神照料的話，通常員工的直接反應就是你不關心他們，因為人會在意的往往是身邊日常的小事，很多不是錢的問題，有些事不用花大錢就能解決，問題在主管是否「用心」而已。

　　我在廣州總部擔任行政副總期間，正是 90 年代大陸改革開放的初期，員工來自四面八方，主要包括四川、湖南、安徽與廣東本地人，所謂眾口難調，光滿足 700 多人的一日三餐就不

太容易，因為各省員工的口味大不同，四川的辣與湖南的辣還不太一樣，如果長期讓他們「吃」得不爽，員工都會留不住的，所以我們伙房廚師必須要能做辣的，也要懂一般不辣的家常菜才行。在針對原伙房頭的貪污案處理後，我有把握我們的伙食費預算，應該都花在刀口上了，但沒把握讓員工對伙食內容絕對滿意。

我與同仁們腦力激盪後，決定成立由員工組成伙食委員會，由各部門推派代表共約 30 人組成，任期一年每半年改選一半以傳承經驗，每天兩位伙委輪流當班，輪值伙委要與伙房頭先計畫第二天三頓的菜單，然後當天要起個大早，與伙房頭一起去市場買菜，然後監督當日供餐。伙委工作是無給職，但輪值當日比較忙，多少會影響他的正常上班，這部分就給予公假處理。這種參與式的管理方式，立刻讓全廠員工對伙食議題熱烈起來，很多同事透過部門的伙委代表表達希望吃什麼菜？而且透過員工輪流實際參與辦伙，同仁們對工廠伙食的滿意度大增。

最有趣是大家發現很多事講得容易，但辦起來可不簡單，特別是一群沒成家、向來不進廚房的同事當伙委的時候，我們先是對三餐的基本結構做出規範，午、晚餐的標準一定是三菜一湯，午餐備水果，三菜中一定要有個大肉、一個青菜，另一個是中間菜。中秋端午與一個月一次的慶生會一定加菜，加班的日子也會運用午晚餐的剩餘食材做些宵夜，幾乎所有的伙委都學會了一件事，就是懂得在採買時選擇時令菜。

真正令大夥頭痛的菜單問題，也因大家的努力被克服了，

原本這是一個所有家庭主婦天天困擾的問題，同仁們用「排列組合」的科學做法解決了，我們將常做的 6 種大肉、10 種中間菜與 5 種青菜的菜名列出來，就出現了上百種排列組合可能的菜單，但青菜往往要看當天市場的情況而定，但仍有 50 ～ 60 種組合足夠我們每 2 ～ 3 週輪一次，然後這個清單可隨著員工的意見做出調整，也會出現一些常年叫座的暢銷菜，記得我們有道用大骨頭替代牛肉做的羅宋湯，是廠裡辦全國訂貨會時，很多外地同事指名要喝的湯。

除了一日三餐之外，精神生活是另一個重點，大家可以想像一下，在沒有加班的日子裡，你讓精力充沛的年輕人，晚餐過後的 3 個小時要做什麼？如果廠裡沒節目，這些血氣方剛的年輕人整晚在外遊蕩，難保不生事端，若因滋事而發生意外，還會影響第二天的工作，我想到了當初在台灣服役時軍中的做法，就是安排一些文康活動來填滿他們的空閒時間。首先找到了村政府，20 多年前的他們果然也像台灣的當時一樣，有著提供下鄉放電影服務的文工隊，每週只花人民幣 100 多元，約好日期時間，他們就會來到廠裡在工廠的空地上架設影幕放映電影，記得在放電影的日子裡，白天時員工彼此間已在討論今晚要放映那部片子了；晚上放映時，鄰廠員工擠在我們廠區的鐵絲網牆邊，希望也能看到影片，坦白講，這讓我們的同仁油然而生一種作為我廠員工的驕傲感。

比較空閒的淡季，我們會舉辦員工郊遊，也曾辦過全廠的桌球大賽，這些活動對當時平均年紀 20 來歲的同仁來說，正解決了他們遠離家鄉、出外打工的思鄉之愁。當然現今環境大不

相同，在廠裡提供 KTV 與 Wi-Fi 區可能更重要，雖說每個世代
年輕人的價值觀不大一樣，喜好有別，但除了工作外，他們的
人生中必然還有其他的想法，我們想這樣做真正的概念是，身
為辦廠或管理企業的主管，除了給員工一份工作一份薪水外，
一定還可以多給他們一分關懷。

　　現代企業的經營，最難搞的是員工，企業老闆一定要理解，
時下年輕人閒不下來，鬼點子也多，如何創造一個愉悅的工作
環境是留才的根本，能幹的員工到哪裡都能謀得一份不錯的職
位與好薪水，但能否讓員工能夠天天開心又一展所長，才是聚
天下英才創百年事業的關鍵，但這樣好玩又有趣的工作氛圍與
平台，卻是由許多細節與小事堆砌而成，這應該就是古云「勿
以善小而不為」，最新的職場詮釋了。

3-6　特批的學問

　　30 年前在台灣初入職場時，先做了兩年的業務員的工作，
身為業務代表，什麼事可以答應客人？什麼情況要拒絕對方？
這是菜鳥業務要學的第一課，開發出業務後還要先填一個內部
表格，交經理批核後生效，當時總覺得我的經理好像權力很大，
只要他一簽字，代表萬事 OK，由於擁有較高的核決權限，那他
一定是很容易做生意了！

　　後來我才搞清楚，我的生意從沒被他打回票的原因，是因為我賣給客人的售價遠比公司的要求高太多了，這也是他為什麼從來不與我談公司價格底線的問題，也知道很多老鳥業務員比我熟悉公司的價格體系，但生意並不多，顯然就算非常清楚價格底限，並不能讓你比較好做生意，授權大並不能保證生意做得成。

　　隨著年歲與經驗的增長，在大陸推展業務時，對下面業務的價格授權，基本上是完全透明與公開的，而且我身為主管的授權範圍與下屬是相同的，原因在於我認為官大如果就代表權力大，可以給客戶更好的價格條件，那所有的客人都會想與我這個老總直接談生意，那還要其他業務員嗎？

　　而且公司的價格體系透明化的程度，是要對客戶也是公開的，這種做法對很多台商老闆是不太能接受的，因為台企大多是從外貿生意起家，面對國外客戶的殺價，習慣用 Volume Discount（批量折扣）來回應，也就是根據訂單的大小來報價，所以通常愈大的訂單需要越優惠的報價，自然也是由老闆來定奪。但當你是面對大市場，與一群地區經銷商直接打交道時，這種經驗顯然就不合適了。

　　那時傳統台商最常見的情景，就是與一家家的經銷客人關室密談，往往 20 家客人談出 15 種交易條件，不僅不好管理，而且以後發展到 100 家，或上千家客戶你怎麼辦？何況在每年春、秋兩次的公司訂貨會上，上百家的客戶齊聚一堂下單訂貨，客戶間彼此寒暄閒聊，自然會相互探聽別人有拿到什麼好條件？久而久之，原本只給少數客人的特殊優惠，沒多久卻是天下皆

知，最後結果是大家都「比照辦理」，問題是就算拿到最優價格的客戶，他們仍然懷疑，還有客人比他們的價格更好，所以討價還價永遠沒完沒了。

我所謂透明的價格體系，就是讓所有業務員與客戶，都很清楚自己是那種級別的客戶，該享受怎樣的價格待遇，依客戶所在市場的富裕程度分 A、B、C 三級，但三級的基本供貨價大家都一樣，不同的是年進貨達到一定的量之後，開始有不同的返佣標準（Rebate）、返佣的多寡，決定了大、小客戶的差別待遇。

例如：大家的基本批貨價，都是零售吊牌價的 5 折，如果年吊牌價進貨額，達 100 萬元人民幣時，返佣給吊牌價的 3%，表示他的實際進貨，只要付 48.5％吊牌價的貨款（48.5% ＝ 50% ×97%），比沒達到 100 萬元的客戶多了吊牌價 3% 的進貨優惠，如果達到吊牌價 1,000 萬元時，給返佣獎勵 10%，此時這個客戶只要付 45%（＝ 50% ×90%）的進貨價，進貨優惠至少有 50 萬元（＝ 1,000 萬 ×50% ×10%）人民幣以上，這時就明顯看出大客戶與小客戶之間的差別了，這個體系客觀的表達出，客人是憑自己的實力拿價格，而不是由我們公司來給價格，而且一年到期後結算，次年進貨時，前一年的返佣，即可用來抵付貨款。

這個制度還有個優點，解決了一些口出狂言、過分誇大的業績承諾，因為常常有些新客人會以接受高業績指標，換取進入市場的資格，同時又以大訂單企圖壓低進貨價，但是否說到做到呢？一年後自見分曉，能不能得其所願拿到優惠價，是由

他自己決定的。

可是很多客人還是希望找高級主管談，只不過談判內容改變為爭取較高級別的返佣條件，或對進貨額與進貨期的認定，或從寬解釋經銷合同內的某些條款等。雖然透明的價格體系，已經大幅壓縮了大夥爭議的空間，但仍要面對經銷商層出不窮各種奇奇怪怪的問題，我對公司業務的要求是，要用有耐心但明確的態度來回應，絕不可為怕得罪客人，給客人一個模稜兩可的答覆，這往往是兩造雙方產生摩擦最主要的導火線。

而年輕業務員通常普遍有個困擾，就是客戶往往會自己覺得情況特殊，要求公司能因此網開一面，同意給予其特殊優惠的進貨條件，依公司定的遊戲規則，他們理應說 NO，但好像客人講得也有道理，完全不予考慮又好像不近人情，又怕因此影響生意，因此常陷入天人交戰的兩難之中！針對這種情況，我訂了一個特批的可能權限，但為免業務員濫用這種權限，並規範這種特殊狀況，必須進入例外管理的流程當中，必須我本人白紙黑字簽字才算生效，同時利用實例機會教育，經常與與業務員和客人，一起討論他們所說的特殊情況。

所謂「特殊考慮」的癥結，就在特殊兩字的身上，特殊本身必須是不具有一般性，白話的講法也就是這種現象很少發生，因此答應了 A 客人，不必憂慮 B 客人也會延用，也就是不具備一體適用的後遺症，這是特批的最低底線，當然考慮客人訴求本身內容的合理性，才是最首要的重點。

換句話說，如果很多客人都反應了同樣類似的情況，我們公司反而要檢討，是不是我們在制度設計時，考慮不足漏了這

一塊，就算當場無法立即回覆客人，但必須正視此事實，在一定的時日後回應客人的憂慮。其實我們與經銷商的合作方案，也是在一波波立場針鋒相對的談判過程中，才逐漸成熟與完備的。但不論設想多麼完備，客戶不分大小多還是希望能與高級主管談談，並非你的業務員沒把事情辦好，很多情況是一種基本的人性心理，雖然和他對口的業務員已將情況說的很明白，但他總覺得跟領導再談談，也許能多要點優惠，試試看嘛，反正要不到也沒任何損失。

所以在一年兩次訂貨會時，對客戶希望單獨晤談的邀約我從不會拒絕，除了表達對客人的重視之外，其實我也想利用機會多接觸客人了解市場，坦白講有時是會碰到一些事前沒料到的「特殊情況」，而且不全是令人開心的事情，比如說有客人哭著跟你說，做你們公司品牌已連虧了 3 年，也有客人突然無預警的，一手拿著訂單一手談續約的問題，這些突發狀況，再再考驗著公司原訂的業務準則，收放之間其實就是特批的操作空間。

因此我將多年的經驗整理出幾個處理特批的 SOP 如下：

（一）首先搞清楚客人真正的目的，包括故事內容的真偽？

（二）釐清這種情況是否是特例情況？與造成這種結果的真正原委？

（三）了解客人提議的解決方案，以及過往的誠信紀錄？

（四）在不違反公司的原則下，提出我司的看法與建議？

但在前三項還沒把握前，任何建議都要語帶保留，而且是以客戶所做的論述內容為前提，所做出的建議。同時這類商談，

兩造雙方最好都有第三人在場，重大案情還要做成會談紀錄，以免日後各說各話，易生爭執。

用這種公開透明的體系，在大陸我訓練出一批批的業務骨幹，也與很多客戶因此相熟相知成為好友，當然也碰到過話不投機談不到一塊，憤而惱羞成怒當場砸玻璃走人的場面，還好記憶中極少出現這種極端情況，大多數談不攏時，雙方仍能好聚好散，為日後見面與再度合作，留下轉圜的空間。

企業裡「特批」這類事最常出現在業務單位，因為主管總是希望在不違背公司原則下，能多做點生意。但對內勤的財會與法務部門來說，特批代表了通融與妥協，也就是關說與特權的同義詞，在公司治理上，是絕對不應被允許的，通常這方面不出事則已，出了事肯定是禍及公司存續的大事，企業高管能不謹慎看待與使用自己手中的權力嗎？！

3-7 千萬別動歪腦筋

早期台商在大陸做生意時，憑藉比大陸當地人較好的商品、較先進的經營思路與同文同種的優勢，很快地就占領了市場，那時的外企還摸不清大陸市場是真開放還是假開放，猶豫間沒大規模進入中國市場，還記得那時我們的童裝批發價，只是吊牌零售價的 7 折就已經供不應求了，坦白講「錢真是好賺」，

這是那時所有經營大陸內需市場的台商的感覺，雖然有很多明白人指出，那時賺得是時機財，當然能夠掌握機會趁勢而起，本身也是要有點能耐的。

2008 年北京奧運紅利過後，加上全球金融海嘯，大陸的內需市場反轉直下，之前中國改革開放十餘年，大陸經濟連年是兩位數的增長，個別企業的業績年年增長，員工也很自然的年年加薪，2008 年之後，大陸員工才開始了解，什麼叫經濟循環？景氣是有起有落的，對以大陸內需市場為主的台商來說，考驗也才真正開始！

但難題不在總經情勢的改變，因為那是對所有企業同樣的影響，真正的問題是此時的競爭環境，已發生巨大的變化，大型外商攜資本，專業與人才的優勢大舉扣關中國，最可怕的是如狼似虎的本地企業快速崛起，他們比台商更懂大陸市場，出身台商的本土幹部，在學得一身本事後，與當地的資金與資源結合下自立門戶，反過來與原台商企業競逐同樣的市場，在我當時身處典型輕資產的童裝行業，就有一批傑出的本土對手跑出來，他們的商品比台商更前衛、也更時尚，經營手法大膽而靈活，台商初期的先占優勢迅速消失，最嚴重就是公司的營利被大幅壓縮，企業的經營壓力日大。

在一次公司內部的全國訂貨會議上，主管銷售業務的高級主管，居然提出了「要求短開出貨發票」的提議，理由是某些個體戶客人並不需要增值稅發票，少開發票自可大幅降低大陸17％的流轉稅負，業務壓力大減。面對這個離譜的提議，我毫不考慮地跳出來表達不同的看法，因為短開發票並不會多賺錢，

因為客人會以此為理由要求降價，同時這會落一個大把柄在客人手裡，當那天客人與我們翻臉，生意不再合作時，我們必然會面臨非常嚴重的法律後果。

另外，有一個經營觀念的問題，這種偷機取巧的方式，真能提高公司的競爭力嗎？真能解決我們獲利不足的窘境，還是飲鴆止渴而已？我個人是一直以身在一個正派守法的公司為榮，就算待遇低些、工作辛苦些，我們還是能驕傲立足於業界，但一旦走上這條路，這樣的公司就不值得待下去了。我覺得這個提議根本不該被提出來，也完全不必去討論，因為這種想法本身就是陷公司於險境當中。隨後公司內正義之聲四起，這個話題也就迅速被遏止住，從此，公司內任何有關經營的議題雖多，但從未再有任何涉及違法的提議，因為這種事連想都不要想。

3-8 公司員購也要開發票

在大陸經營童裝品牌生意，每年兩季要開發新款上千、年生產上百萬件的成衣，由於近年來市場競爭非常激烈，當季新款的售罄率逐年下降，每年至少20％以上的新商品變成庫存品，這些庫存品在隨後的3年會變成我們零售折扣的主力商品，但其中包括一些生產過程中所產生的次品，與大量超過3～5年仍未賣掉的庫存商品，這就得靠每年兩次大型的員購廠賣來清

貨了，由於價格基本上都低至原牌價的 1 折左右，其中還會有一堆堆 10 元、20 元與 30 元不等的一口價，加上本身的品牌力，所以每次廠賣都是萬頭鑽動，生意紅火，往往一週廠賣就可賣出上百萬人民幣的業績；然而，業績好同樣也帶出一個令人煩惱的問題！

無可否認這種超低價的廠賣，雖能收回現金，但虧損在所難免，因此大部分的企業面對這種擺明虧錢的生意是不會再開發票的，因為 17% 的增值稅是很多的，一場 500 萬元人民幣的廠賣，以 17% 內含稅來計算增值稅，就會跑出來 73 萬元人民幣的銷售稅（73 萬 =500 萬 / 1.17×17%），所以對已經虧了大錢的廠賣不開發票，似乎是天經地義的事情，事實上這種做法絕對是違法，是一種來自對當地稅制誤解的觀念，以致觸法而不自知。

因為大陸是採流轉稅制，對商品任何流轉環節所產生的價差，都要徵收 17% 的增值稅，換句話說，如果是沒賺錢的買賣是不會課稅的，問題在增值稅的統計，並非逐筆計算，是整個公司每個會計期間的總額核算，所有銷售均有 17% 的銷項稅，但每一筆開發票的進項也有 17% 進項稅，而進項稅可作為銷項稅的抵減部分，如果廠賣造成大額的虧損，這虧損的金額反而可以抵減原正常生意所產生的利潤，正常來說反而是減少了公司整體增值稅的稅負。

不過對以外銷為主的企業來說，很多公司已將生產過程中產生的次貨或耗損，計算在正貨的生產成本之中，所以實際出口時的利潤已被稀釋掉，所以廠賣銷售所產生的營業額往往賣

多少就賺多少，等於此次廠賣必須全額課徵 17％的增值稅，沒有進項可以抵扣，此時這個增值稅課得並不冤枉，但如果企業自己沒有想通，一旦老闆覺得心疼，難免會做出不開銷售發票的錯誤決定，那就種下日後嚐苦果的種子了。

其實類似員工購的廠賣活動，在消費品行業很是普遍，只不過成衣業力度比較大，大多數時候是虧錢在賣，所以讓老闆感覺特別心痛。但這類生意不要管每次銷售額有多大，通常占企業全年正常生意的比例，最多也不過就是 1 ～ 2％而已，為了這點小生意去冒短開發票的重罪實屬不智，也不是原本志在千里的大老闆，創業時的初衷啊！

更不要以為這種事可以瞞得住，就以我的經驗來說，若廠賣的宣傳做得好，我們管區的海關、稅局、公安、勞動等平日往來單位，絕對是一堆朋友拿著紙箱來掃貨，然後，頭幾天嚐到甜頭的朋友，會大肆幫你廣播，接著第二批、第三批慕名而來的朋友再次湧入，所以我們在安排廠賣商品時，都會分為多次多批上貨，絕不能讓後幾天來的朋友沒有好貨可挑。

也就是說，這些廠賣時來的大款，很多都是與我們工廠素有業務關係的朋友，對我廠業務知之甚詳，廠內的人面也熟，有沒有開發票怎可能瞞得過呢？再說，有沒有開發票是由企業內財務部的同仁負責的，如果公司交待不開發票，那做老闆的你，就要一輩子都對這些財務部的同事好一點才行，否則那天他不高興，到稅局告你一狀，連補帶罰，那公司可就慘了。而公司是無意漏開還是有意不開員購發票？久而久之，內部同事自然心知肚明，這種事要所有員工不講出去根本是件不可能的

事。所以，奉勸在大陸做生意的朋友，切莫因小失大，別為這種蠅頭小利，毀了整盤生意。

後期隨著工廠的擴建，我們也改變了一年兩次大型廠賣員工購的做法，在新廠房裡開出了一個 800 平方米的大型折扣店，這個常設的折扣店，讓我們廠區附近的街坊鄰居與業務關係戶，一年四季隨時需要都可以光顧，公司也不必在特賣時，勞師動眾地調派人力，並讓工廠的庫存管理與清貨工作更形順暢。同時這個常設特賣場，還進化到每筆交易都開零售發票，不再是像以前特賣活動結束後，再統開一張增值稅發票了。

3-9 現金流最重要

任誰都知道「現金流」是企業經營的第一要務，因為現金流好比血液之於人一樣的重要，能吸引大筆資金流進不容易，但將資金用對地方更難，正確的現金流出能產生日後更大的現金流入，也能讓投資人喝彩，並願意掏出更多的錢，讓企業繼續再投資，那就更是難上加難了！

早期台灣成功的企業，就如同我們商學院教的，都是有多少錢做多少事，財務上保守穩健為主，甚至以無負債經營而自豪，在 20 年前那個科技剛啟蒙的年代，很多華爾街的分析師，都認為一個連年大虧卻還不斷大規模募資的企業，肯定是個騙

局，因為大家看不懂啊！但美國有一家連續 20 年虧損的公司，2017 年初他已是市值新台幣 13 兆元、180 倍本益比的企業，這家企業就是亞馬遜公司（Amazon.com, Inc.），創辦人兼執行長貝佐斯（Jeff Bezos），他是如何做到的呢？

亞馬遜是靠網路書店起家，但貝佐斯很快就驚覺到，他是在經營一個將成為未來主流的平台生意，這個平台顯然將不只是賣書而已，而且他還能洞悉未來網商平台的潛力與發展趨勢，所以還在賣書的年代，就不斷的在全美各地籌設大型的自動化倉儲與物流中心，當然光憑賣書賺的錢，絕對不夠他那時對未來所做的投資，所以自然要靠多輪募資來籌錢，而這些大型的投資雖對未來 50 年會產生巨大貢獻，但在前期折舊攤提期間，公司帳面自然出現巨額虧損，這種不斷投資未來的做法一直延續至今，但投資範圍已擴及機器人、大數據、雲端服務、自駕車到物聯網，從美國本土到海外，也愈玩愈大，但顯然亞馬遜總能證明他在做對的事情，一直往對的方向前進，自然受到投資人瘋狂的追捧。

亞馬遜的成功，讓他成為全世界新創企業欽羨與效法的對象，這其中當然包括了很多年輕的台灣公司，憑藉著對產業的敏銳洞察能力，以讓人眼睛一亮的新創招式與技術快速的切入市場，在師法亞馬遜的大帽子下，往往不顧企業虧損的現實，卻持續虧錢拚市占，總認為規模與流量就代表成功，往往也能吸引源源不斷新資金的追捧，問題是在後面，下一步呢？一直虧錢卻看不到未來，怎麼向投資人交代？

其實亞馬遜不是不能提早幾年就獲利，而是不願意，因為

貝佐斯知道，如果為了滿足短期財務報表的漂亮數字，延後投資自動化倉儲系統，那就不可能成就日後的一飛沖天，亞馬遜 2015 年營業額 1,070 億美元，2016 年成長到 1,360 億美元，2017 年預計再成長 25％，想想看一家營業額新台幣 4 兆元的公司，居然能有 25％的成長動能，實在是因為亞馬遜一路走來，不斷正確投資未來的能耐。

某些台灣年輕的新創公司，頂著數位科技的大帽子，但缺乏嚴謹的財務訓練與財務紀律，生意開張後才發現各方面都與自己當初想的不太一樣，往往等找到方向時，資金卻早已消耗殆盡。從資本市場好不容易募集來的資金，也多用在市場行銷補貼與日常花銷上，基本上多是生意愈大虧損愈大，幾乎很少人注意這些從資本市場找來的長期資金，應該花在有助公司長期發展的資本投資上，這就是對經營生意的現金流管理太過輕忽所致。

大陸經濟發展的現金流問題，也一直占據了主要的地位，早期流行的三角債就是這個問題，因為缺乏財務素養，很多個體戶老闆誤認口袋裡的現金就是自己賺的錢，所以現金多就等於賺很多，只要口袋錢多，用起來就很大方，有時根本忘了 3 個月前進貨的貨款還沒付呢！

但大陸商人學得很快，一些企業家雖然初期資金不夠，但已懂得利用周轉率來解決資金不足的問題，比如他只有 100 萬元，如果經營的產業，經營週期是一年一次，毛利率有 60％，代表他一年最多就是賺 60 萬元（＝100 萬 ×60％），但他有另一個事業機會，毛利率 30％，但生意一個月可以周轉一次，我

所認識的大陸朋友幾乎都會選擇後者，因為這會讓他有一年賺到 360 萬元（=100 萬 x30％ x12 次）的機會，如果他有把握膽子又大，在關鍵時候敢用高利借錢周轉，那他非常可能在一年內就賺到 1,000 萬元人民幣以上。

但是這種好光景現已不多見，因為 20 年前的大陸市場物資缺乏供不應求，是什麼商品都缺的年代。而現今全世界（包含大陸）的消費品市場，遠遠是生產過剩、供給遠大於需求，這種高毛利高周轉率卻用小資本一搏的機會，已經很不容易找到，所以事前考慮現金流的問題，對生意就變得更加重要了，因此搞清楚產業的特性與習慣，考慮你的經營模式，再考慮自身的資金條件，這是年輕人創業前必修的第一件功課。

舉陸企的例子，並不是鼓勵企業借貸大搞財務槓桿，而是發現周遭太多年輕人，根本缺乏財務觀念卻想創業，幾個朋友湊個一、兩百萬就搞起小文青創業，沒算過什麼損益平衡點，也不懂什麼以短支短、以長支長的財務觀念，錢不夠了，就向親友求助，事實上一百萬一年就可以輕易虧掉，但一般生意就算不錯，通常也要 3 年才能打平、5 年才可能回本，而 90％以上的創業又是以失敗告終。

搞不清現金流就想做生意，如果是虧自己的錢也就算了，如果是把長輩的老本都虧掉了就太不應該了。為何王永慶年輕時要去米店當學徒？高清愿在台南紡織做了多年業務經理才去創業，相信他們是先學會本事，自忖有幾分把握才出來創業的，所謂本事，至少包括帳怎麼算？怎麼講本求利？怎麼維持穩定的現金流來推動業務？

當然現今的世道大不相同，融資環境也相對寬鬆，創業機遇更是稍縱即逝，不可能等到什麼都準備好了才去創業，但是最基本的財務觀念一定要有，自己不夠懂，就要虛心一點，多聽聽專業人士的講法，特別是那些出資人的意見。獨立的現金流是證明企業具備生存能力的最重要指標，也是對外募資的重點，是因為靠自身的造血功能來不及應付企業的成長，但人能真正存活不能全靠來自外部的輸血，主要是能產生自我強大的造血功能，大部分外部的融資，應當用到企業的資本支出上，特別是對企業未來能產生大量現金流入的投資上，而且一步步要計算準確，不能老想著 10 年後的飛黃騰達，也要看得到眼下的現金流卻只夠撐 2 年，這才是對亞馬遜成功的正確理解，也是一種對投資者負責任的態度。

其實現金流有問題，就代表庫存沒管好，應收帳款，應付帳款，甚至銀行貸款也拎不清，也就是事業的經營出了根本的問題。曾二度獲得「日本經營品質獎」、指導過 600 家公司的武藏野社長小山昇認為：一流社長講究「現金」，二流社長講究「利潤」，三流社長講究「營收」，要知道事業的經營始於現金，也終於現金，一個業績不斷成長，卻面對不斷枯竭的現金流的公司，如果不懂得改變經營模式，那就只有坐等破產一途了！

3-10

要做真老闆才會做的事情

　　2016 年台灣某食品大廠，給 2017 年的集團營收訂出「零成長」的目標，這在企業界實屬罕見，雖然做生意的人都知道，任何生意都沒有年年增長只進不退的道理，但要從老闆自己口中說出「明年不成長」這句話，那可是很難很難的，而且還要有前提的！

　　首先這個 CEO 本身一定是真正的老闆或大股東，因為非親非故的專業經理人，就算知道此時必須保守以對，訂出較低的成長目標，可是如何說服董事會就是一大難題，因為老闆請你來，可不是要你打安全牌，低成長與零成長，很容易被董事會認為是你能力不足，或是企圖心不夠？別說等明年，今年董事會開完，你可能就會丟官走人了。

　　第二就是這位 CEO 要有足夠的自信，他知道企業什麼時候要攻？什麼時候該守？什麼時候該修整？什麼階段企業該做什麼事？這種自信來自他的專業，也來自他對產業變化的理解與對產業趨勢的掌握，最重要的是他知道要守多久，何時再起？這種自信，往往要伴隨著一連串的行動部署與準備工程，絕不是坐等機會而已。

　　第三是這位 CEO 要有足夠的膽識，特別是上市公司的老總，

因為上市公司每月、每季、每年都要公布財報，經常要面對股東，投資人與財務分析師的質疑，業績沒增長也會影響公司股價的表現，這些巨大的外部壓力，很少有上市公司的老總可以不在乎或完全不予理會。這也是為什麼很多好公司不願意上市的原因，因為一旦上市，企業就必須要接受一些衡量企業績效的財務指標，為了這些財務指標，有些企業可能就會走偏或是迷失了方向。

美國華頓商學院教授，曾對「直接經營者」的企業做過大量研究，所謂直接經營者就是：這些擁有股份控制權的創業家，或他的第二代經營者。分析美國 1968 ～ 2000 年 IPO 的小型企業，最精采的 49 家企業全是由直接經營者在經營，其股價平均漲幅高於指數的 30％以上。相對專業經理人，直接經營者最大的優勢就是彈性。近年最有名的例子，就是曾由直接經營者領導、創下輝煌成就的惠普企業，在明星專業 CEO 菲奧莉娜（Carly Fiorina）帶領下改革不成反遭解職，主要就是因為股權不足，在面臨公司需要重大改變時受制於大股東，缺少彈性與籌碼，最後只得走人。

直接經營者的企業在台灣普遍被稱為「家族企業」，上述例子雖然說明瞭家族企業的經營績效，會普遍優於非家族企業的原因，但奉勸在家族企業內工作的高階專業經理人，遇到關鍵時刻一定要用老闆的思維來考慮事情，雖然你不是真正的老闆，但有機會你仍要用老闆的立場來做決定，久而久之，你會發現自己離 CEO 的位置已不遠了，甚至有一天，你也有可能成為真正的老闆。

3-11　企業接班根本就是個假議題

　　近年很多年紀已大的商界朋友，面對年輕一代不願接手事業的處境感嘆不已，也多表達願將事業託付專業經理人的想法，當然前提是要能遇到合適的人選。事實上，以我個人的觀察，台灣企業二代接班的傳承問題根本就是個假議題。因為實際經驗告訴我們，幾乎沒有第二代會拒絕繼承財產或繼承企業的所有權，沒興趣的只是繼承經營責任這部分而已，因為那是件苦差事。所以對第一代的創業家而言，企業傳承是敢不敢交的問題，對二代年輕人來說，是能不能接班的問題而已，絕非是願不願的議題！

　　通常一個公司治理上軌道的企業，組織體系流程健康，加上成熟的運營團隊，請問第二代會不願意接班嗎？通常只有一種情況會影響他的接班意願，就是第二代自己的真正志趣與專業與企業大不相同，考慮個人因素而堅持不接。換句話說，只要第一代的創業者，若能將公司帶入一個合理化的公司治理情境當中，那就自然降低了二代接班的難度與風險。問題也就出來了，如果憑第一代的英明神武與強大的企圖心，都不能將企業帶進合理化的公司治理當中，又怎可能冀望養尊處優的第二代，能安然接班呢？

　　簡單的講，第一代的創業家如將企業經營得當，本身就不會出現接班的困擾，而所謂經營得當的意思，最低的標準，就是能將企業的所有權與經營權分開。如果第二代不成才或沒興趣，那就將企業經營的責任交與專業經理人，讓自己的子女做個快樂的大股東吧！

　　但說實話，這樣的安排也只能保得了一時卻保不了一世。因為只要第一代的創業家還在世一天，他在企業內所做有關組織責任與權力分配的任何安排，多不會遭遇太大的阻力，第二代也很少會公然忤逆，真正的問題會出現在第一代創業者離世之後，如果企業第二代自認經營能力不差，或不甘心只做一個大權旁落的大股東，第二代子女攜股權優勢班師回朝，也只是時間早晚而已，請問專業經理人能有什麼選擇呢？我看過太多企業的資深專業經理人，在企業傳承與接班這件事上，多是扮演著保年輕二代少主上馬，扶一程與保駕護航的角色而已，若無大股東奧援，很少專業高幹敢有非分之想。

　　所以創業者憂慮下一代的接班問題，本身就是太過多餘的事。第一代的創業家在世時至少要做好三件事：其一就是在營運面上，建立合理健康的組織與運營體制，培養出並留住一批幹才來幫助未來的接班人；其二就是在董事會層級，建立企業所有權與經營權分離的架構，要教會二代少主怎樣領導董事會？怎樣尊重負責日常運營的專業經理人？第三就是要將第一代創業的初衷與經營價值觀，根植在接班人的內心深處。企業創辦人若能在有生之年辦妥這三件事，至於二代子女能否順利接班？企業的未來能否繼續輝煌？這都是企業創辦人無需憂慮、也無

法憂慮的事情了！

3-12 有些錢花得真冤枉

　　企業征戰商場難免有得有失，長期而言，看的是否贏多敗少，或總是能大勝小輸，基本上就算成功啦！可是常有些大公司，特別是一些跨國大企業，由於公司規模大負責人手中資源豐富，往往在生意順遂時大手大腳做出一些很笨的投資決策，雖然多數情況事不關己，但看在資源稀缺的中小企業專業經理人眼中，心中卻是無限傷痛與惋惜。

　　2009 年全球最大玩具商的美國美泰（Mattel），在上海灘開出了樓板面積 3,500 平方米的芭比旗艦店，Mattel 公司史上最奢華堂皇的芭比屋，BBC 中國當時如此形容的，但 2011 年，這間曾是當地熱門話題的形象店，卻悄然地息燈關門了！這個案子會讓我印象深刻，是因為當時我服務的公司，正是 Mattel 的中國總代理，而我那時也是中國華東區的業務負責人，換句話說這個芭比屋籌設前後，碰巧我正是 Mattel 玩具上海業務的最高主管，所以有關想法自是略知一二。

　　很多專家事後討論此案，多談到了這個案例的戰術錯誤，雖然此店位於上海最時尚與最繁華的淮海中路，但沒法讓客人停車，雖是地處上海地鐵一號線上，卻正居黃陂南路站與陝西

南路站兩個地鐵出口的中心點，也就是它剛好位處地鐵口到旗艦店最遠的距離，根本不利客人到此一遊。雖然樓高 6 層，占地廣達 3,500 平方公尺，1 樓入口門面卻極狹窄，只留了導引人流上 2 樓的空間，因為房東以高價將 1 樓大部分的店面出租給另外一家公司了。我個人以為，對上述戰術失誤的批評絕對是正確的，但前提是它先犯了時間與時機，這兩個更嚴重的戰略錯誤。

這個由 Mattel 美國主導的投資案，由其整個店內的室內設計，與布置的氛圍來看，顯然總部 Marketing 是在訴求芭比的感性生活與美國文化，一般牽涉這種賣文化的行銷投資，不但要花大錢，而且回收期很長，Mattel 美國事前對全案的投資與回收期的估算顯然太過樂觀，僅粗估上海淮海中路 3,500 平方米商場的年租金，至少就要人民幣幾千萬元，還要加上奢華的裝修與高昂的營運費用，身為 Mattel 中國的總代理的我們，深知當時一年全中國 Mattel 玩具的總營業額也只有 6 億元人民幣，為了這個芭比屋，每年要多賣多少芭比娃娃、賣幾年才賺得回來呢？砸大錢搞回收遙遙無期的品牌行銷，難怪當時中國 Mattel 的業務負責人，刻意的與此案保持某種程度的距離，開會談到此案時，必說此案是由美國總部直接負責，他們 Mattel 中國只是協助而已。

至於時機問題，對比星巴克咖啡 2017 年 12 月 6 日開幕的臻選烘培工坊，這個位在上海靜安寺商圈高檔購物中心 1、2 層，占地 2,700 平方公尺的星巴克旗艦店，就是個極為成功的例子，因為才在開幕前幾個月，美國星巴克才剛將其中國星巴克的代理權收回，買下原代理商台灣統一旗下中國所有的門店自營，然後星巴克這個奇幻烘培坊就在上海灘出現了！顯然在與台灣

統一談判代理權回收之時，美國星巴克早就起動了這個中國旗艦店的規劃與籌備，否則絕不可能在代理權才收回幾個月後，就能快速開出這麼令人驚豔的烘培坊，但無論如何，這個旗艦店的開設絕對要在代理權收回之後，這才是正確的時機。

而 Mattel 公司卻在市場經營權還在代理商手裡時，就啟動了芭比屋這樣大型的投資案，身為代理商沒理由參與這樣的投資，當然籌設過程中也沒有任何發言權，這個旗艦店的成敗又與直接負責業務的 Mattel 中國無關，更與作為代理商的我們離得遠遠的，像這種與市場行銷完全脫節的品牌投資，怎麼可能成功呢？

這種 Marketing 與 Sales 部門不同調的情況，最低限度必須是兩個單位隸屬同一家企業才可能化解，因為 Marketing 的投資，要能確定對 Sales 是有明確貢獻的，而且可經由 Sales 的業績成長，反應出 Marketing 的成功，並逐步回收投資。Mattel 總部顯然太過急切，在公司尚未完成內部體制整編前就冒然發動這樣的市場攻擊，也由於投資無法有效聯結到業務身上，自然以失敗收場。

美國股神巴菲特（Warren Edward Buffett）指出，企業的持續成長，是來自企業對其生意護城河深掘廣挖的投資。任何曇花一現的市場補貼與酷炫的品牌行銷，只要無助於企業核心競爭力的提升，終究是白忙一場，但可憐了辛苦經年的員工，若是將企業高管這些錯誤決策所花冤枉錢的一半，或是只要其中的20％，以各種福利的方式回饋給普羅員工，相信不用做什麼大型的外部活動，被激勵的員工生產力，至少也能帶出企業績效 20％的增長。日本麥當勞在虧損連年後，振衰起蔽的第一步，就是先替員工加薪。這真值得企業大老闆與高管們深思啊！

第 4 篇
一個孕育台商品牌夢的沃土

　　未來 20 年，可以預見中國政府的經濟政策，都將以「調結構」為重點。中國所謂的調結構，與台灣的產業調整大不相同，中國政府是想將整個國家未來經濟成長的結構，從外銷與投資拉動轉為內需帶動。事實上，在大陸各項生產因素成本節節上升的這些年，外向型產業壓力大增，整個外銷占國家 GDP 的比重，早已降至 45％以下，台灣經濟比大陸早走 30 年，但外銷依存度仍高達 GDP 的 65％，這是台灣海島型經濟體的先天障礙，無法改變也怨不得別人。所以台灣以往的產業調整，只是在產業的興替輪換中做文章，仍舊是在外銷與國際貿易的比較利益框架下做競爭，對台灣本島的內需與就業，並無太大與直接的幫助，除非台灣真能做出一些，改變內需市場根本結構的事來！

　　用價格與獲利觀點來看，這就是賣 FOB/CIF 價與賣零售價的區別，做外銷出口，即使生意再大，毛利率也是遠低於品牌商賣的銷售價，這中間的差別就是品牌商擁有巨大的高毛利與採購選擇權。高毛利代表品牌商雇用了一大批高薪的菁英人才做產品加值的工作，而賣 FOB 的台商，就只能做低階的生產工作賺微薄的製造利潤；而買方基於比較利益，轉換供應商更是業界常態。所以，25 年前，我貿易公司的老闆就一直有個夢，希望能轉型成為像 Walmart（沃爾瑪）一樣的連鎖零售商或品牌商，因為做貿易不管你今年生意做多大，都可能因為某些自己不可控的外在因素，會讓你明年的訂單減半，這種有今天但不知明天的日子，太沒安全感了。

　　品牌的成功基本源自產品力，台灣不缺做出好商品的能力，問題是當本土市場太小時，自己做產品根本不如自國外進口比

較有效益，拿香港來看最是明顯，所以香港幾無製造業可言。舉最近中國政府取消二胎限制的嬰童產業來說，台灣每年 20 萬與香港 5 萬多的新生兒，根本無法養出一個本地的嬰兒配方奶粉品牌，可是大陸每年 1,600 萬的初生嬰兒，除了美、日著名的五大品牌外大陸本土品牌十餘個，年營業額也多在新台幣百億元之上。再看看我們每天打開電視都見到的紙尿褲廣告，全是美、日品牌的天下，但在中國，除了前面幾個高檔的外國品牌外，至少在中、低階市場養活了幾十家的大陸品牌，再看台灣洗髮精、沐浴乳、牙膏、洗衣粉……等等，一大堆的日常用品幾全是外國品牌，這些產業大多有幾個共同點特點，一是本身沒有太高的技術含量，二是這些商品多是當地居民日常生活的必需品，三是這些多是單價過低，無法負擔長途的運送成本的品項；換句話說，很多在台灣無法生存無規模效益的產業，總算在大陸市場開放，從世界工廠轉為世界市場之際，給我們台商有了足夠發揮的舞台。

　　台灣科技與電子產業的成就，在國際相關的產業鏈裡，建立了類同「Intel inside（英特爾）」的品牌地位，但對以消費品產業，與服務業為主的眾多中小企業來說，品牌之路才是他們夢寐以求的。大陸市場地廣加上人多，在兩項因素的乘數效果下，各個領域都是台灣市場規模的百倍以上，品牌是一種個性與風格的表現，不可能一個品牌能通吃所有的客群，成功的品牌無疑要對目標市場做出精準的區隔與細分，台灣市場先天內需規模的限制，根本奢談品牌的分眾經營，這也是為何台灣很多路邊小店總是開開關關？因為台灣這點人口、這點生意量很難養

活那麼多的特色店。

大陸市場的規模不只提供了品牌特色經營的空間，成熟的電商平台更提供了台灣中小企業在缺乏資源下，可避開實體店的沉重投資直接經營龐大的大陸市場。事實上很多台商在電商通路崛起前，就已經利用設廠大陸的優勢，成功插旗大陸內需市場，從水泥、輪胎、造紙、建材、塑化到女鞋、自行車、食品、餐飲、旅行箱與連鎖麵包店……等等，其中最成功的產業，當屬目前在大陸市占最高的「隱形眼鏡」，還包括有些我們平常不熟悉的幼教、攝影、婚紗……等服務業。倘若兩岸服貿協議可以簽下來，以大陸今日在國際上購併與全球金融產業的影響力，台灣的律師、會計師與相關金融從業人員更將絡繹於途，因為他們會有太多可以做的生意了。

世界第二大市場所產生的巨量消費帶來巨大的商機，同樣也帶出大量的廢棄物。所以有遠見與專業能力的台企，已開始進入醫療廢棄物的回收產業中，汽車產業龍頭的日本業者，也看到了每年千萬輛報廢汽車的商機，也在當地投資自動化的回收與處理工廠。顯然不只有台灣人，全世界的企業多已看到了大陸這龐大市場的潛力，台商在同文同種、擁有類同主場的優勢背景下，如果能將大陸市場當做台灣內需市場般來經營，以台灣的專業能力播種在大陸這塊肥沃的市場上，相信數年後的台企將可孕育出數以萬計的傑出品牌，台灣年輕人何愁沒有舞台？台灣經濟何愁沒有發展機會呢？

4-1 要有強烈的企圖心 而非貪心

　　台灣年輕人或中小企業，想在大陸建立自己的品牌事業，首問自己有沒有決心與野心？如果還留戀台灣的小確幸生活，那就不用去了，這種決心與野心，用比較學術性的說法就是強烈的「企圖心」。真正的企圖心一定是有基之彈，是基於自己的專業、能力與興趣，做自己夠懂的生意，擁有高人一等的真本事，加上又是自己志趣之所在，這才具備足夠的驅動力，讓你有「明知山有虎，偏向虎山行」的膽識！

　　決心有了，基本的資金與本事也都有了，再就是要針對異地市場進行深入了解，盡可能做足創業前的準備與籌劃功課，這是第一要務，就是《孫子兵法》〈始計篇〉所說的「多算勝，少算不勝，何況於無算乎」。

　　做生意成功不容易，但開公司不難，問題在關公司才是件麻煩事，一堆稅務問題等著你善後，所以一旦頭洗下去了，就不可輕易半途而退。通常創業失敗一半原因是事前籌劃不周所致，另一半原因多是「熬」不過去，何況在自己人生地不熟的海外市場，一定要有隨時遭遇「意外」的心裡準備。草創初期在門面上不用太講究，應該多儲備點糧餉彈藥，給自己蓄積些熬下去的本錢，絕不可抱著「試試看」的心態，給自己太多可以打退堂鼓的理由，要知道做生意最怕的，就是進進退退來回

折騰。

但是「打死不退」與「死不悔改」卻是不一樣的事情，開創事業要有打死不退的基本韌性，台灣本地的做事習慣與自己某些習以為常的想法，有時多少會讓我們誤判形勢做錯事情，這沒啥大不了，知錯能改就好了，所以大陸朋友常褂在嘴邊的一句話，就是「理解萬歲」。

對台灣年輕人與中小企業來說，資金匱乏是大多數人的弱點，基本上有多少錢做多少事。我們鼓勵年輕人夢想要遠大，但再遠大的夢想也要量力而行，逐階而上的！雖然做生意難免不冒風險，但憑感覺做決策，與仰賴高財務槓桿做生意，實屬冒進之舉。俗話說「店大欺客」，指的是那些大公司與大品牌，往往攜國外盛名大舉進入新市場，不僅是用高投資築起一道競爭障礙，更是在花大錢來趕進度，因為他們資金、技術、人才都不缺，獨獨是「來晚了」而已。

多屬中小企業的台商不具備這種條件，當然無法仿效這種做法，也就是不能貪心，絕對避免貪大、貪多與貪快這三種貪心，100 萬元人民幣的資金，除非情況特殊，最屬害的電商，也就是一年做個 1,000 多萬元的生意吧！若第一個店才剛賺錢，就忙著開第二家店，生意才剛在一市一地成功，就想跨足外省，搞全國連鎖，如果事前沒搞清楚錢在那裡？人在那裡？對講求現場體驗的服務業與口碑行銷的品牌業者來說，急於求成的貪心之舉，反會陷入欲速不達的困境之中。

上述的貪心是種大貪，這種「大貪」的錯誤反而明顯易見，通常在公司內部也會出現不同的聲音，這種牽制力量往往會讓

整個事情多所顧慮，犯錯機會大減。但有種「小貪」卻是常鑽人性弱點，天天在考驗著我們，就是「貪小便宜」的心態，一類是遊走法律邊緣的便宜行事，日後還有可能危及你個人與整個事業，千萬不要認為大家都這樣，你就可以這樣，法律是只問你有沒有做？跟別人怎麼做沒有關係的！

另一類的小貪就是「偷懶」，也就是偷懶省力，讓自己的日子可以過得輕鬆一些。很多年輕人創業，當然首要是「賺錢」，同時又希望擁有當老闆的自由度。但大多數情況卻是事與願違，當老闆並不見得自由，工作往往比做打工仔還要辛苦，事業草創階段哪有例假與休假可言？根本就是處於「隨時待命」的狀態，而且責任與壓力必定逼著你要不斷學習與進步，部屬有問題找你、彷徨不決時問你。簡單地說，若要事業經營有成，除經營者的專業能力外，更有賴自己高度的自律，與全心全力、沒日沒夜的投入。

4-2 品牌力建立在產品力的基礎上

品牌絕不是替自己的公司或產品，取個很炫的好名字就叫品牌，也不是憑藉廣告宣傳，透過包裝或找個好代言人來表現價值而已。眼下的陸企正從品牌的門外漢，開始往品牌的內涵深度經營，談定位、講價值，既敢做品牌的戰略大夢，也勇於

打街頭價格的割喉戰。

　　謹小慎微的台商，多從製造業角度切入品牌生意，初期憑著較強的工藝水準與管理效率立足市場，但在大陸同業崛起下，除了一些餐飲與服務業外，市場地位漸失。現今的大陸市場已有著顯著的 M 型化現象，一邊是高端或前衛的國際品牌，另一邊是高 CP 值的大陸品牌，擅長做產品的台商雖然比很多外企早去很多年，但似乎沒占到什麼便宜。

　　1991 年起大陸市場逐步開放，前十年外界還摸不透中國政府的想法，加上當時大陸行銷體系落後，當地民眾消費力不足，真正的國際大品牌並不敢壓寶大陸市場，反而是一些敏銳的港台商人，已嗅出未來大陸內需市場的巨大商機，一群港、台中小企業拿著國外名不經傳的小牌，或自己設計的品牌，開發出一系列的商品拿到中國市場來忽弄大陸消費者，大陸老百姓過了 50 年苦日子，大多沒去過國外，根本不知道「品牌」為何物？也不知道那些是真正的名牌？

　　還記得當是最有名的國際品牌，是今日市場已少有聽聞的皮爾卡登（Pierre Cardin），而市占最高的是港商自創的金利來（Goldlion）、佐丹奴（Giordano）與班尼路（Baleno）等，都是那個時代誕生的名牌，整個社會雖不如今日富有，但市場繁鬧充滿活力，只要是商品鍍上「品牌」的招牌，每件商品都成了名品，供不應求。

　　但這樣黃金年代，也就是 10 年左右光景而已，接著頂級的國際名牌開始大舉進入中國。每年出境遊的高所得者，突然發現那些才是真正的名牌，收入大增的老百姓，不再滿足於國內

市場中的「港台名品」。更有甚者,手腳快的陸企擁天時、地利、人和的優勢,利用低成本的在地條件,快、狠、準地切入原台、港企業所占據的消費品領域,大多數擅長做產品的台商,才剛享受中國市場高速發展的甜頭,還沒吃到大餐,往往就被陸企大手大腳的經營手法給山寨掉了,多數台商從此進入艱苦經營階段。

今日的台商在中國大陸,高階市場碰到歐、美、日品牌的競爭,中、低階市場又得面對已然壯大的陸企重擊,面臨兩面夾殺的台商如何突圍而出?這是台商勇闖彼岸內需市場,特別需要解決的課題,既然陸企已成為市場主要對手,了解其對品牌的理解,採取相應的做法,是自己生意邁向成功的關鍵,若能取其成功之因,避其失敗與折騰之誤,自能大幅提高成功機率,也能縮短成功的時程。

其實多數陸企,對品牌的理解可說是「一知半解」而已,「了解」的部分是比較表面的東西,商品一定要取個好名字,而且最好是個洋名字,因為可以利用消費者的崇洋心態將商品銷售出去,而且還能賣貴一點。部分企業用極盡豪華的重度包裝,來滿足部分奢華頂端的購買需求,中秋月餅就是明顯例子。他們打品牌戰的真正動機,在提高「商品地位」,使其商品可以在芸芸眾生中突顯尊貴,在電商風行大陸之前,中國老百姓普遍有「貴即是好」的消費心態,可以說賣高價賺暴利,是陸企不惜血本打品牌戰的真正目的。

相對台商將本求利、捨不得花人錢搞行銷的製造業思維,陸企這一招正好打在台商的痛處上,另在外企工作多年的陸籍

員工學成創業，或被重金禮遇回流陸企的背景下，今日的陸企
多已脫離早年仿製與山寨的年代，商品本身的質感與新創的營
運模式，逐漸超越原本勤勤懇懇做產品的台商，加上大陸創業
者與生俱有的狼性與狠勁迅速壯大，大陸手機、網商等產業的
崛起就是明顯例證。

　　以往陸企對「品牌」的誤解，普遍存在某些一般消費品的
產業中，過分追求商品的外在觀感與高價定位，卻未做些真正
提高商品價值，對消費者有益處的事情，所謂一代又一代的新
產品，很多都是畫蛇添足的多餘之舉，目的是希望消費者感覺
漲價有理，這類未以消費者為中心的品牌路必走不遠。

　　當然也有陸企具備邊戰邊學的能耐，很多朋友意識到要在
自創的品牌內，注入一些文化底蘊，開始為品牌鋪墊內涵，給
企業代代的新產品提供方向指引。雖然有些企業還搞不清楚品
牌經理與產品經理的不同，但公司確實是嘗試往品牌之路前進！

　　大陸市場的巨大，也提供了陸企分眾經營品牌區隔的空間，
愈來愈多的陸企知道不太可能在短期內做大生意同時又賺大錢、
走精緻服務的高價路線，勢必量衝不大，走取量的平價路線，
在未達經濟規模前也很難賺到錢。但敢做大夢、勇於挑戰機會，
幾乎是所有陸企的特色，特別是當地的中小企業已經懂得借力
使力，也會像變形蟲般百變前行，再苦都不能阻斷他們「自創
品牌」的夢想。

　　親眼所見，很多大陸朋友靠膽識與苦幹，拚出了品牌初創
的成功之路，但他們似乎比很多台商更了解台商，他們知道自
己的能耐與不足，也知道怎樣去彌補不足。現階段的陸企已非

20 年前，跟在台商後面學本事的階段，他們不僅有雄心壯志更有策略與手段，他們顯然不想與台商一樣，再犯下「會做產品不會經營品牌」的相同錯誤。

事實上每個陸企老闆，似乎天天都在想著幾件事：公司下一代的產品在哪裡？產業裡又有何新變化？強有力的新對手在做什麼？將出現哪些新的營運模式或可能的破壞式創新？有哪些可以借鑒的觀念與做法？他們相信環境天天在變，每個改變都會帶來新機會。令我們感覺最可怕的是——他們永不停止去夢想，絕不會滿足眼下的成功，也不會為自己的成功路設下邊界。

4-3　築夢需要策略與量力而為

大陸市場的出現，讓很多台商終有機會一圓自己的品牌夢，但能否把握機會趁勢而起，或這只是可望不可及的一場春夢？我的看法是有志者事竟成，問題在你要「怎麼做」？

對大多數中小規模的台商來說，首先是要坦然接受自己「資金不夠與人才不足」的現實，根據自身的實力與條件，擬出「對」的策略，一步一腳印地踏實前行。所謂策略，就是包括「設定目標與達成目標，整個一套完整的計畫與步驟」。

而對自身實力的錯誤高估與過分自信，往往是一系列錯誤

的開始。錯誤的目標，導致錯誤的投資方向，錯誤的資源投入、錯誤的投資時點與錯誤的做法等等，待發覺身陷錯誤深淵，欲調轉車頭時，卻多已是資源耗盡，無力回天了！

一般來說，本錢不夠是最普遍的問題，但也是最容易面對的問題，因為台灣並不缺錢，只要有本事，夠好的案子總是找得到資金，但資本就只是「東風」，如果本身專業與能力不夠不足以成事，有錢也是枉然。所以資金是要考慮，而且在異地創業時還要加倍考慮，但最主要的考量還是在項目與案子本身的可行性上，有沒有足夠的吸引力？如果本事夠強，那資金就像「東風」般可成功扮演助攻的角色。

事實上，台商最大的困難在「人才」，主因大部分的台灣中小企業多屬家族事業，企業運營更像是個體戶般在運作，習慣經驗傳承與一言堂的家長決策模式，欠缺建立組織體系與培訓機制，但在大陸這麼廣大的市場做生意，加上環境陌生，價值觀與習慣差異，建立核心班底與團隊，絕對是打仗前就要準備好的工作。

但人才養成非短期之功，建議在籌備大陸事業的同時，就要兼顧人才培訓，從收集資訊、市場考察、撰寫報告到事業計畫，這個前期籌劃工作，正好考驗與訓練未來大陸事業的幹部。坦白說，中小企業的台商一般都是老闆自己帶著衝，但除非你已經決定放棄台灣生意，本人將親力親為長駐大陸，否則一定要有人或有隊伍幫你，而且不只是在執行面能幫到你，在策略與計畫面上也要幫得上忙才行。

當然找到人才，還要能留住人才。這就要談到很多台灣老

闆常犯的毛病，就是「信不過」與「捨不得」，對家族成員以外的幹部無法真正信任，所以不論能力多強、工作成績有多好，碰到誰上誰下的關鍵時刻，在忠誠度的考量下，通常都是家族成員勝出，幾次下來，人才必定出走。

再來就是「捨不得」，台商老闆習慣用台灣角度看天下，反正台灣本地就業市場不景氣，能用一般薪資行情用到人才，感覺是自己英明、自己賺到了。多數台商並無將人才視為無價之寶的觀念，往往草創打天下的時候，要大家一起共體時艱，但等事業做大後，多是老闆家族獨享成果。

所以人來人往變成台企的常態，台商變成同業外資與陸企的幹部培訓班而不自覺。當然這樣的用人格局，無法創造出自己事業的大成功與長久成功。財務策略上的量力而為，教我們有多少錢做多少事，資金不足就蓄積圖進，不要走得太快，這部分大部分的台商朋友都理解的。但企業發展所需的人事組織策略，也就是講求用人格局的人才策略與配套的待遇福利體系，才是未來大陸事業能做多大的關鍵，以大陸內需市場為主戰場的品牌生意，事實上就是一場企業間人才的爭奪戰，而且對手多是強勁的外企與財大氣粗的陸企。他們的理解是：誰握有人才，誰就能贏得這個大市場。

在此必須講句某些台商老闆不愛聽的話，去大陸之前，最好先估量自身的用人格局，是否能突破「信不過」與「捨不得」的用人觀念，如果心裡實在無法過了這關，其實大可不必冒險走這一遭，反正到哪裡，都是原來差不多的小局面！

4-4 別從台灣觀點來經營大陸事業

　　大多數的台灣朋友想到大陸市場，就會連想到這是個 13 億人口的龐大市場，但對台商而言，箇中的機會不在表面上量的巨大，而是內在的複雜度，成功的品牌一定是構築在市場的分眾經營基礎上，也就是生意要做得夠深、夠細緻，要能讓消費者感動，所以不要期望想省事，用一些標品或一種服務方式就想通吃整個大市場。

　　舉個成衣業的例子，在台灣新裝上市，正常做法是在要求全省 200 家店同一天完成上架，但在大陸就不能這樣，上夏裝必須由南往北，至少要分三梯次換新裝，冬裝則是從北到南逐次更換；而全大陸的零售店的訂貨與配貨，最少就要分一級市場、次級市場與 Outlet 三種版本；加上一年四季的時差管理，僅是上新貨這一環節就比台灣複雜 20 倍以上，遑論整個生意還有上百件的工作要操心。當然不同產業，各自要擔心的細節考慮不同，但大陸市場教我們的第一課就是：不要認為以你的台灣經驗與能耐，就足夠到大陸幹活了，「邊做還得邊學」才是應有的正確心態。

　　第二課就是大陸市場的巨大潛力，會激發產業百倍於台灣的創新能量與市場競爭，從商品創新、科技運用、行銷模式到

服務的深化等不一而足。換句話講，就是台商在大陸市場，經常要面對同業此起彼落的各種挑戰，不要因一招一式或一時一地的成功而沾沾自喜，要知道大陸市場，天天在上演著「後發先至」，輪流當主角的戲碼。

主因就是太過巨大的市場，自然會誘發企業家強烈的冒險慾，加上社會普遍彌漫著追富求勝的旺盛企圖心，所以陸企自我改革的速度遠非台商想像，雖然不乏冒進失敗之舉，但他們普遍認為這是邁向下階段成功的必然代價。這種為追求不斷成功而冒險，敢於從不同角度與可能性不停歇投資未來的個性，值得一向行事謹慎的台商們多多參考。

複雜的市場、高強度的競爭壓力，表示運籌中國市場，你需要更強更優秀的人才與團隊，但實務中的運作，大部分的台商打從一開始，就不是調動最優秀的人才到這個戰場，主因是某些企業仍未將大陸視為主戰場，初期多是以試水溫，與可有可無的心態看待這個已然成形的大市場，而且最強的幹部通常是擁有多年產業經驗的中高級主管，原本職位就順風順水待遇不差，加上台灣老闆考慮機會成本，又捨不得用比現在高兩倍的待遇，調動他離開台灣的舒適圈，缺少這些誘因自然無法調動一軍人才的積極性，去大陸市場開疆闢土了。多數企業現實做法，就是讓大將軍坐鎮台灣，定期或不定期出差大陸，指揮不成氣候的廉價二軍上戰場，結局自然就是要付出「高學費」的代價，而大陸事業的學習曲線也會被拖得很長。

但外企與陸資顯然不是這麼想，他們認為「時間」是最大的成本與問題，用高薪挖人才，是「搶時間與搶市場」最容易

的方法。其實近年來大批喝了洋墨水的中國人才逐漸回流大陸，加上外企菁英絡繹於途，台籍幹部要嘛，就是在企業內部多了一批國際同事，要嘛就是與這些來自世界各地的好手同場較勁，這種國際化的人才競爭與職場氛圍，是台商與台幹都要面臨的挑戰。

坦言之，目前台商在大陸內需市場的人才爭奪戰中，顯然落居下風，表面原因是台商老闆太小氣，不肯花大錢用人才，但實際上是很多台企老闆的格局太小，想吃中國這個世界市場，卻沒用國際視野來經營這個市場。

就拿企業組織來談，大多數台商的大陸事業都是台灣轉投資出去的，因此，大陸事業總經理的位階，通常都在台灣總經理之下，因為台灣是企業總部之所在，所以分支機構必須事事請示總部，大陸事業總經理的待遇也不可能高過台灣總經理，這就是為什麼在大陸內需傳產領域，幾乎碰不到年薪超過新台幣 300 萬的台商總經理，因為他的老闆，在台灣的總經理本身也只有新台幣 300 萬啊！大陸總經理薪水不高，表示他下面的副總、經理等幹部也被壓在那裡，所以整個團隊與外企陸資同業相比，絕對是低薪一族了。

因為外企與陸資是用「市場期望與回報」的角度，來看待大陸事業的組織體系，往往大陸事業一個區經理就管 3 到 5 個省，市場規摸是台灣一地的 5 到 10 倍大，所以外企陸資是用這樣的格局去訂定事業目標，用高標準去要求區經理，也給他相應的待遇與資源去運營，所以外企與陸資的區經理，往往比台商台灣總部總經理的待遇還高，這就不足為奇了。

　　外企則多從未來長期性的角度來看大陸市場，就算當地短時間業務量還比不台灣，台灣可是已早起步 30 年，但絕對是將大陸事業部門的位階放在台灣之上的。見證資訊產業最是明顯，20 多年前大陸市場剛開放時，外企大陸業務大多交台灣總經理兼管，隨著大陸市場的日漸成熟，大陸變成獨立的營運單位，再過來就是形成以中國市場為主的大中華區，台灣變成要向設在北京、上海或香港的大中華區總部匯報工作，這就是現今跨國企業普遍的國際觀。

　　這是以大陸內需市場為主的台商遲早要面臨的問題，不要因財務的投資關係，非將大陸事業限縮在台灣公司的架構下，層級太低、限制太多根本發展不起來，而且以小管大，資源與人才調度都是問題，我們要多想想如何「母憑子貴」，特別是多學學一些小國的外企，他們如何運作海外資源，來擴大自身事業的版圖。

　　建議最低程度，要將大陸事業單位獨立出來，或考慮將台灣變成一個虛擬總部，從研發、組織、MRP……等後勤支援上來協助大陸事業的成長，台灣公司不應再是大陸上對下的行政管理單位，至少要將大陸事業拉到與台灣事業同一層級才對，如果生意大到要設立大中華總部，領導可以坐在台灣，但可要從北京、上海、香港、新加坡或東京與紐約的角度，來看整個華人市場，不論企業的董事長或總經理是哪個國籍的人士！

4-5　經營品牌與製造產品
想的不一樣

　　台灣淺碟形的內需市場，造就了出口為主的外貿強國，而且極高比例是屬於國外品牌商與通路客人的委外訂單，這種背景鍛鍊出台商一流的生產效能與接單本事，同時也很羨慕跟我們下單的品牌商，在台商精良製造能力的協助下，不但生意上享受著超高的毛利，因此而形成高本益比的股價，讓公司市值大增。

　　大陸市場的崛起，讓企圖心強烈的台商突然發覺我們自己的品牌夢近了，但過去這些年，攜超高製造能力的台商，好像並沒有在大陸市場的品牌戰中，占得多少先機與優勢，顯然製造產品與經營品牌，兩者是大不相同的。

　　外向出口業者與直接面對消費市場的品牌業者，最大的不同，首在後者是最終商品規格與價格的制定者，品牌業者居於市場的最前端，根據市場需求、產業趨勢與自己對未來市場的理解，決定自己的品牌定位，並延伸出一系列的產品策略，代代新產品的走向與價格策略自在其掌握之中。若品牌客人沒犯下策略上的大錯誤，作為供應鏈上游的台商，只要扮演好稱職可靠的夥伴角色，就可憑強人一等的高 CP 值取得源源不絕的生意。

　　顯現在財務報表上的巨大差別，一邊是享有暴利的品牌商，另一邊卻是毛三道四的低利台商。這樣的結果本身其實是很公平的，因為毛利結構的差異是「果」，其成因至少有四：一是兩者冒得經營風險不同，二是財務壓力不同，三是兩者煩惱的焦點與承擔的責任不同，四是兩者對人才的要求也大不一樣。

　　舉個大家都熟悉的美國科技品牌「Apple（蘋果）」為例，能將一個科技產品引導成時尚潮流，代代新商品都能營收與獲利同創新高，想想每年要花多少研發成本與投資？中間有多少問題要克服？才能常年維繫住全球的領導地位。但他們全球數萬名員工多是高薪的白領專業人員，而數十萬低薪的藍領工作，幾全外包給上游的台商了！這是成功的品牌業者，但同樣台灣一家手機品牌，卻是境遇大不相同，曾經一年大賺 7 個股本的公司，2016 年至第三季就已大虧 1.5 個股本，股價由千元快速滑落至百元以下，可見品牌成功時風光無限，同享高獲利與高市值，但稍一不順，下跌的速度可能更快，這就是品牌業者高毛利，伴隨著高經營風險的代價！

　　再說幾個我在大陸打品牌戰的故事，負責整個營運責任的我，常遭財務長質疑，為什麼有時某些商品售價居然比製造成本定的還低？我一再解釋在一站式行銷的策略下，每週在上千個品項中挑 5 ～ 10 個品項做特惠，會創造更多的來客數並拉高整體營業額，雖然他並非完全贊同，但在整盤生意與獲利雙雙不斷創新高下，也就不再有疑議了。

　　其實大部分台商就是以一般傳統的財務觀念，依據成本加預計利潤來訂商品售價，成本高的零售定價就應該高，但從消

費者角度來看，他們對商品的感覺才是這件商品價值之所在，以我個人在童裝產業的經驗，「賣相」與「行情」才是對成衣的定價主要影響的因素，而影響成本與感覺的則多是設計因素，最棒的商品往往是看起來高檔又舒適，但製造成本又低的產品給了你衝量或高獲利的機會。而這也是在我負責供應鏈時，總是讓市場人員主導每季的新品定價，商品部與財務部的同仁則居於協辦的立場。

在大陸工作期間，常陪台灣同業朋友考察當地市場，很多製造業出身的老闆對成衣的布料與工藝成本知之甚詳，看到有些商品的標價就忍不住說「太貴了」，事實上等自己去做了，才發現自己要賣得更貴還不見得賺得到錢，因為以前出口賣的是 FOB 價，扣掉製造成本與管銷費用，就是淨利，很多品牌商要操心的成本，他根本不用考慮！

但自己做品牌，整個經營的成本結構大變，商品開發費用大增，通路成本與管銷費用就是原物料的一倍，加上庫存積壓與促銷折扣，往往訂倍率到製造成本的 5 倍還是賺不到錢，這才發現品牌生意並不好做，原來以前做出口，只要顧工廠管生產、拚交期、盯品質，做品牌最大的分別，就是要直接面對市場的考驗，中間又存在一堆你無法掌控的外在變數，還包括自己對市場的研判，其中任何一項失誤都可能影響成敗，經營品牌的複雜程度，遠非當初單純做出口生意所能想像，兩者煩惱不同，擔心與責任也大不相同。

還有自己經營品牌，必須扛起整個生意週期所有的財務壓力，從商品的規劃設計，原物料採購、生產、品檢、包裝物流

到市場開發、通路建設，最後要到上架銷售，而且要賣出去，完成售後服務，才算完成整個生意循環，就算批發給經銷商，也是要收到貨款才算數。但做出口只要出貨後 30 天或 60 天，最多 90 天後就可收到全部貨款，商品有沒有賣掉與出口商無關；所以在台灣，只要拿著外銷訂單，就可以向熟悉你的銀行借到錢，可是經營品牌，所有沒賣出去的架上庫存，都得你自己扛，全是你自己的財務壓力。

以市場為導向的品牌公司，基本是重人才、輕資產的企業，比較成功的台商品牌，多是自己掌握產品研發與市場行銷兩端，無需太大的土地與廠房，而是將價值鏈最低的生產工作外發，所以品牌公司內部組織，多是用腦作戰的高階白領員工，這種情況正好說明，為什麼負責代工製造的台商，就算外銷業績成長，也未必有助台灣本地的就業與薪資的提升，一則也許是台灣接單海外出貨，二因即使是台灣出貨，但多是低薪藍領的生產工作，這不是很多台灣大學生願去做的工作，所以台灣年輕人對出口成長，所帶來的就業機會是無感的。

反之，品牌業者就不一樣，大陸市場太大且高度複雜，本身就需要靈活多變的業務團隊，加上日新月異的科技工具，這就給待在台灣苦無機會的大學生，提供了一個巨大的職場出海口，這也是品牌業者需要多元人才主要之所在。

任何企業打品牌戰，都需要製定長期策略，以及與之相匹配的中、短期計畫，目的在贏得整個戰爭，絕非一、二場戰役而已，所以殺價搶單這種在外貿生意常見的手法，不適合在廣大內需市場的品牌戰中出現，比較高明的行銷策略，通常都是

非價格競爭手段,而且最好的做法,就是對手明明知道卻也學不來。十餘年前,我公司進行一項市場整合行銷活動時,有個類似的經驗,就是看準我們最大的競爭對手,絕對無法跟進,主因對手的公司組織是以產品線劃分的利潤中心體系,存在各單位各自為政的先天矛盾,自然大大的限制了他們在市場上的反制能力。

所以,品牌經營是一場綜合戰力的長期較量,除了用一群對的人,做出對的商品,用對的價格與適當的方式賣給消費者外,還要能讓消費者形成一群黏著力強的粉絲群,對品牌未來的發展,不斷產生正向的驅動力。綜觀市場上的成功品牌,都有一套完整的企業或品牌的價值體系,換句話說,任何品牌都要具備「核心價值」。通常這種價值體系多要歷經數代領導,經過一些苦難磨練與市場考驗,方得以確立。除了能力與經驗,還包括對目標與原則的執著力,這種對核心價值的堅持能耐,才是品牌長期成功的保證。

4-6　電商模式幫了台灣中小企業的大忙

台灣的電商比對岸大陸早走了近 10 年,但現今的大陸,早已發展出與世界網購鼻祖——美國,相匹敵的電商市場規模,電商生意的特徵就是「跨境與聯結」,透過網路平台全世界都

變得好近，買、賣雙方可輕易的連結在一起，對本就習慣靠一
只皮箱打天下的台灣中小企業來說，這可是一大福音。

　　阿里巴巴的馬雲在電商興起初期，就曾經說過，電商模式
首在把商業地產的價格打下去。因為在中國經濟起飛，GDP 年
成長經常兩位數的年代，他就看到實體通路過高的經營成本，
會是大陸商業發展的最大障礙。

　　大陸地大物博，只要「貨能暢其流」本身就是商機無限，
淘寶與天貓跳躍式的超前發展，鼓舞了大陸當地無數年輕人創
業之風，從工業品到農產品、從時尚到民生必需品、從產地到
消費者手中，全中國被電商緊緊的捏成一個你泥中有我、我泥
中有你的大千世界中，「淘寶」幾乎成為很多女生與家庭主婦
每天必做的功課。

　　我認識一些大陸朋友，在電商興起初期，就開始關注與嘗
試投入，幾年下來多收穫頗豐，從幾百萬幾千萬到幾億人民幣
生意的都有，他們最大的心得就是——電商模式讓他們可以用
小本錢做大生意，將公司資金主要集中在商品的開發與生產上，
只要產品競爭力足夠，就能在全中國這個大市場裡分到一杯羹。
公司不用花錢開實體店，不用雇請店員，也不用在每個店都壓
一大批庫存，成本低自然可以便宜賣，銷量因此大增，加上販
賣後的貨款回收又快，順利的話，人民幣 100 萬元的資金一年
就可做到 1,000 多萬元人民幣的營業額，絕對是實體通路的 5 ～
10 倍以上。

　　而且電商平台所留下的客人資訊，還可以據以開發下階段
產品或改善服務參考用，所以這些早期就擁抱電商的朋友，多

已將生意重心移往網商，實體店最多只是擔任聊備一格的配角角色。看著他們拿著 iPad 與我分享他電商生意的資訊，輕鬆自在又愉快，經營電商就好像在運營科技公司一樣，充滿自信地掌握著自己的事業。因此在大陸經營直接面對消費者的品牌生意，絕對不可忽略電商通路的威力，能借力使力才是比較有智慧的做法。就算是講求 O2O（On Line to Off Line）的服務業，也要靠電商線上與線下虛實整合的行銷模式以竟事功。筆者就曾親眼所見，一位經營兒童攝影的台灣朋友，與一家上海知名的外資電商平台，也在商談合作事宜。

筆者在大陸經營品牌超過 20 年，2012 年以前與同業都在拚公司實力、拚規模、拚品牌名氣，每一場在商場的櫃位爭奪戰，都是靠資金為後盾去拚回來的，市場擴張更是一市一省、一步步打江山的硬仗，過程中難免因缺錢、缺人而需放慢腳步，面對坐地為王的百貨商場，不合常理的買路錢與極度傾斜的交易條件，讓很多品牌商生意愈做愈大，卻也是愈虧愈多。

近年電商平台的崛起，徹底顛覆了整個百貨零售業的生態，也改變了很多行業的市場遊戲規則。電商最可貴之處，是它提供了無財無勢的中小企業後發先至的機會，憑藉電商平台輕易打破市場地界的限制，就像空軍一樣可以輕易飛越地面障礙，但飛機卻是由別人提供的，完全不用像陸軍一樣逐街打巷戰，於是很多新創品牌迅速崛起，包括很多台灣知名食品品牌，根本不用在大陸設廠投產，憑藉跨境電商就讓生意規模成長逾倍。

記得 10 幾年前，在公司內部的一個 Workshop（研討會）中，有位同事曾引用美國管理學大師波特（Michael Eugene Porter）

的名言：「規模也是一種競爭障礙。」但現今電商平台對零售業，帶來明顯而巨大的改變，規模不見得是優勢，反而可能是一個包袱。由於多數台灣年輕人並不熟悉大陸市場，加上台灣的電商環境相對落後，殊不知電商已是全世界大勢之所趨，而眼下大陸還是站在這個浪潮的頂端上呢！這個現象說明：如果你想創業，別忘了利用電商；如果你想經營大陸市場，絕對少不了電商；如果你想待在台灣就能做到大陸生意，那你更是要依賴電商！

電商是我們父執輩時還沒出現的事物，也是我們這一代末期才出現，也是很多人來不及抓住的事物，但無疑「電商」是屬於這一代年輕人的產物與象徵，帶給我輩年輕人創業與未來無限的暇想與可能。

4-7 關鍵在正確定義與定位品牌

30 多年前，我初入職場時的老闆，舉當時剛進台灣的麥當勞為例，問大家一個問題：「麥當勞在賣什麼？」大多數人的回答自然是「賣漢堡」，但實際是在賣「標準、衛生、快速」，這個現今明顯易懂的品牌觀念，在 30 多年前可是完全顛覆整個傳統食店的概念，然時代的不斷進步，已逼使麥當勞必須重新定義品牌，營養與健康變得更是重要。同樣 7-11 取代了傳統街

邊的夫妻老婆店，顯然「方便與明亮」是消費者願意買單的，而一堆的服務內容，顯然更深化了它的「便利性」，也帶出了台灣便利超商的世界奇蹟。

1990 年移居大陸後，開始接觸 Disney 的授權業務，要怎麼描述這個橫跨兒童衣、食、住、行、育、樂領域的企業巨獸呢？Disney 開宗明義告訴我們，它在賣「歡樂與夢想」，各位仔細觀察這個娛樂帝國，從動畫、主題樂園，到各式各樣的消費品，是不是都帶給消費者無限歡樂與夢幻般的感覺？這也是為什麼 Disney 的核心能力，首在「創造力與想像力」的原因。

所以在談「品牌定位」之前，先要正確的「定義品牌」，錯誤的定義品牌，將帶來公司一連串的災難。親身經驗一位總經理，非常自負地將公司旗下的嬰童服品牌，硬要將調性改為「時尚」，也就是她認為這個品牌在賣「時尚」，圍繞這個新的方向，這個品牌被重新定位，從道具貨架整個品牌視覺體系，到新一季的商品設計，全都做了大幅度的改變，一改原先以「愛與關懷」為中心的溫暖感覺，合作 5 年多的經銷商，在新一季的訂貨會上當場被嚇壞了，雖然緊急進行了多項的補救措施，終沒能挽回這次訂貨會失敗的命運，而一個本來在上升軌道中前行的品牌，也就這樣被玩完了。

近年也有一個日本品牌「無印良品（MUJI）」靠重新定義品牌重生，其產品價格平均比對手「優衣庫（UNIQLO）」貴兩成，營收連 13 年成長，過去 6 年股價大漲 6.5 倍。2000 年時，它也曾迷失過，為了衝營收，兩年內賣場面積激增 66％，當年產品品項暴增了 1,000 多項，至使在 2001 年無印的淨利暴跌超

過 9 成，市值跌 8 成，幾乎一切歸零！

2001 年 3 月，無印會長松井忠三，將市值 100 億日元的服飾庫存，送進了距離東京 4 小時車程，新瀉小千穀市的焚化爐中。這樣激烈的震盪療法一舉敲醒了員工，讓員工回到無印的初心，沒有 LOGO，讓商品能夠做到有理由的便宜。於是重新聚焦在 10% 的消費者身上，反應在占無印 37% 營收的服飾品項上，無印衣服多是白、藍、黑、灰等素色，款式不外乎條紋與格紋，幾乎不見任何印染圖案，明明知道多一個顏色就能擴大營收，但無印卻是反其道而行，就因為對品牌理念的堅持。誰都知道，只為了 10% 的客群，就得承擔失去 90% 市場的風險，但無印告訴我們，聚焦少數，才能構築出既高且深的市場差異與障礙，這就是品牌價值之所在。

無印的品牌理念，帶出了商品樸實、極簡的設計風格，同樣的概念也落實在企業內部管理上，花了 5 年建立各項工作的 SOP，協助員工減少工作量與提高效率，做到總部每天 6 點下班、6 點 30 分準時熄燈，他們認為工作與生活平衡，才能創造好商品，一切都是以顧客為第一，業績排第二，絕不追求無限制的成長。

這種精簡的做事風格，讓我想起過去在大陸工作期間，每年兩季的童裝新品發布與訂貨會，簡直是一場折磨員工的定期大戲，明明客人只會下單訂 50 款的貨，事實上其專櫃面積也只能陳列 50 款，何況還要考慮還有一些去年的庫存要放，說實在一個品牌最多只要設計 120 款也就綽綽有餘了，但公司為多拿訂單，往往開發出 200 款，自然商品部門的工作量大增，加班

加點搞得人仰馬翻，其中不乏一些雷同的商品，最後經銷商也因為產品多而增加選貨難度，必須延長訂貨時間，而過多款式往往造成商品訂單的分散，MOQ（Minimum Order Quantity，起訂量）不足造成大量的刪款與改款工作，又必須與客人聯繫協商，又是一堆事情要解決。

其實個中的問題就起源在「貪」，想多拿訂單而多設計一些商品，並沒站在經銷客人的角度著想，他店裡放得下多少新貨？他能賣多少？他真正需要多少？當然偶而短期好像對業績有點幫助，但較敏感的經理人會發現，這類一廂情願所多做的事情多屬無效之舉，而且這種周而復始、來回折騰的做法，對員工士氣最是傷害。

談到價格，我很贊同一位上市餐飲公司總經理的說法，「價格」絕對不能拿來做品牌定位，價格應該是品牌定位下的產物。當你定義自己的品牌是「奢華尊崇」的時侯，代表你的商品絕對不便宜，所謂「快速時尚」就表示商品平價，因為它期待消費者經常買新裝，不希望客人買一件穿很久，當然商品售價不可能太高。所以價格定位，不應是品牌定位的第一考量，而是跟隨品牌定位後，作為產品策略中一個考慮因素。

當然價格是很有效的競爭手段，但多用在戰術性的促銷戰之中，提升至品牌策略而明顯成功的例子，首推韓國的三星（Samsung），以前高科技產品若因技術創新，總會在初上市的第一年，以高昂的售價享有超額利潤，待競爭者加入再逐步降價，但三星在液晶電視上市初期，就定出比同業對手低一半的價格銷售，表面上賣一台虧一台，一方面嚇退與阻斷了潛在

競爭者的進入，同時迅速成長的銷量，讓它在短期內就突破規模限制，以絕大的市占贏取長期的利益。從此以後一改世界消費電子產業的遊戲規則，除了少數品牌外，即使技術領先，也不敢定價過高。

近來台灣產業界出了一家吸引全球目光的品牌，就是賣環保與時尚的 gogoro，這是充滿無窮未來想像空間的品牌定義與定位，差一點毀在過高的定價策略上，還好轉彎夠快，才能在眾人期待下，繼續下一篇章的演出。

品牌的成功絕對立足在「誠信」上，用句通俗的話來說，就是「表裡一致」，近年汽車大廠的檢測資料造假事件，是再清楚不過的負面教材，幾年前台灣一個著名的成衣網購品牌標榜 MIT，所以仍能以較高的售價稱霸同業，伴隨著生意的增長，這個品牌開始偏離初心，運用消費者對品牌的信任，開始夾雜著大陸產製的商品一同販售，也許品質上並無太大區別，問題是事前並未將這個轉變告知客人，品牌公信力大降，進而影響生意。

再回到最初的起點，品牌的定位來自對品牌的定義，所以任何品牌均有其市場局限性，所以很多企業在成功了一個品牌後，為擴大市場，不得不開發第二或第三個品牌，因為他們深知不可能靠一個品牌通吃所有客群。更深一步講，品牌的定義與詮釋，根源自企業的文化與經營理念，是正是邪？是誠信還是奸巧？早就蘊育自企業創辦的初始，也就是說，如果我們想做百年品牌的事業，要怎麼走這條路，從創業的第一天就決定了方向與走法，不是不能調整，關鍵是要講求誠信，讓社會大

眾了解你的改變，是因何而改？絕不可為謀求自己更多的利益，
悶不吭聲偷偷地改，並期望客人不會察覺。

4-8 品牌的最適規模

　　以往大多數到大陸打拚內需市場的老闆，除非財力受限，
總認為心有多大，生意就有多大，特別是在面對 13 億人口的消
費市場，常在初戰告捷之後，就開始夢想只要依此模式不斷複
製，就能不斷的擴大戰果，從此一帆風順！

　　2000 年左右，台灣連鎖加盟業在大陸刮起一陣旋風，至今
存活者幾稀，其中當然夾雜著一些短視近利、撈一票就走的生
意人，大部分則是錯估經營品牌的複雜性，最初市場趨之若鶩
的風潮，乃因大陸閉關自守幾十年，市場長期匱乏與落後所致，
其實不是台商怎麼樣厲害，而是台灣人膽子比較大，在多數外
資仍猶豫未決之際，勇於搶進而奪得頭籌，但市場新鮮度一過，
加上國外品牌開始大舉進軍大陸，於是部分僅憑一招半式又不
思改進的台商品牌，紛紛不支而歸。

　　30 年前對一向以外貿為主台灣企業來說，「品牌」是個來
自歐美的新事物，直到今天，很多台商仍搞不清「品牌經營」
與「做產品」有什麼不同？可是身處彼岸市場的陸資企業卻進
步神速，因為中國與美國大陸的內需市場，幾乎是同一個模子，

兩者的商業發展歷程根本如出一轍，只不過中國起步較晚，但速度更快。

在中國這個大市場打品牌戰，由於語言相通，一般台商最容易忽略三種問題；第一是廣大幅員的地理、氣候等自然地理因素，讓「距離」造成對事業經營上的巨大障礙；二是地方特色與不同的風俗習慣，形成大陸區域市場明顯不同的人文差異；三是經濟差異帶來的影響，各地經濟開放早晚與當地居民不同的富裕程度，讓各地老百姓在消費觀念、消費力，包括對商品偏好與服務要求上，都有顯著的不同。

而品牌本身絕對是講究風格、個性與品味的，也就是任何成功的品牌，都是建立在分眾的客群基礎上，不可能靠一個品牌定位，就通吃所有客群，但多數台商只是以放大 100 倍的台灣市場來看待大陸市場，既然到大陸就是要衝量衝規模，所以大家都走「大眾化」品牌的市場路線，希望占據最大的市場份額，企圖極大化自己的經營效益，結果大家都在同一產業中，往最可能做最大生意的市場區塊移動，這種同質性極高的品牌定位，最終形成殘酷的紅海殺戮戰場。

台灣最大餐飲品牌，在歷經食安風暴後，其新任董座在上任 15 個月內大砍了 37 家店，他說到；任何品牌不可能無限制地開店，他經常問自己一個問題：「開幾家店最合適？」這位在升任董事長前，原就是負責大陸營運的最高主管，講出了令我佩服的這段話，因為很少有老闆會在同事面前，承認做生意是要知所節制的。

要打破品牌的個性化所帶來的市場偏限性，很多傑出的企

業以「多品牌」策略尋求突破，這是一個比較正確的做法，因為不同定位的品牌，才有可能吃到不同的客群市場，特別是身處用餐口味多元化的餐飲業，再美味的異國美食也不可能天天都吃同一味，大多時候人們需要不同的料理，來滿足自己的嚐鮮慾，這才是大夥主要的生活方式。

不是只有高度講究「現場體驗」的餐飲業有最適規模的問題，較不受地域限制的電商品牌同樣也有最適規模的問題，2007 年創立的大陸「凡客誠品」，靠少樣多量的男衫起家，2010 年曾創下人民幣 20 億元的營收，當時羨煞了我們一群成衣界的朋友。但如今早已是過眼雲煙，今日中國第一大網路服飾品牌「韓都衣舍」，旗下擁有 30 個子品牌，每年開發超過 3 萬款新品，每款產品一次卻都只生產 200 件，是典型的少量多樣，若將凡客誠品比喻為中國網路縮小版的優衣庫，那韓都衣舍就好似網路版的 ZARA。

現今成衣品牌都知道他們賣的是時尚、品味與風格，可是多年前的中國大陸，才剛從長期困乏中解放出來，需求若渴！早期的台商應當還記得佐丹奴、班尼路等品牌引起的市場轟動，這些品牌本身沒有對錯，只是 20 年前的高檔品牌，面對已然富裕的中國消費者而言，在現今年輕消費者眼中，已淪為「單調、平凡、無趣」的代名詞了。

其實最適規模是一個不斷變動的相對狀態，不是個一層不變的絕對情況，就拿餐飲業來說，人口的變化與當地居民可支配所得的多寡，是影響開店數最重要的總經因素。城市的規劃與建設，導致商圈的移轉，特別是在大陸，舊城的改造、居民

的動遷、新區的開發與政府機構的搬遷……等等,再再影響著當地百行百業的生意,筆者見過很多原本生意不錯的商場,由於周邊重大工程而封路 2 ～ 3 年,待工程結束時,這個商場也玩完了,碰到這種情況,民間商號也只能順勢而為,店該關就關,這時減少損失才是上上之策。

近年來興起的電商生意,由於它能輕易跨越地界的限制,所以對一城一地商圈的移轉,就沒像實體零售業影響這麼大,A地生意不好,B 地可以補回來,若全國總經形勢都不好,還可以靠海外的跨境電商生意補些回來。這時個別企業自己的品牌策略,才是企業未來是上是下的關鍵因素,前述凡客誠品與韓都衣舍,就是個對比明顯的案例。

但只靠「多品牌」也不見得就能解決生意成長日緩的問題,像美國大品牌 GAP 的副牌 Old Navy、優衣庫的副牌 GU,好像都沒能成功挽回企業生意下滑的頹勢。而大陸韓都衣舍的品牌策略,給了我們另一個啟發,就是開發「一堆副牌」,而非只發展「一個副牌」,好像這才是比較聰明的做法。

電商平台的長處,就是擁有無限大的商品展示空間,它不像傳統零售生意,完全不必開實體店來打品牌戰,也不必壓一堆庫存,可將大部的資金投放在「幾十」個品牌的開發上,風險低,但成功機會卻較高,因為任何一個副牌,在推出前都沒有必勝的把握,如果非常成功,還要耽心它會蠶食原來正牌的生意,用幾十個副牌來打群架,只要其中 1/3 成功,相信投資就全回來了,若 2/3 成功,那就大賺了。

電商成衣界,每年大量新副牌開發的品牌策略,完全符合

大陸消費者追求時尚的趨勢，也對了現在喜新厭舊，品味變化
飛快，新潮前衛，這群敢穿、敢秀年輕新世代的胃口，也反映
了大陸企業的「快策略」與現今「快時尚」風潮的完美結合。
往往在正牌生意初露頭角之際，就迅速推出一堆新品牌，然後
快速地調整、快速地占領市場，又以更快的速度，淘汰自己前
一代的產品或品牌；這種快攻快打、快上快下，又快又多的品
牌策略，加上陸企本身彪悍的執行能力，給一向謹小慎微，講
究慢工出細活的台商，上了一堂在大市場發展的品牌課。

4-9 自有品牌與授權品牌
天差地別

　　經營品牌可以由三個角度切入──自有品牌、授權品牌或
是代理品牌。其中代理品牌比較像經營買賣業，而自有品牌與
授權品牌則像製造業，因為它牽涉到商品的開發設計與生產，
所以這裡的重點，放在自有品牌與授權品牌業務的比較與分析
上，但我先要從代理品牌的生意談起，因為它讓我刻骨銘心。

　　從供應鏈角度來看，品牌代理遠比品牌授權生意簡單很多，
因為品牌代理商不用自己製造產品，只要向原廠進貨銷售，所
以企業內部只需做成品的庫存管理即可，不像品牌授權商，自
己要負責商品的開發、設計、生產與品控，除了成品外還牽涉
一堆原物料的採購、再製品與製程的管理……等等，從會計學

的觀點來看更是清楚，做代理生意，用買賣業的專業就足夠了，但做授權生意，那就是製造業會計的領域了。

　　品牌代理業務操作單純，相對受制於原廠的鉗制也比較大，在我大陸職涯中就曾有錐心之痛的體驗，當時我所服務的企業，已經營國際品牌在中國的童裝授權業務逾 10 年，在當時中國兒童高檔消費品市場，擁有業界最強大的分銷管道，所以順利拿下當年全球最大玩具品牌的中國總代理，為了操辦這項很多同業羨慕的新生意，我們成立了專門的玩具部門，以 3 年的時間熬過新生意的損益平衡點，開始要苦盡甘來準備收成之際，國外原廠提出了一個新的合作方式，這個新模式雖然保障了我們虧錢的風險，但也限制了我司有任何超額利潤的可能，最重要的是，透過這種新模式，國外原廠將可以輕易了解我們在中國是如何做生意的！換句話說，這是他們準備自己進入中國市場的前奏，只待條件成熟，接手生意只是時間早晚而已。

　　果然在新合作模式運作兩年後，對方在新代理合約談判時，清楚表達了下一次合同期滿，可能會不再續約的想法，換句話說，這個生意我們最多也只能再做個幾年而已，當然原廠這樣明確分手的表態，自有可能遭到我司抵制的風險，所以在最後的合同期內，不同的原廠高層不停的對我司決策者施放煙幕彈，一邊接手部分業務，一邊又表示將來還是有繼續合作的可能，這一招好像確實迷惑了我司的老總，因為在我司內部討論時，我們總經理總是認為事情還有轉圜的餘地，以至在尋求替代品牌，與舊生意斷與不斷之間態度不夠堅決，待最後一年才積極努力的尋找新的代理品牌，但時機已過，新的替代品牌遠不及

原品牌的江湖地位，在原美國品牌生意結束後，玩具生意掉了90％，又捨不得裁撤原來的玩具事業部，就這樣一個原來賺錢的部門與生意，前後也才10年就被玩完了。

品牌授權與品牌代理最大的共通性，就是都在經營別人的品牌，但為什麼過往成衣界，台商普遍喜以品牌授權商的角度切入大陸市場，因為成熟的授權品牌，市場已存在某種程度的認知，可省去大筆引入市場的開發費用，也不必面對品牌建設這類高難度的基礎功課，這些都是品牌所有者自己要操心的部分，但省卻這些煩人的工作，卻也是品牌授權商，花了大把銀子的代價換來的。

總結台商經營授權品牌生意的普遍心態有五：一是引入已成熟的品牌較易成功，二是迷信洋牌子的市場威力，三是避開自己不擅長的品牌建設這塊工作，四是台商可專注於自己擅長的生產與成本管控，五是很多台商原本就是其台灣地區的品牌授權商，拿大陸的授權生意可與原台灣生意產生綜效，又可輕易延伸並擴大自己的經營規模，並能阻絕同業由西向東，反向搶奪其台灣授權的可能性。坦白講，在大陸市場最初開放的前10年這種做法是行得通的，但時間再拉長一些就完全不一樣了，簡單的說，簽授權品牌打市場，只是短多長空的權宜之計，對講求永續經營的企業來說，授權品牌生意再好，也只是為人做嫁而已，終究不是自己的根。

再說授權品牌的經濟代價極大，拿國外成衣大品牌的中國區授權，零售10％、批發6％以上的權利金是跑不掉的，以筆者24年在大陸經手授權品牌的經驗，最低限度也是售價5％以

上起跳，在生意紅火的前 10 年，毛利高庫存少，負擔這個權利金不是問題。但隨著業績的成長，品牌商每年要求的業務保底指標逐年攀升，在當年業績未達標的情況下，實際的權利金，會多增加 20％以上是很正常的，若以最低標準 5％的品牌權利金來估算，如年實際行銷業績為 1 億人民幣，一年就需支付 500 萬元人民幣的權利金給品牌商，10 年下來，至少就是 5 千萬元人民幣，若將這筆錢用來打造自有品牌，10 年必有所成，問題在老闆的決心與堅持，顯然這是一條短空長多的漫漫長路，所以很多企業都是由家族成員來負責自有品牌的開創，原因是一般的專業經理人，很難熬過一個新事業長期虧損的壓力，也鮮有老闆有耐心讓外人長期負責一個生死未定的新事業，其實自創品牌就如同寒冬梅花，未經凜烈刺骨寒風，哪來日後滿園花開撲鼻香？

其實授權品牌與代理品牌業務真正的致命關鍵，不在獲利多寡，而在它本身的先天宿命，我們在付高昂代價拿授權的時候，要反問自己：「既然那些品牌商那麼看好中國市場，認為我們拿到授權後可以賺大錢，因而獅子大開口索取高昂的權利金，那他為什麼不自己來，會甘願讓你分一杯羹呢？」原因只有一個，品牌商自己終究是要來中國這個戰略市場的，不過在最花錢市場開發打底的最初階段，最好找他人代勞，如果授權商做得好，他輕鬆坐收高額的權利金，等到時機成熟時再收回授權自己來幹；若授權商不行，他自會在約滿時進行調整，或換授權商或是自己上，全在他自己的盤算之中。

但如果你的經營範圍只在台灣地區，那你所簽的品牌授權

或代理權，相對還是比較安全的，因為台灣市場太小，很多外商考慮投資效益與日後的發展性，寧願將生意交給授權商或代理商來做，省事省力又穩賺不賠。

當然在童裝界，很多卡通品牌商基本上永遠不會自己下海，直接去做產品與市場開發的，因為這種工作不但累人，而且要雇用大批人力，又需生產備料備貨，負擔龐大的財務壓力與風險，品牌商自忖並無必勝的把握，最安穩的經營模式還是授權，但他自己不碰，並不代表原授權商可以安枕無憂，就算你願支付那節節高升的權利金，終究無法滿足其年復一年高漲的胃口，品牌商不見得會將原授權商換掉，但日久一定會將授權範圍調整，這樣就能生出很多新的授權商，他的授權金收入會是原先的好幾倍，各位要了解這種被用完即棄的形勢，是授權生意必然的宿命。

品牌授權與代理的生意不是不能碰，而是在正確理解上述的先天障礙後，要將這種生意作為手段與過程來運籌，而非將別人的品牌，當做自己企業終身的核心生意。講白一點，就是品牌商要利用你，你要階段性的利用他，對品牌運作不熟悉的企業來說，成熟的品牌能帶給我們整套的經營理念、品牌元素、內容發展與應用思路、專業的商品設計與完整的體系建設……等等，講穿了，就是在授權或品牌代理期間，要用最快的速度、最大的能量向品牌商學本事，做到授權期滿品牌商能換你、你也要能棄他的地步，而不是單向挨打的不平衡狀態。

向品牌商學本事的目的，是要用到自創品牌身上，自有品牌就像企業自己的親生孩子一樣，發展自有品牌的前期虧損與授權品牌的權利金，其實都是自創品牌的學費，若能像某些早

期進入大陸市場的台商，一邊賺品牌授權生意的錢、一邊將賺到的錢轉做對自有品牌經營的長期投入，這才是企業長短兼顧的品牌發展策略；問題是多數台灣的中小企業無此眼光，捨不得犧牲短利，來發展自己長遠的事業，換言之，企業主的格局與耐心，才是自創品牌的主要困難之處。

「學本事」是個蠻抽象的講法，怎麼來驗證你的團隊，有沒有學到本事呢？就是將自有品牌的商品與服務，拿到你原來授權品牌的通路商或同業客戶那兒，直接接受市場的檢驗，如果客人買單，成績就有了。當然自有品牌的推出，得有細緻的操作流程與做法，因為在自有品牌站穩之前，授權品牌的生意不能流失，將來也希望授權品牌與自有品牌兩條腿走路，最好發揮一加一大於二的市場威力，但要注意組織矛盾的問題，避開兩個生意間的利益衝突。不過現今風行的電商平台，顯然給了我們發展自有品牌較多、也較彈性的操作空間。

我司在玩具代理業務的慘痛經驗，看在另一個大型同業港商的眼裡，一方面利用我們玩具生意交回原廠混亂之際迅速坐大，一邊記取教訓，在其還是代理歐美第二與第三大品牌，在中國市場如日中天之時，全力對外收購，入股或簽下其他一堆有潛力的二線品牌；果然 3 年後，其世界第二大玩具商的品牌代理權也被收回了，再 5 年，其手中最重要的歐洲品牌，也從中國總代理降格為中國經銷商了，但經過 8 年時間的預先部署，它已成為旗下擁有 20 多個品牌的玩具集團、中國市場最大的玩具分銷商，年營業額逾 20 億元人民幣，當初最重要的歐洲品牌只占到如今生意的 3 成，任何一個外國玩具品牌想進中國市場，

第一個想到的就是找這個公司合作。

　　相對我司遭遇的悲慘教訓，這個同業卻創造了一個市場品牌學的成功教案。它給我們最少有三個啟發：其一是自創品牌不一定要自己從原創開始，收購或參股投資可能更快一點；二是代理品牌與自創品牌可以比肩並存，前提是千萬不能單壓代理或授權品牌，而且自有品牌之路一定要即早開始；最重要的是作為分銷商，一定要懂得「利用品牌建通路，然後利用通路帶品牌」。更直白的說，就是初期利用授權或代理品牌建設營銷通路，然後不要忘了利用這個通路，帶進自己的品牌，否則你的品牌之路只走了一半，最終仍將前功盡棄。

4-10
台商西進還是南向？

　　台商西進或南向？兩者是互斥的單選題，還是個彼此相容的複選題？這要視業者自身的資源條件與能力而定，政府說得沒錯，雞蛋不要放在同一個籃子裡，這樣可以分散風險，但前提是至少要有兩個以上的雞蛋，企業才要考慮是否需要分散風險！

　　對外向型的出口業者來說，設廠東南亞、印度與設廠大陸或台南，其實考慮差別不大，只是一個比較利益的問題，雖然語文與當地的政經環境的考慮，會將事情變得比較複雜與困難

些，但大部分的障礙都屬於企業能耐與產業配套的專業考量，考慮當地的投資與稅賦優惠，加上 FTA 優勢對生意的巨大影響，再辛苦也難阻擋業者南向的腳步。其實在新政府喊出「新南向」之前，很多紡織、家具、建材、製鞋、電子等業者，早已進軍東協，現今在電視上侃侃大談成功經驗的台商，實際在東南亞的經營已多年，可不是現在才去，馬上就能開花結果的。

政府說這次的新南向與以往不同，主攻以發展當地內需市場為主的台商品牌，如果台灣政府是玩真的，當然是好事一件，但各位品牌業者要搞清楚，南向的困難度絕對比西進大很多，打個比喻，西進大陸市場好像在打大中華的區域賽事，但南向東南亞市場卻是在打國際盃。換句話說，台商與台幹有本事到東南亞打天下，基本上就等於有能力去歐、美市場闖蕩；反之，能在大陸市場存活，不見得能在東南亞市場成功，因為東南亞是以國際標準比拚的地方，如果認為去東南亞市場，會比西進大陸市場輕鬆，那可就大錯特錯了。

很多人說，應將東協十國視為單一市場，人口紅利、高經濟增長，大量中產家庭崛起，這個 6 億人口的市場是一個僅次於美中歐日的第五大經濟體，這是事實，但另一個更嚴苛的事實是，在客觀環境上他比大陸市場要複雜百倍以上，十個國家十個國情、五種政體與四種以上不同的宗教信仰，不同的稅制與行政法規，加上某些地區嚴重的排華情緒，這樣的總經局勢擺明著東南亞市場是個難啃的骨頭。

企業界投資東南亞，要有兩個正確觀念：其一，是千萬不要高估台灣政府的官方影響力，最近幾個新聞值得大家深思，

我們某前國家副領導人連泰國都去不了，現地方首長訪問馬來西亞根本見不到當地高官，我們政府在越南台塑鋼廠事件上毫無作為，這個 155 億美金，史上越南最大的外商投資案，在越南排華事件中，台灣政府可說是一籌莫展完全使不上勁，其他小台商若遭遇問題，該向誰求助？換句話說，企業界要有自求多福的心理準備。至於台灣貿協最多也只能在參展與招商上提供點幫助，參加產業工會的考察抱團南向，或許也是降低風險的做法之一。

事實上，以國家間的競爭角度來看東南亞市場，此次新南向政府僅規劃了少許的預算，相對中日韓等國企業在政府支持下，協助當地擴建基礎建設或簽訂貿易協定，甚至由政府帶頭爭取民間合同，我們以非官方立場，加上一點經費，能做什麼程度幫到台商呢？其實大家不宜對政府的協助，有太多期盼與要求。

其二，是不要認為前進東南亞，就可以避開中國的影響力。對某些厭惡大陸的台灣朋友來說，如果以為去東南亞就可遠離中國的勢力，少受點中國人的鳥氣，那是不切實際的天真想法，因為就連擁有 4 萬個買家，提供 1,600 萬項商品，2015 年交易額逾 13 億美金，全東南亞最大的電商集團（Lazada），大陸的阿里巴巴近年已斥資 10 億美元取得這個德國公司的控股權，這表示台灣中小企業若欲借重電商平台打市場，看樣子還是少不了要和中國人打交道。

坦言之，現今天下大勢，早已無法遠離中國的影響力，我們商界有句妙喻，在全球原物料市場上，中國買什麼什麼就漲、

賣什麼什麼就跌。還記得 20 多年前去美國出差，整班飛機上根本看不到幾位大陸乘客，可是如今卻是班班擠滿了大陸朋友，走在美國波士頓與紐約街頭，觸目所及多是來自大陸的華人，歐洲的倫敦、巴黎與亞洲的東京、漢城也莫不如此。同樣在東南亞的商戰與職場舞台上，各位將會發現中國人的勢力與影響力還是挺大的。

客觀的環境我們改變不了，但個人自身的主觀條件卻是操之在我，看過一篇文章談二代接班大陸事業的故事，文中提到這位年輕二代，具備了一種 2+2 的能力，就是具備了在兩種文化生活的能力，同時又具備了產業 + 財務兩種專業的能力，可是南向而行，3+2+2 的能耐卻是不可少的，這裡多了一個 3，指的是要會 3 種語言，中文與英文是基本的要求，另一個就是當地國的母語，就算初期不溜也沒關係，但去了就要儘快克服，因為這還牽涉到生活適應與市場融入的問題，講到這些，各位年輕朋友應可理解前進東協要做何等準備了吧？

其實政府的新南向政策，以年輕人的就業與職場發展來看，首先幫到的是現在台求學的 3 萬名僑生與外國留學生，有心進軍東協市場的台商，可透過全品會（全球品牌管理協會）與東協印度市場人才培育計畫，有系統的錄用東協印度來台的僑生與外國留學生，在台灣公司任職數年後，將來派回母國負責當地市場的開拓，這些僑生，留學生精通英文與當地語言，也能順利與台灣同事溝通，又熟悉當地的政策法規，了解市場民情風俗與當地人脈，加上台灣總公司的專業磨礪，很快就能幫上台商的大忙。這提醒了我們台灣本土的年輕學子，他日欲往東

協市場發展，最強的競爭對手或未來的共事夥伴，可能就是在你身旁的僑生同儕之中！

台商品牌敗走大陸市場
的真正原因

由於現政府有意疏離中國，所以官方經常有意無意的製造一些敵視大陸的氛圍，特別是隱喻一些台商在大陸經營失敗的例子，好像這些台商的失敗，是來自對岸的打壓，很多經營不順遂的台商也多所附和，因為這樣可以合理化自己的失敗，讓投資人不會怪罪自己的無能與無知！

其實大部分台商企業與品牌在大陸市場失利的原因，主要是發生了根本性的經營失誤，就算去得早，曾經賺到一些時間財與機會財，但當大陸市場不斷成熟，市場競爭日益激烈之時，自己企業的經營競爭力並未同步提升，經營自然愈形艱困，最後只能打包走人。

台商品牌最明顯的失策，是只會賣物美價廉，以提供高 CP 值的量大產品為主，早期大陸物質缺乏，本地貨品質低劣，歐美進口商品又太貴的局面下，自然能賺得滿缽滿盈；但隨著大陸家庭日漸富有，當地老百姓的品味日漸提高，台商品牌的市場地位已從高檔降為中檔了，像溫水煮青蛙般，很多台商沒太感覺這種改變，多數台商的對策，是以更低的進料與生產成本

來維持利潤，壓低成本下的商品水準更形低下，這種向下沉淪反市場的操作策略，卻是很多台商品牌面對競爭的因應之道。

反觀能日漸茁壯的品牌，不論是台商、陸企或外資，都是敢於向高品質與高價挑戰的一群，記得 20 年前上海淮海路上，滿是台灣的婚紗禮服店，最近就只剩 1 家台商品牌，而且也是當地市場的第一品牌，因為它在生意大好的前期，就預見到未來的市場變化，不但率先帶領市場，從棚內攝影走向戶外實景婚紗攝影的新潮流，還將大部分的獲利，拿來投資建設海外的攝影基地，因為它了解海外旅拍才是婚紗攝影真正的新藍海，十餘年先行者的優勢，建立了海外 16 國攝影基地的婚拍王國，也讓它築起了一道競爭者難以進入的巨大障礙，同時又加碼投資，堅守上海淮海路旗艦店，因為它認識到一流的品牌，就必須在一流的商圈出現，除了深諳現代體驗經濟的經營之道，這個老闆捨得不斷投資未來，而不是只會將賺到的錢放在自己的口袋裡，這才是企業長青的真正原因。

另外，在大陸擁有 46 家店的台商高檔火鍋名店，又是一個挑戰精緻高端品牌的成功例子，2009 年剛進上海就打價格戰，找便宜的店面、便宜的裝潢、用便宜的食材，結果初上場就大敗，隨後迅速調整心態改打品質戰，才開始立足市場，但急於賺錢的快速展店，又讓它再次踢到鐵板，因為土法煉鋼的品質管理在超過 10 個店後大為走樣，加上當時的上海，也爆發禽流感與口蹄疫等食安問題，來客數重摔大半，造成原股東的退出，在收回管理權後，這位創辦人定下心神，決定改走健康飲食的新趨勢，砸重金在廚房管理與食材精進上，要求每鍋湯都要在

店內現熬 8 小時，雞肉改從丹麥進口，牛肉也改成澳洲和牛，讓原本一鍋人民幣 38 元的低檔火鍋店，成功變身為人民幣 88 元起跳的高端品牌。

我曾任職的大陸最大嬰童配方奶粉的陸企，其發家的商品是「嬰兒米粉」，在以前一窮二白的年代，一般的大陸家庭只能給小朋友喝米粉，而不是奶粉，這位在大學讀食品營養的老闆，就靠著米粉起家，但隨著國民生活水準日增，他將生意重心移轉為奶粉，在安度大陸市場兩次的毒奶粉食安事件後，如今已和其他歐美日等世界五大奶粉品牌，同樣擠身大陸市場一流領先品牌群中，年營業額逾 300 億元新台幣以上。

兩岸家喻戶曉的統一食品，在大陸泡麵市場與康師傅纏鬥十餘年，始終沒占到什麼便宜，但 2016 年靠高價泡麵與高價飲品「小茗同學」發威，在 2016 年上半年康師傅淨利大幅衰退 66％的同期，統一中控卻是逆勢成長，這裡先不談康師傅到底做錯了什麼？但顯然統一中國絕對是做對了一些事，統一中國將市場焦點由競爭對手身上拉回到消費者身上，這本就是一大成功的改變，而又能跟隨消費者而改變，接著做出自己商品的策略調整，對行事一向保守的台灣傳產業者來說，這是個非常成功的品牌案例。

第二個台商品牌業者在大陸常犯的錯誤是「缺乏自有店面」，聽過一位智者講過：天底下沒有能發財的佃農。意思就是生意再好，如果店面是向別人租的，那你也很難發財，這類口碑好店被高房租逼走的事，不只在台灣非常普遍，根本全世界都是一個樣，1990 年就前進大陸的台灣知名百貨業者，花了

10 餘年在彼岸建立了 10 餘個大型連鎖百貨店系統，但日大的規模，並沒有讓企業享受到大陸經濟繁榮，帶來業績與獲利的同步成長，主要原因就是它的店面全是租來的，生意好的初期雖然房東年年加租還能負擔得起，但隨著外商與本地陸企加入戰場，自然分食掉原來的客流，再加上這些新商場的規模往往是這家台企商場的好幾倍大，而 5 年或 10 年一簽的租約，絕對會制約百貨業者翻修改造商場的投資意願，這當然讓客流大幅流向嶄新又豪華的超大型商場，待電商模式出現，對它的生意又是重重一擊，眼下這家台商百貨品牌，在大陸市場的生意日形艱困。

　　反之，河南最大的商業集團，原本一個做聖誕燈出口的小台商，一個百貨業的門外漢，花了 20 年成就了今日其在中國的商業王國，關鍵之處就是他的商場都是自地自建，在河南這個商業發展相對落後的省份，憑自己的實力一步一腳印，逐步建立橫跨百貨、量販店、便利超商到大型購物中心與寫字樓的商業事業。由於是自有物業，它不僅能忍受當地初期商業環境不成熟的煎熬，也順利度過電商的衝擊，待眼下講究現場體驗的 O2O 模式興起，它龐大的商業地產更顯價值。這裡面訴說著一個千百年不變的商業智慧，就是「有土斯有財」，擁有自己的物業，才能讓事業經營者，長期享受當地經濟成長所帶來的經濟果實。

　　在台灣本地更是明顯，去年初小學同學，邀我去兩家台北老店大啖一番，第一家是中山堂對面巷弄裡的上海餐館，這是一家三十多年前國民大會存在時，就經常高朋滿座的小飯館，

至今不但還在，而且生意更見紅火，能夠歷經數十年而生意益發興隆，成功原因當然很多，但最重要的優勢，房子是自己的，只要肯幹就有舞台。

另一家老店對我更有意義，就是位於武昌街的明星西點麵包店，30多年前在東吳商學院唸書時，天天往返延平南路的城區部，台北車站、重慶南路、衡陽街到西門町一帶，基本上等於是我們大學生活的校園，而武昌街的明星西餐廳，可是我們每學期豪華一下的理想地點，每一次去明星西餐廳應該都是為了某些特別原因，事後也會讓我們回味良久。這次午餐過後的造訪，點的是當初菜單上還沒有的甜點，同樣令人驚豔。聽我同學說，這個老闆曾歇業移民國外，但房子卻一直沒賣，沒想到這兩年搭上懷舊風，生意再起，關鍵也是一個，原本原汁原味的店面還在。

當然，現今風行的電商模式，大幅降低了部分商家對實體店面的依賴，但對某些講究現場體驗的行業來說，特別是餐飲小吃，再好的手藝，也敵不過年年高漲的租金，大陸民間有句話「酒香不怕巷子深」，問題是這巷子裡的店面，可要是自己的房子才行啊！

第三個問題是台商品牌常會輕忽「產業環境與經營模式的改變」，其實靠國際貿易起家的台商，理應對這類的變化最有感覺，因為太多例子告訴我們，很多數一數二世界級的產業大咖，往往不是敗在同行對手中，而是被橫空出世的新手快速取代。例如：柯達軟片敗在數位科技的浪潮下，從數位攝影到智慧手機的普及，顯然柯達的對手根本不是富士，也不是原來的

攝影器材同業。

　　一向在中國金融市場呼風喚雨的五大銀行，哪曉得會被一個不看在眼裡的金融門外漢，前身為支付寶的螞蟻金服給打敗？它沒有一家銀行，卻打造出全中國最大的貨幣型基金；同樣，Airbnb 沒有一家旅館，卻造就了全世界最大的租屋平台，讓全世界的旅館業者大受威脅。

　　本文前面提到的康師傅與統一在大陸市場的競爭，康師傅真正需要擔心的對手不是統一，而是中國市場消費者餐飲習慣的轉變，帶來這個改變，是中國第一大送餐平台「餓了麼」。今天多數人都見識到這個創新平台的威力，兩個交大碩士生卻是在 2008 年就起心動念，自己開發 Napos 訂餐系統，自己拜訪餐廳談合作，在那個很多餐廳連電腦都沒有的時代，初期只能靠送 Napos，才能說服餐廳老闆願意投資電腦，逐漸打開上海市場。辛苦到 2014 年初，「餓了麼」也僅在中國 12 個城市提供服務，隨後 3 年，總算來到高速發展的階段，今日的「餓了麼」與 70 萬家餐廳合作，服務城市擴充到 1,000 個，日交易額破新台幣 10 億元。想想看從最初的慘澹經營到今日的輝煌，「餓了麼」在中國餐飲市場已出現了近 10 年，就算前期規模太小沒在市場興起波瀾，但近三年它的卓越成長，難到康師傅看不到，還是看到了沒感覺，因為能將兩者聯想在一起的，畢竟只是少數人！

　　最近自行車業兩家著名的台灣之光，也因為數家大陸共享單車品牌的快速崛起，影響營收與獲利，致使股價連續走跌，市值大幅縮水。雖然這些新品牌隨停隨取的營運模式，導致大

量單車的遺失,已造成其中一家業者的倒閉,同時也突顯城市管理的矛盾,但隨著時間的推移,這些問題終會在業者、市民與地方政府,三方齊心努力下,逐步獲得解決,但最關鍵的問題是,我們台灣原來領先全球的自行車品牌,會受到什麼衝擊?我們業者怎麼運用這樣的發展趨勢?最令人擔心的是視而不見、事不關已,一副以不變應萬變的駝鳥心態。

上述三個原因:品牌平庸化、缺乏永續經營的基礎與漠視市場與產業的變化,才是大多數台商品牌兵敗大陸的真正原因,但顯然不是只有台商,外企陸資一不留神也必遭同樣的命運。現今的商場環境與以往大不相同,就是來自業外的挑戰大增,原因是「創新+科技」的變化,會讓很多新產品與新服務,以我們想不到的方式,在我們預想不到的時間與地方發生,加上「風險投資」的加持,讓原本缺乏資金,需要慢慢熬的新概念,只要碰到了伯樂的天使投資人,生意就像坐上雲宵飛車般一飛衝天。特別是那些擁有資金,與擁有龐大數據的原市場領先者,而且真正的威脅,總是來自你意想不到的地方!

4-12
共享經濟的市場啟發

美國 Uber 帶起全球共享經濟的風潮,雖然 Uber 本身在台海兩岸市場都踢到鐵板,不過兩岸市場對共享汽車的看法與評

價卻大不相同。基本上 Uber 在中國市場不算失敗，因為貼補政策讓 Uber 自創業以來，在全世界都不曾獲利過，與其在中國市場和滴滴出行，打一場沒完沒了的消耗戰，不如攜手合作共享市場，Uber 反而可以集中資源經營美國本土與其他新興市場。但在台灣市場卻是寸步難行，重點不是台灣政府太嚴苛，實在是台灣共享汽車的市場性太小，相對中國城市居民的出行難題，台灣社會本身早已提供了本地居民，非常便利的交通工具與多元選擇，換句話說，沒有 Uber 對台灣居民的影響也不大，但沒有共享汽車這個行業，那對大陸很多城市居民來說，可真是太不方便了！

　　20 多年來，除了上海外，我在大陸其他城市包括北京在內搭計程車的經驗都非常糟糕，先從 2010 年在杭州工作那兩年談起，杭州是中國有名的旅遊城市，但不僅是西湖周邊，不論是假日還是平日整個杭州市區，找出租車都是件很辛苦的事情，因為杭州人生活富裕，當地人普遍不願從事這個工作時間較長的行當，外地司機普遍素質差，車況不佳且連路都不太熟，每天下午 4 點交班，但從 3 點起就不太叫得到車，還要看你的目的地是否順路而定。

　　此外，湖北武漢也是我經常造訪的華中大城，與杭州相同，每天下午近出租車交班時間根本叫不到車，由漢口到武昌辦事，必須趕在下午下班前離開，否則就要拖得很晚了。往往一天最多也只能跑兩個地方，若是晚上有飯局，為免擔心遲到，有時必須坐上滿嘴風沙的摩的（摩托車）穿梭而行，想想一個大男生倒還無所謂，可是與我一同出行的女主管會是多狼狽啊！

　　另外，廣州在十多年前主辦東亞運動會前，整個城市的出租車如同杭州與武漢一樣，車子是又差又髒，晚上坐計程車最好自備小鈔，否則很可能一張人民幣百元大鈔，換回 80 元的假鈔，經過運動會前市政府的大力整治後，車況與司機素質大幅改善，至於假鈔問題，在行動支付的潮流下自然消失。

　　北京的交通問題雖早已惡名遠播，但記憶中北京的交通在 2005 年前沒有太差，缺乏大眾捷運系統是當時最主要的缺點，在市區人口與私車急遽增加下，道路系統的交通效率惡化得非常快，2000 年我在北京出差，忙起來一天內可跑十多個百貨公司，但 2010 年一天最多也只能拜訪 3 家商場，心中大致估算了一下，在那個網路還不發達的年代，交通問題讓在北京做生意的企業，其生產力至少掉了 3 成。

　　理論上當時北京的地鐵線只有兩條，出租車生意也的確不錯，應該是道路系統的規劃出了問題，導致包括出租車在內所有私車的車速都跑不起來，北京應當是最早實施單雙號車牌限行的中國城市，但效果不彰，因為公務車太多，加上富裕家庭多購置第 2 部車，單、雙號輪流開，半年後路上的車只多不少，最後北京只好與上海一樣，得靠搖號控制車牌，於是北京車牌成為昂貴的稀缺資源。

　　共享汽車的出現，不僅解決了當地上牌難，與停車養車的問題，而且其便利性與各種優惠花招百出，同時能滿足年輕上班族的搭車需求與降低交通費用，一些白領反應因為北京太大，往返住家與辦公處所間，必須搭車以解決地鐵覆蓋不足之處，每月平均的搭車支出會占到收入的 1/10，還挺燒錢的，所以不

要以為滴滴出行購併了 Uber 後，就可高枕無憂獨霸市場了！事實上光北京一地，現今就有 10 家左右的共享汽車品牌，1.2 萬輛共享汽車在跑。這就是市場的威力，你會發覺當地政府不但不阻止，還會默默的支持，因為它解決了政府不能解決的問題。

　　共享汽車對上海的幫助也不少，上海的大眾捷運系統絕對是中國城市的第 1 名，而出租車司機的素質與汽車的整潔程度也比較好，但與共享汽車比起來，落差還是蠻大的，加上車費補貼與便利性的優點，上海市場共享汽車的空間就出來了。因為單上海一市面積就非常的大，差不多是台灣台北到桃園的距離，對經常來往上海郊區的外地朋友來說，除非單位派車接送，地鐵最多只能載你到最近的開發區地鐵口，接下來還是要靠出租車接駁才能到廠區，去程問題還小，因為也可以直接由旅館搭計程車過去，費用雖高但也還算方便，但回程就麻煩了！

　　因為上海郊區的出租車車身一律是綠色，依規定只能在郊區跑，不能進入市區，而載客至郊區的市內出租車，不可能還停在郊區攬回程客的生意，因為地大客稀沒有經濟效益。所以在共享汽車出現前，只能麻煩接待單位安排解決交通問題，現今只要透過叫車軟體，掛著私牌的共享汽車，就能準時出現在指定地點，對外地訪客真是方便很多。

　　回頭談談台灣市場的特性，印象中 20 多年前台灣計程車行業的水準並不太好，特別是中南部，繞路、嚼檳榔、穿脫鞋開車、服務態度又差，大部分的乘車經驗都不太愉快，但最近十多年來卻是大幅度的改善，從機場到全台各地的高鐵站最具代表性，整潔的乘坐空間、專業一致的服裝到態度親切的站務人員與司

機朋友，這是出自於一個民營車隊的帶頭變革，不僅做到全台市占第一，並成為上市企業，進而帶動台灣整個出租車行業素質的提升，令人敬佩。

而全台滿街林立的便利商店，更成為外地計程車隨叫隨到的接駁點，外來遊客完全不需要在人生地不熟的城市，在烈日當空的大街上辛苦攔車，Uber 在台灣雖未落地成功，卻對台灣計程車業者形成正向的壓力，特別是大幅提升接受刷卡支付的習慣，同時也讓台灣業者不斷深掘在地需求，嘗試運用各種科技工具吸引客人，也同時能照顧到司機。顯然 Uber 對台灣是有幫助的，但這不表示 Uber 可以在台灣市場存活下來，因為台灣本地業者的改革夠快，自然壓縮了 Uber 進入市場的優勢與生存空間。

共享汽車絕不是科技業，Uber 在台主打科技應用，口口聲聲說自己是科技業，其實這根本不是重點，在當今社會幾乎所有的企業，或多或少都會借用一些科技工具來經營自己的生意，如果因為這樣就稱自己為科技業，想要得到稅務豁免與免除行業監管，顯然是不切實際的。

共享汽車在台灣的贊同者，多是從供給面來看待自身的利益，從未考慮需求面與政府角色的問題，以致雙方始終談不到一塊。消費者接受 Uber 是因為方便，但業者主張免除行業監管，主要是為了利，因為要符合政府的行業監管，勢必增加營運成本，也無法逃漏營業稅，但伴隨而來的卻是乘客安全隱患的問題，因為出了任何事故，政府都有責任要善後，但與善後相比，顯然事前適當的監管是絕對必須的。而傳統的計程車業者並沒

這方面的困擾，加上競爭壓力帶來的銳意改革，對小老百姓來說，怎麼樣都是贏家。

公眾利益的前提首在社會安全，同樣 Airbnb 的例子，在台灣也受到政府的重視，原因是層出不窮的社會事件，多發生在不受監管的私人日租套房，一個大家都知道的經驗，任何人入住旅館時均要在櫃台出示 ID 或護照，所以真正的歹徒只能靠變裝或假證件矇騙櫃台人員，犯案難度增加，出事後也容易追查，私人的日租套房缺乏實名制落實的配套，加上部分業主對環境衛生與租客隱私的不重視，導致客人的安全與權益無法保障，必須靠政府的介入，才可能減少日租套房帶來的亂象。

由 Airbnb 銳變而來的大陸途家網，青出於藍而勝於藍，關鍵在它抓到了客人的痛點，從治安、衛生與信任題目上著手，建立龐大的線下管家團隊來解決問題，也就是將台灣最煩惱的出租業務與代管服務合而為一，目的在取得客人的信任與安心，生意好到現在有能力與建商談整棟樓的代管包租，顯然它不滿足只做一個平台商，它要求自己變成一個租房的服務商，所以它想的是如何提高租房的品質？如何提供客人全方位的服務？因此它不急著賺錢，而是先投資市場，客人滿意後生意就做大了，而政府也樂得清閒不用管太多，市場自然會進行優勝劣敗的淘汰賽。

奉勸業者千萬不能以共享之名，佔用公共財或造成他人的不便。大陸的共享單車就是 Uber 概念下的複製品，幾年前風起雲湧，一時之間讓全球的自行車業者風雲變色，幾年光景就打亂整個自行車產業，中國共享單車與行業鼻祖台灣 Ubike 最大

的不同就是隨用隨停，對使用者當然方便，但隨停隨放所造成
的城市亂象，卻丟給政府，要知道馬路街道是所有居民的公共
財，隨停隨放導致行人與街邊商家的不便，還影響一些救災通
道的出入。2017 年秋在上海馬路上看到一堆堆隨意停放的共享
單車，連當地的出租車司機都深表不滿，因為上海某些街道相
當狹窄，跑出一堆單車與汽車爭道，車子變得很難開。事實上
共享單車的使用者在騎單車時固然是受益者，但到達目的地不
用單車時，他就變成共享單車的受害行人，更何況業者無力處
理堆積如山的故障單車，已形成嚴重的資源浪費與生態浩劫，
多數業者也不得不破產退出市場，相信這不絕是老百姓之福，
也非業者的初衷。

　　相反台灣的 Ubike 一直堅持定點取放的政策，卻能在共享
單車與城市管理上取得平衡，長期讓市民快樂地使用相對便利
的共享單車，這樣有管理、有節制的做法，已在日本與某些歐
洲城市順利推行。所以，市場的概念不只是在滿足供需兩方的
關係而已，真正的市場必定要將非需求者的權益，與負責維護
所有居民權益的公部門考慮進去，你不可能只為了自己的生意
得罪一堆人，這種滿足局部需求，但會對他人製造出很多問題
的生意模式，不是好生意，這種一廂情願的市場考慮，也無法
讓業者獲利與長期生存，坦白講，這可能根本就是個假市場！

第 5 篇

市場策略與通路發展

　　剛到大陸做內需生意的台商，常習慣以自認先進的台灣經驗移植當地，這讓很多台商吃足苦頭，有實力與自省能力強的企業會當這是學費，終能調試出成功的通路策略，反之，怨天尤人、一敗塗地的企業也不在少數！

　　台灣經驗之不適用於大陸市場，主要差別有二：第一個不同就是大陸市場太大了，在台灣由於腹地狹小，台北、高雄當天就可來回，除了便利超商或房仲業，其他行業一家要開出個 300 家店，全省也就差不多擠滿了，若是透過地區經銷商開店，全台灣最多也就幾十家經銷客戶罷了。台灣市場小、客戶少，問題也比較少，對外業務相對單純，對內管理也方便，很多工作要求就是一套標準，相對單純的台灣經驗，當然無法應付大陸市場的需要。

　　另外一個問題，就是兩岸經營環境與經商習慣的大不同，初期大陸市場經濟剛起，法制不完備，加上產業鏈不成熟，又不太重視合同與生意承諾的約定，至使部分大意的台商朋友做得到生意，卻收不到貨款。不要說兩岸不同，就是大陸南、北省份，各地做生意的態度與想法也是大異其趣，這些困難幾乎所有台商多少都遇到過，輕者增加很多無謂的成本，重者是血本無歸。

　　企業想要發展複雜與龐大的生意，顯然需要無比的耐心，以及培養長期耕耘市場能積累經驗的沉澱型人才，因此建立制度、發展正確的組織與團隊，才是站穩大市場的不二法門。但多年來，部分台商老闆卻是短視近利，追求賺快錢與賺容易的錢，只求快速占領市場，卻不願長期投資通路、建設通路與維護通路。因為他們忘了將永續經營放在心中！

5-1　零售與批發 孰重孰輕？

　　中國市場的大，很快就讓很多經營消費品牌的台商了解到，僅憑自己的財力與資源，是無法靠自建的零售通路快速打下江山的，但批發與零售兩種業務孰輕孰重？各自的比例應該是多少呢？

　　這是沒有一定答案的問題，因為每家企業擁有的資源不同，做法上也就大不同了。運用最少資源的極端做法是只做批發，完全不碰直營零售，這種做法用的資金會少很多，舉例開設一個直營零售店若需 20 萬元人民幣，其中半數用在備貨，半數用在店面的租賃裝修與周轉金上，開設 100 個實體店就需要 2,000 萬元人民幣，約是新台幣 1 億元，若是全都找經銷商來經營零售端，備貨成本加上各種補貼，一個店的投入就能降到 10 萬元人民幣以內，若不提供放帳給經銷商的話，幾乎所有的出貨貨款，100 個店大約是 1,000 萬元人民幣，而且在出貨的當下就能入帳，資金周轉壓力大減。

　　這種模式對習慣做出口外銷的台灣中小企業而言，看似一樣，因為出口押匯拿錢，最終商品有沒有賣掉，那是客戶自己的事情，出口給 20 個外銷客人，就好像出貨給 20 個大經銷客人一樣，本小事少，很多小台商小品牌自然傾向這種生意模式，但問題就出在這裡？

因為自營品牌的批售與出貨給國外的品牌客人，所需要操心的事大不一樣，從品牌定位、市場策略、產品規格、商品價格、包裝標示、市場形象、店頭設計、道具陳列、售後服務到所有相關操作的 SOP，均要由自己操心規劃，最終經銷商的銷售不理想，也必然會回頭找品牌商解決，根本不可能置之不理，所以在消費品領域，行業裡多少會設計一些退、換貨的政策，問題是退回來的舊貨要怎麼處理，退換貨比例訂高經銷商當然高興，但幾年下來，光是退貨庫存就會將很多品牌商壓垮。

因此，有些聰明的廠商會拉攏某些有影響力的大經銷商入股，藉此將供需雙方的利害捆綁在一起，這種有點像陸企所搞的承包制分公司，明為分公司，實為獨立運營的經銷商。很多台商同業則搞出，這種名為經銷商，實為合夥人的經營模式，無論如何，只要不做假帳、不逃漏稅，倒不失是一條活路。

不過，這裡並不在細探批發體制的議題，重點是說批發與自營零售業務，除了資金面的壓力不同外，兩種生意的財務表現也是大不相同，簡單講，批發生意是一種營業額低、毛利低、行銷費用低，但庫存少、營業淨利較高的生意。反之，自營零售的營業額大、毛利高，但營業費用也高、積壓庫存多，往往最終淨利反而較低。

從實利主義為出發點，顯然大部分的老闆都會做批發捨零售，但在現實商戰中，很少有只做批發，完全不碰自營零售的企業，主要原因是為了品牌的長期發展考慮。批發生意本少利大，問題是品牌的生死，好像總是握在這些經銷商手中，如果一個品牌可以靠幾個經銷商撐起一片天，那天時機成熟時，難

保有貳心的經銷商不會想自立門戶，這種情況在我們童裝界的的確確發生過。另外，身為品牌商，最好能與市場直接聯繫，不可以將所有終端消費者的市場反應，都要透過經銷商轉達才得之，因為經銷商告知的訊息，往往是選擇性的、有目的的，甚至是經過修改過的，品牌商是該盡信，還是不信呢？

　　所以，一般具有一定規模的企業，會在重點的一級戰區，由自己的直營部門直接開設零售店經營，除了接地氣外，一級市場只能勝不能敗，如果這麼重要的市場所托非人，幾年後做不好再收回自營，對品牌反是一大傷害，而且經銷商經濟實力較小，品牌又不是自己的，無法像品牌商一樣投入較多的資源，自然弱化這些指標性市場的品牌影響力，這是人之常情，大家可以平常心對待。

　　如果公司規模太小，實在無力開設任何直營網點，當然只能先批發、後零售，無法躁進。還好電子商務幫了我們大忙，網店讓小品牌可以避開昂貴的實體店投資，直接殺入千家萬戶的終端市場中，其實電商平台的出現，已改變了傳統零售的定義，即使有實力的大品牌，也可能將某些特殊產品線或特定管道，由自己主攻電商虛擬通路，而將一般實體店的生意託付給經銷商或加盟商。換句話說，現代商業零售商與批發商的角色，隨著科技的進步不斷改變，我們的生意模式也隨之變化，現在多數企業的挑戰，不再是問批發或零售，孰重孰輕？而是在問線上線下，誰比較重要？

5-2

一場數字遊戲

2008 年北京奧運捧紅了一家中國品牌，大陸體育市場本身就大，加上奧運是國家大事，這個前中國奧運選手創立的民族品牌，躬逢其盛聲勢大漲，一時間給市場一種錯覺，好像中國誕生了一個可與 Nike 與 adidas 比肩而坐的一線國際運動品牌，但事實上呢？

2013 年初在上海，兩位私幕基金的產業分析師朋友，約我聊了 3 個小時，重點話題就是這個品牌進行中的「市場重組」是怎麼回事？類似這樣的做法在企業界很普遍，特別是在消費品領域，由專業經理人擔任 CEO 的上市櫃公司最是常見，主要的問題就是企業在經歷了早期創業，及高速的業績增長後，開始進入了營收與獲利雙停滯的瓶頸期，面對董事會與投資者的壓力，一些企業就玩起批發與零售業務互換的遊戲。

台商品牌初進大陸市場時，由於資源限制與利益考慮，不論有意無意，多會往批發業務傾斜，伴隨著日漸成功的生意，新的競爭者不斷的加入，相對待開發的空白市場空間也在迅速縮小中，上市櫃公司的 CEO 為突破這種高成長不再的經營壓力，部分財務出身的 CEO，就想出了用市場重組名義，來改善經營績效的數字遊戲。

　　最典型的做法，就是將批發業務收回，改由企業的零售部門自營，這樣一來公司不必做其他的事，財務報表本身就會出現巨大的變化，舉成衣品牌為例；若一家企業的零售定價與成本結構比是 5：1，也就是銷貨成本為 1 的話，零售吊牌價會訂為成本的 5 倍，也就商品成本占到零售吊牌價的 20％，通常批售給經銷商則必須下折扣到零售價的 3 折，這不表示經銷商會有 70％（＝1-30％）的毛利，因為這些批銷商在零售給客人時，平均打到 6 折是很正常的，扣掉進貨成本批銷商一般的毛利約是吊牌價的 30％左右，若以淨售價計算，它整盤生意的毛利率約 50％（＝30％／60％），前提是他要能將商品全部賣完，一件不剩，且整季平均打折絕不能低於 6 折才行。

　　至於作為供貨的品牌原廠，他批發生意的毛利則是 33％，也就是吊牌價的 10％（＝30％-20％），所以實銷售額 3 億元的毛利率約等於 33％（＝10％／30％），也就是毛利約為 1 億元人民幣，扣掉占銷售額 10％的管銷費用後，淨利則降到人民幣 7,000 萬元（＝1 億 -3 億 ×10％）。

　　若公司將全年 3 億元人民幣的批發生意轉為自營零售，如果原廠零售業務的經營能力與經銷商一樣水準，理論上財務報表上的銷售收入就會增加到 6 億人民幣，這多增加的一倍業績其實是來自營業額計算基礎的改變，因為以吊牌價 3 折計算的批發業績，在改用平均 6 折吊牌價來計算零售業績時，在根本沒有多賣一件成衣的情況下，業績就會增長一倍，毛利跟著水漲船高，上升至吊牌價的 40％（＝60％－20％），也就是毛利率升至 66％（＝40％／60％），代表原來 3 億元的生意擴大為

6 億元,毛利也約成長為 4 億元（ ＝ 6 億 ×66％ ）,看起來一切都變得非常美好,可是實際呢?

現實生活總是兩難的,直營零售的管銷費用通常占其營業額的 5 成以上,也就是 3 億批發轉為零售 6 億元後,管銷費用將大幅增至 3 億元,主要增加在店租、店裝與店員的費用上,扣掉這部分費用的銷售淨利將縮至 1 億元人民幣,與原本的 7 千萬元相比,好像還不錯嘛,但以淨利率這個指標來看,顯然將由原先 3 億元的 23％（ ＝ 7,000 萬 / 3 億）大降至 6 億元營業額的 17％（ ＝ 1 億 / 6 億）,可是最糟糕的事情還不是這樣而已!

為方便讀者清楚了解這些數字的變化,我將上述零售批發兩種業務的數字,表列比較如附給各位參考。但數字上的變化只是理論上的測算,在企業實務上,往往原廠零售自營的經營水準,不見得比經銷商高明,租店與進櫃條件也高些,沒效率加上大手大腳的花錢方式,大品牌商的零售管銷成本比小經銷商多個 10％很是正常,更可怕的是嚴重的庫存積壓,因為經銷商定貨是花自己的錢,訂貨時一定是保守謹慎,但公司自營部門訂貨就不一樣了,不是自己的錢,為衝業績自然要多備貨多訂貨,售罄率普遍由 9 成降至 7-8 成,可以想見 5 年後庫存將是一個大問題,也因此為回收資金,很多大型的品牌折扣店（Outlet Store）被開出來清庫存,新賣場加上新增的員工,堆疊了更高的管銷成本,去處理高折扣又沒多少利潤的過季貨,各位想想這樣合乎邏輯嗎?

簡單講,員工人數暴增,加上激增的庫存,與日益龐大雜的組織流程,是品牌商零售自營惡夢的開始,大量庫存與百貨

商場拖欠結款成習，往往是企業資金斷鏈最終的一棵稻草！

所以享受了初階段批發生意的甜頭，在轉為零售自營為主的幾年後，大部分的品牌商又會想到，是不是要將零售自營生意，再轉回由經銷商接手經營比較合算？這就是某些企業口中所說的「市場重組」，其實市場就是市場，所謂零轉批，還是批轉零，如果沒有根本不同的品牌策略與不同的商品內涵，所有的改變其實都只是一場數字遊戲而已。

不過就是數字遊戲，也有好壞之分，一般批轉零往往出現在企業發展階段，高速的業務成長，讓老闆覺得自己無所不能，容易忽視自營零售的風險，高估自己的財務與經營實力。待被零售自營生意壓得透不過氣，感覺整盤生意無法突破時，這時難免不會想到再用零轉批的方式，為企業尋求脫困或品牌再起之路，而一般華爾街分析師也多以正面角度看待零轉批，因為這是由繁轉簡，讓企業瘦身，並提升經營效率的正確方向。

2016 年末到 2017 年初，有個零轉批的國際大品牌，就是美國麥當勞，連續將星馬、台、港與中國三大市場的經營權售出，這種由自營門市改為特許加盟的經營模式，不僅為麥當勞帶進 27.3 億美元的進賬，日後還能坐收高額權利金，加上在地化政策的加持，麥當勞的股價跟著大漲 3 成，顯然華爾街為麥當勞重管理、輕資產的經營模式，投下了贊成票。

附注：批發與零售業務績效比較表

	批發		零售	
	Amount	％	Amount	％
吊牌價 營業額	10 億		10 億	
實際 銷售額	3 億	100％	6 億	100％
銷貨 成本	2 億	66.7％	2 億	33.3％
毛利	1 億	33.3％	4 億	66.7％
管銷 費用	3 千萬 （＝ 3 億 ×10％）	10％	3 億 （＝ 6 億 ×50％）	50％
營業 淨利	7000 萬	23.3％	1 億	6.7％

5-3 黃金店面的戰略價值

　　在實體經濟通路為王的年代，重要市場的黃金店面總是一鋪難求，現今電商大行其道，在實體店投資過大的巨大壓力下，多數品牌會逐漸收縮實體零售店的規模，但收縮過頭時，反而會造成品牌價值的損傷，特別是對那些講究現場體驗，想要凸顯品牌價值的一線國際大品牌來說，實體店的存在感帶來消費者的信賴感與忠誠度，運用大數據的消費分析，加上櫃姊、櫃兄對熟客親切的招呼，這種在現場才能感受的尊榮感、高檔、

貼心的品牌服務，絕對是傳統電商無法取代的，但黃金鋪位的店租實在是太貴了，對習慣控制成本，講究高CP值的台商來說，投資黃金店面與開設品牌旗艦店，往往不在其品牌經營過程中占據最重要的位置！

　　上海盧灣區淮海路的商業地位如同紐約曼哈頓的第五大道，想進軍中國市場的國際品牌莫不想在此落戶插旗，換句話說若能在淮海路開店，就表示自己具備了世界一流品牌的市場地位。反之，若你的店被擠出淮海路商圈，代表你的品牌掉出一線領先群，或表示你的企業沒有負擔高租金的經營實力，不論那種原因一旦離開淮海路商圈，表面上是少了一筆可觀的花費，實際上暗喻你的企業或品牌已不具備一級市場的競爭力，簡言之，這就是黃金店面的戰略價值。

　　初期我曾服務過的台商在上海淮海路上，就擁有一個200平方米的旗艦店，前10年是這個店的黃金歲月，不只形象佳，而且營收好、利潤高，成為上海嬰童業最負盛名的招牌店，不論是我們外地的經銷商或同行對手，到上海必來此店朝聖，很多新商場的買手在看過我們淮海店後，就會主動邀我們進場設櫃，這個店不只本身賺錢，還對當時公司全大陸生意的開展，帶來莫大的廣告宣傳效益，顯然投資這個店絕對是個好買賣。

　　但後來情況變得不同了，出得起大錢的跨業對手，不時向房東出價搶鋪位，每次約滿，都得面對一場鋪位保衛戰。坦白講，對收租的房東來說，差個10％的租金或許還不會心動，但如果相差很大，那犧牲老房客也是順理成章的事情。數年後，最終還是被一家連鎖藥妝品牌以高於行情30％的租金搶走了，

雖然這個新房客只熬了 1 年，但就算我們隔年再想回頭，怎麼樣出價也都沒有可能了！

　　大部分對黃金店鋪高租金持反對意見的主管，通常都會說花這種錢的戰略價值難以估算，而省掉這筆大錢的短期效益確是非常明顯的，但這是保守的經營心態，積極而富攻擊性的品牌策略，會以不同的角度來看待此事，舉例來說，若一個年營業額 500 萬元人民幣的店，年租金要價 400 萬元人民幣，因此這個店一年虧掉 200 萬元人民幣很是正常的，再怎麼努力，單算這個店都是虧定了，最棒的也就是能將虧損減至 150 萬元了，但若將 400 萬元租金的半數，當做品牌的廣告宣傳費用，整個帳就變成另一種算法了，若這黃金店面的形象能帶出次級市場 5,000 萬元的營業額，再加上江湖地位的產業效應，你就發現這多付的 200 萬元租金太值得了。

　　在大陸職涯中，我曾分別負責過西南、華南、華中與華東的業務，其中最富的華東區業績最高，在全國 6 個區中總是排名第一，但利潤率老是最低甚至虧本。而地處偏僻的西南區總業績通常居全國之末，但利潤率卻是最高。每年年終檢討時，老闆老是拿這點來虧上海，好像西南區的業務主管比華東區的強，其實不只是我們公司這樣，整個行業都是這樣，原因就出在這些黃金店櫃上。

　　國內外的一線大品牌莫不在上海砸大錢，因為無法立足上海就無市場說服力，自然也無法打開中國廣大的外地市場，所以在上海砸大錢投資，在其他外地市場收獲成果，就是很多國際品牌在中國市場的戰略思維。沒有上海市場的虧，就不可能

有其他市場的賺，因為丟了某些上海的店，可會影響一片江山，大品牌的戰略，是要贏得整個市場的全域勝利，而不是一地一店的得失。

但是這種具戰略價值黃金店鋪也不能開太多，通常若這類店鋪的虧損占到品牌總營業額的 10％以上，那整盤生意的負擔就大了，所以開黃金店櫃也要精挑細選，因為大陸市場太大了，包括：上海、北京、廣州、武漢、杭州各地，都有不得不開黃金店鋪的理由，但若你的品牌生意還在初發展期，那就要先收縮自己的野心，集中資源在一地投資品牌旗艦店，反正現今市場主流已從實體店走向電商通路了，適度的開設黃金店鋪，雖可產生品牌的戰略價值，但過度投資就反受其累了。

5-4 到底是真讓利還是假促銷？

最近到我經常光顧的火鍋店去用餐，這是家以香草豬為號召的著名連鎖店，餐後餐廳發給我兩張免費招待券，當下我高興地收下，並對我太太說：「真好，我們要在招待券期限內再來一次。」不到 1 個月，我們夫妻倆再次光臨這家餐廳，本想利用這兩張招待券享受一下，但經過現場服務員的解說，我們發現要使用這兩張招待券的方式，不僅複雜而且門檻都還蠻高的，幾經思量之後，我們決定放棄使用這兩張招待券，因為怎

麼看都划不來啊！

讓我說說這兩張招待券的內容：第一張是「嚴選低脂××豬肉盤」免費招待券，它的使用條件是「消費原價 320 元以上火鍋任兩鍋」，表面上看這要求好像沒啥了不起，但仔細比照餐牌內容才發現箇中玄機，因為所有套餐基本訂價都是在 320 元以內，而且常年特價 280 元，只有最貴的 ×× 豬套餐 350 元套餐，符合招待券的價格要求，而且兩個人還必須點同樣的套餐，不能一個牛肉、一個豬肉，也不能一個羊肉、一個牛肉，若以他的菜單來點餐，只有我們夫妻倆都要點同樣的 ×× 豬，這樣餐廳就可再送我們一盤 ×× 豬了！說實在的，就算他們的 ×× 豬有多好吃，我們也沒興趣連吃 3 盤啊，難到只能獨孤一味嗎？

另外一張招待券是「免費好禮 2 選 1，想吃什麼免費送」，內容是憑券來店消費原價 320 元以上火鍋送哈 ××× 霜淇淋（100ml）乙杯，或可免費加菜 100 元（酒水除外）2 選 1，每鍋限用 1 張。用不了第一張招待券，那我就想點一份 350 元的 ×× 豬套餐，那總可以免費享用 1 份霜淇淋吧！服務員又說了，還是不行，因為定價 350 元的 ×× 豬常年 9 折優惠，9 折後的 ×× 豬就不到 320 元了，所以沒法享受這個霜淇淋，除非你願意用不打折的原價來點餐。

此時我才突然恍然大悟，這那是免費招待，根本就是用我的錢在招待我自己嘛！換句話說，只要是稍微懂得計算的消費者，基本上都不會用這些招待券。那倒要請問這個商家，搞這個促銷的目的何在？到底想不想鼓勵消費者，利用優惠多做些

生意？如果促銷活動對大多數的客人是看得到，但吃不到，這些促銷活動只是表面上讓客人爽一下，但不會實質付出的假促銷啊！

這事讓我回想起在大陸做生意的初期，剛開始大陸還沒有市場經濟的概念，所以我們只要運用一些促銷手段，就會讓當地客人趨之若鶩。當時我們最不喜歡是直接做價格促銷，多半是製作一些精美的禮品來送客人，但有時效果也不太好，其中不乏導購員（店員）私底下侵占客人禮品者，這可用一些內部管理措施避免掉，但絕大多數根源於一個錯誤的觀念，就是部分同仁總認為能少送點禮品出去，是在替公司省錢，為此三令五申最後是將考核促銷活動的 KPI（Key Performance Indicators，關鍵績效指標）做了調整，就是要看禮品是否很快地送出去，這才算真正解決了店頭促銷的問題。負責企劃活動的主管，甚至是掏錢老闆本身的初心與觀念，才是決定促銷活動是否成功的關鍵。

促銷活動的目的最低限度就是想多做點客人，也就是運用消費者「俗擱大碗」的心態，願意多光顧你的生意，如果你只是口惠而實不至，請問客人會高興嗎？何況不論多麼小的促銷活動，從活動企劃到宣傳品的印製都是費用，花了錢卻得到客人的反感，這無疑是多此一舉！所以建議各位做老闆的，捨不得就不要做，要做促銷就是要玩真的，絕對要讓客人感受到店家的誠意，換句現在社會流行的說法——要讓消費者有感的活動，才是有效的活動。

在大陸市場征戰 20 餘年，市場由極度匱乏到豐富化，最後

是陷入「供遠大於需」的慘烈商戰中，促銷活動此起彼落，引領大陸百貨行業潮流的台資百貨業者，在面對外資與新興陸資百貨企業的夾擊下，開始了一波波的強力促銷，先是由一年一次的週年慶改為到半年一慶，隨著分店的增加，每店當然會有開幕慶，每一年每店周年慶時，再搞個 5 店同慶，加上林林總總各類節日與專櫃活動，幾乎是月月有促銷、週週有活動，初期廠商多是真心誠意在搞促銷，消費者也以「爆買」來回應業者，買、賣雙方皆大歡喜；但隨著市場競爭日趨慘烈，很多業者開始玩起了假折扣的手法，就是先提高商品的零售牌價，再以一個大折扣，誘使很多只問折扣不問價格的消費者買單，隨著更多商家的跟進，這種假促銷的把戲很快就走入死胡同了，整個大陸的百貨零售業陷入愁雲慘霧當中，好景不再。

但 21 世紀初崛起的快速時尚品牌 ZARA、H&M 與隨後的優衣庫，卻是用另一個簡單又直接的觀念，將品牌迅速成功地推上大陸市場，他們的平價策略讓當時已不信任商家的消費者卸下心防，賣場內平日不見東一堆、西一堆的折扣商品，因為新品本身就很便宜，最多就是季末清貨來次清庫折扣罷了。這種不玩花招直搗核心的做法很是討消費者歡心，因此門庭若市，但百貨公司卻是很抵制，主因是這些品牌的面積太大，影響百貨公司的坪效與收益，最關鍵的是這些快速時尚業者的低價策略，讓左鄰右舍的其他專櫃品牌坐立難安，原來大家慣用的假折扣，與一堆促銷花招，顯得非常累贅與蒼白無力，於是在原品牌商與百貨公司利益共同下聯手抵制，這些平價的時尚品牌無法在某些百貨公司開店，只得自己開設大型的街邊店，走出

自己的世界，走向反趨勢的百貨公司，離市場與消費者愈來愈遠，經營更形艱困。

2009 年後，電商模式的興起，對喜歡玩假促銷的業者更是致命的一擊，電商無遠弗界的平台威力破除了地域的限制，新品牌小公司也能迅速的面向全大陸的市場，只要商品夠好。大陸市場的巨大體量與規模，讓新的大陸品牌業者更願意直接讓利給消費者，而且電商模式省卻了大筆店面的實體投資，也少了店員人事費用，還不必被百貨公司的大筆抽佣與不斷延遲的結款壓力壓得透不過氣來，將這些降低的成本直接回饋到消費者，就比實體店面便宜了 3～5 成，加上又能直接收現，這種乾脆又直接的做法，徹底地解放了大陸市場的消費能量，諸位應已耳熟能詳了。

我在陸企奶粉公司任職時親眼所見利用電商平台促銷的強大威力，嬰童配方奶粉本身屬於剛性需求的品類，每個小朋友一個月 3 罐奶粉總是要的，所以只要有打折活動，家長完全不介意一次買個 2～3 箱（1 箱 6 罐），通常最實際的價格優惠政策就是第 1 罐原價，第 2 罐半價，對食品行業來說，這是貨真價實的大折扣，所以市場反響也是很大。

國際級的快速時尚品牌，教會我們怎樣化繁為簡，把錢直接花在商品與店面上，而不要花在宣傳廣告這些對客人虛華無益的事情上，將售價直接壓低加惠顧客，省卻高訂價，分次打折的繁瑣操作，客人也不必爾虞我詐，老是耽心被廠商騙了。

除了貨真價實的折扣外，陸企對促銷贈品也很是大氣的，一個年營業額 60 多億元人民幣的企業，每年花在促銷品的花費

高達 2 ～ 3 億元人民幣，預算雖高，但東西卻不好，原因是以前的大陸同仁與很多台商一樣，都是以成本導向來開發促銷品，他們以費用的觀念來對待促銷品，所以很自然的就要控制費用，那錢就要少花一點，錢既不能多花，也代表很難做出令人驚豔的促銷品，而且從上到下很多同事都認為，這些促銷品是免費送給客人的，客人無需掏錢，所以客人對促銷品的品質就沒理由抱怨與要求，這個錯誤的想法，著實讓當時負責這項業務的同仁感到無比的困擾。

利用每週一次內部的促銷品定型會議，我不間斷對與會的各部門同事提出一個新觀念，就是——促銷品一定要做好，做到客人眼睛一亮、愛不釋手。因為促銷品本身的目的就在宣傳品牌，只有做出讓客人喜歡，願意留下來自用的好產品，對我們的品牌才有加分效果，否則是反效果，面對無趣、多餘、平凡與品質一般的促銷禮品，客人會推論，我們的正品一定也不怎麼樣。

所幸有創辦人的支持，這樣的觀點很快的就帶入了新促銷品的開發案中，同時我又用「市價」的觀念，與同仁們討論好促銷品的定義問題，就是一個促銷禮品，讓客人覺得他值多少錢？也就是如果客人想買，他會願在市場花多少錢去買這個禮品？這完全翻轉同事過往以成本看促銷品價值的觀念，因為客人本就不知一個禮品的真正成本，但他可以由外面市場類同產品的賣價，去感受這份禮品的「價值」。

換句話說，若讓客人感覺這是份貼心實用又高貴的好禮，那他絕對會留下來自用，還會幫我們品牌到處宣傳，但通常這

樣做我們所增加的成本有限，因為成本差 20% 的產品，因為訂價比的乘數效果，在市場售價上會有翻倍的增值效果。利用這樣的觀念，我們開發了一款成本 180 元，但市場行情是人民幣 500 元牌價的嬰兒推車，在 2011 年這絕對稱得上是一款高檔推車，而當時嬰兒奶粉品牌還沒有公司敢送這種價位的童車，了不起也就是牌價 300 元左右的輕便型推車，估計成本也在 140 元左右。果然推出後大受好評，經銷商指明要這款促銷品，1 年內我們加單 3 次，送出上萬台的嬰兒推車。第二年得知被我們這款童車影響最大的，不是我們的奶粉同業，而是另一家大陸最大的童車品牌商，讓他 500 元以下的嬰兒推車變得很難賣，因為我們是買 1 箱奶粉就免費送 1 部童車。真是一場典型殃及無辜的促銷戰啊！

　　坦白講，大陸企業只要能領悟，他們學得很快、做得也很徹底，因為陸企老闆習慣算大帳，只要方向目標清楚，錢就投下去，雖然也不一定次次成功，但肯學、肯試多能得到正面回報。反觀台灣業者，多斤斤計較小帳，搞不清什麼是服務？什麼是投資？什麼是促銷？品牌宣傳的目的？什麼都想做、什麼都要得！但資源有限，又只能淺嚐即止，做個表面而已。如是這樣，我倒是建議不必搞什麼花俏的促銷，因為不論何地，全世界的消費者都是一樣的精明，你會算客人也會算，特別是資源有限的小生意，回歸事業的核心，將商品與服務做好、做精，以合理價格面對市場，消費者自會感受你的真心實意，日久生意定會成功，錢也就賺到了。

5-5
企業轉型與異業結盟

最近讀到一篇週刊的報導，談一家婚紗攝影店靠轉型兒童攝影逆勢突圍，在台灣結婚人數連年下滑的環境下，比去年硬是拉出了 3 成多業績的增長，這個老行業老公司靠轉彎成功轉型的小故事，勾起我一連串的聯想！

其實這個案例只是業務轉型上的小轉彎，基本上不難想到，而且很容易做到，原因是這種轉型，並不需要額外的資本投資，也不需要另聘專業人員，只要老闆能轉個念就好了。因為做婚紗攝影事業是在賣美好的記憶，而一個人一生中值得記憶的時刻，可不是只有結婚而已，可以輕易往後推到懷孕、生子、家庭與整個人生，產品可以包含各種紀念照、桌曆、月曆與相關裝飾品等一系列的衍生商品，可以做的生意一下子就變寬廣很多。

不過講起攝影生意這檔事，最大的威脅應該是來自智慧手機的業外衝擊，智慧手機本身的方便性與高畫質，讓攝影變得不需要那麼專業，自個兒就能獨立完成了，這讓靠攝影為生的業者，面臨了翻天覆地的挑戰，但卻有一些腦筋動的快的企業適應的很好。

記得十多年前在上海一號店（Walmart 在中國的電商品牌）總部，巧遇一位在上海開兒童攝影店的台商朋友，閒聊中說到

他在上海開設的 7 家兒童攝影連鎖店中，生意最好與利潤最高的，就是其中專做孕婦攝影的徐匯店，談到當地市場特性時，顯示他與他的團隊對市場變化的敏銳掌握，令我眼界大開。

我順勢趁機請教，攝影這行業怎會與一號店這樣的電商扯在一起？他說，兒童攝影絕對是要到實體店落地的生意，但卻可以透過與電商合作做線上行銷！換句話說，這正是現今流行的虛實整合的 O2O 模式，是兩種平台生意的異業合作，在今天服務業已是非常普遍應用的行銷手段，但在電商剛興起的十多年前，我們台灣朋友就能在上海市場想到、用到，真是令人佩服。

其實大陸市場的大，讓很多商家早就想到借力使力來拓展生意，記得 20 多年前我在成都負責 Disney 童裝業務時，為開展當時中國市場最窮的西南地區，我們就動腦筋，想與當時新興的美式漢堡連鎖品牌合作，我們的想法很單純，在炎炎夏日的暑假時，家中長輩會經常帶小朋友逛商場吹冷氣，或是去光臨西式速食店，吃個炸雞、喝杯飲料，消磨個半日光景，若我們能將兩者連在一塊，搞一個「滿百送 10 元優惠餐券」的活動，不但能拉攏大人，同時也能取悅小朋友，自然就刺激我們百貨專櫃生意的增長。

當我們聯絡當地兩家最大的美國速食業者談這個概念，他們擺出一付高高在上的姿態，雖然表面上可以談，但對餐券的要價頗高，只願以 9 折給我們優惠。於是我們只好試著與另一家，以泡麵在中國發家的台商炸雞品牌聯繫，其實這兩家美國速食品牌雖然享譽國際，但 1998 年在成都地區各自也只有一家門店，而這家台商那時已在整個成都開出了 5 家連鎖店，是中

國西南地區規模第一大西式速食品牌，當時我們在當地也擁有6家百貨專櫃，且雙方店鋪都位處繁華的商業區，以市場覆蓋面來說，顯然兩家旗鼓相當，倒是比較匹配。

我們約了這家台商的西南區督導，沒想到雙方一拍即合，很快就談定了合作方案，我司推出45天滿百送十的送券活動，消費者可持這個10元優惠券，免費到其成都任一家速食連鎖店享用餐點，包括：1隻炸雞腿、1包薯條與果汁1杯，而我司用5折優惠價，向其購買2萬張面額10元的餐券，兩方同時在店頭貼出宣傳海報，更令我吃驚的是對方竟然加碼配合演出，向我們下單採購了一批2萬多元人民幣的文具禮品分送消費者，於是本來是單邊的品牌促銷活動，演變成雙向的市場活動；業績果如原先預想，比去年同期足足成長了50％，而且幾乎沒花到什麼錢，整個促銷活動可謂圓滿成功。

這是20多年前在大陸市場異業結盟的親身案例，退休回台這幾年發覺台灣島內市場競爭日趨激烈，逼使企業必須不斷轉型，或尋求異業結盟，但有些經營者常將兩者混為一談，其實兩者間卻是大不相同，對企業本身的條件與要求，也是有很大差別的。

一般講企業轉型可分為大轉型與小轉型，前述婚紗攝影轉身跨足兒童攝影的例子，只是個業務小轉型，但涉及公司組織，資源與營運結構等根本變化的轉型，那就是企業的大轉型了，像習慣接款少量大單的工廠，決定開始要接款多量少的客制型小單時，包括：接單流程、生產排線到員工思維全都要改，又或是想要由傳統製造走向智慧製造，其中包括了人才，培訓與

資本的準備與長期投入，是老闆主要的考量因素，這種牽涉公司 DNA 的改造，才是真正的企業轉型。

　　而異業結盟只是不同行業間的短期業務合作，通常不涉及公司內部組織與流程上的根本改變，最多也只是設立一個臨時的專案部門負責對外聯繫，與對內協調而已，專案任務結束時，一切回到原點。雖說某些異業結盟的案子，會對公司帶來一些靈感與啟發，埋下日後企業轉型的種子，兩者可能存在某些因果關係，但異業結盟絕不等於企業轉型。

　　近來常聽一些年輕朋友談到異業結盟，主因手中資源不足，希望能借力使力以求速成。但異業結盟要成功是有些前提的，首先是雙方的市場是有高度的重疊性，合作的兩方才可能互惠互利；二是合作條件一定是比較平衡的，只對一方有利或利益的分配太過傾斜，都不太容易談成；三是兩方公司的實力不能太過懸殊，大企業願與你的小公司結盟，一定是你擁有一些他沒有的能耐，絕對不能心存天真想靠大樹好乘涼，你要是幫不了對方，沒人會跟你合作的。

　　異業結盟的關鍵其實是「異」這個字，兩個公司能夠長期合作，除了互惠互利外，最重要的是身處不同產業，就像 20 年前在成都，我負責的童裝品牌與炸雞速食品牌的結盟，不論合作多麼成功，他還是他，我還是我，我們公司不可能因此就去開炸雞店，他們公司也沒興趣來做童裝生意，因為隔行如隔山，沒人會去碰自己不懂的生意。

　　至於身處同一產業，如上、下游或是品牌商與通路商，或製造商與品牌商間的合作，就不能稱為異業結盟，因為兩者的

核心能力太過相近，合作順利很可能讓兩家公司變成一家企業，或整個生意被一方整碗捧去，所以同業合作彼此都要有心理準備，若產業趨勢如此，雙方合作綜效明顯又愉快，先合作、再合併也是順理成章的事情。換句話說，企業轉型是一個公司長期的戰略決策，會帶來企業未來命運的改變。而異業結盟只是個短期戰術行動，其影響往往是一場戰役的成敗，最多也只是一城一地的得失，而且投入資源有限，就算不太順遂也不會影響整個戰局，所以各位朋友不必過高期望異業結盟的威力。

5-6
一筆兩萬個書包的大單

說到異業合作，不由得又想起 20 多年前的一筆生意，當時大陸的西南區辦事處下轄雲、貴、川等地，管的是 6 個分辦中最貧弱的市場，通常全國雙周業務報表出來，成都辦總是排在最後，久久大家也習以為常了。但 1996 年下半年，成都辦卻有 2 次業績名列全國第一，頓時讓大家刮目相看，某些區辦經理忍不住來電詢問原因？

其實這筆生意是客人自己找上門的，但也因此讓我眼界大開，知道窮地方也可能隱藏著無限的商機。即使是今日的雲南比起中國其他省份，還是個很難做大生意的地區，但雲南卻有些產業，是當地政府眼中的繳稅大戶，就是煙酒行業，這個找

上門的客人就是雲南某煙廠的代表，他們想用我司的 Disney 書包來做促銷品，規劃以 8 個煙盒免費換贈一個兒童書包，但它有個正常卻讓我們難以照做的要求，就是要在書包上印出煙廠的名字，表示是這個煙廠的贈品。

身為 Disney 當時中國唯一的授權商，我們深知一向健康快樂、形象正面的米老鼠，怎可能與負面形象的香煙品牌放在一道呢？於是我們就與客人聊一個廣告的觀念問題，你們選 Disney 書包來做贈品，是因為相信這個人見人愛的米老鼠會讓這個促銷活動成功，但如果把煙廠名字印在書包上，反而會讓小朋友感覺這個書包不太可愛，也讓米老鼠的價值被貶抑，當贈品的價值下降時，這個促銷活動的效果就會受到影響，而且中國仿冒橫行，你們願以高價洽購正品是好事，就要以完全正品形象感覺的商品出現，否則易被客人懷疑，這個書包是來自批發市場上的仿冒品！

幸運的是，我們碰到了知情達理的客戶，兩次會面就順利搞定了合作原則，在經過挑款、數量、報價、交期與完成付款等細節後，這筆兩萬個書包的大單就分二批出給客戶了，也就是說我們將一筆促銷品的生意，轉化成正常的批銷訂單，只不過訂單比較大，我們必須特別備貨，當然價格也自然是比較優惠。這就是我們常居老六的成都區辦，成為早年唯二、兩次業績稱霸全國的原因，不能說沒有運氣的成分在內。

不過在 Disney 大陸消費品生意大幅增長後，他們為擴大業務，又簽了一堆各個品類不同的授權商，連這類促銷品生意，也有專門的授權商負責。但我們夠機靈的話，仍會發覺很多生

意機會，在我們不預期的時候，以我們意想不到的方式出現，問題是當事人是否意識得到，是否能把握住！

5-7 為何售價會比成本還低？

任何生意的利潤，主要來自售價與成本間的價差，靠外貿發家的台商，習慣依訂單量的多寡報價給客人，為拉住大客戶降價搶單在所難免，但除非情況特殊，很少會以低於成本的售價來搶生意，否則訂單愈大虧得愈多。但到大陸做品牌直接面對終端市場時，才發現商品的訂價策略大有學問，絕不只是成本加上期望利潤這麼簡單而已，除了考慮競爭與行情外，有時還要刻意賣得比成本還低，不禁令某些台灣同業看不懂，甚至連自己公司的 CFO 也有意見！

必須如此做也是情勢使然，大陸市場開放初期，價廉物美的台企商品立馬就席捲市場，但眼明手快的陸企快速跟上，迫使部分台商必須採取整合行銷的手法，以長保營收與獲利的雙成長。當時我司店櫃上的商品多達 2,000 個品項，是大陸嬰童業最完整的零售連鎖系統，品類、品項雖多，但黃金陳列位有限，難免有些商品容易被客人忽略，我們每半個月就輪流從 2 千個品項中，挑 10 個適合節令、庫存又大的品項來做強力促銷，由於活動明顯嘉惠客人，效果很是驚人。因為我們把握住一個原

則，任何一位孕婦都會備妥預算，想替她的寶寶備齊全套用品，最省力又省事的做法，是讓她能輕易地一站式購足，所以從家長的角度設想，如果她買 A 商品，就必然要搭配 B，有了 B 商品又要搭配 C，所以我們就推買 A 商品，就送 B 商品，然後又給予 C 商品大優惠，雖然部分商品我們是虧本在賣，但一筆零售訂單總額可達到人民幣數千元，整筆交易的利潤就很可觀了。

這種做法今日來看很是平常，可是那時當地最大的競爭對手卻是學不來，主要原因出在企業的組織問題上，因為當時大陸大企業的總部多採事業部制，就是依產品類別劃分成不同的利潤中心，分支機構則採機動靈活的承包制，這種體制好處不少，缺點就是很難進行整合行銷，買 A 送 B，業績算部門 A，成本算 B 部門？促銷成本算總部，還是分公司的？這種利益關係很難擺平，自然也就制約了某些陸企的業績表現。

其實真正擅打價格戰的鼻祖是韓國三星，台灣的資訊業在 PC 時代稱霸全球，十多年前三星的液晶電視技術上不如日廠、價格比不上台廠，在兩頭的夾殺下，硬是在兩年內就殺出一條血路獨占鰲頭。因為當時科技業一般的定價策略，多是在新產品剛上市時訂高單價，讓企業在新品上市初期享有技術領先的超額利潤，但三星卻在其新一代液晶電視剛上市時，就以年賣數千萬台的規模來定價，不久它就真的賣出了上千萬台，兼顧市占與獲利，打得台、日對手自此一蹶不振，至今還穩坐世界面板霸主之位。

顯然靈活的訂價策略有助於贏得行銷戰，由於現代商場戰機稍縱即逝，任何好產品好服務若沒有對的價格，反而會被對

手後發先至搶到市占。也就是說虧本銷售，實際上是整體市場戰略部署的一環，真正的目的是東邊不亮西邊亮，或是犧牲局部的利潤，來獲取全域最大的利益，但整盤生意能賺錢的真正基礎不在價格，卻是商品或服務的本身，若非對的商品，怎麼訂價都是枉然。

眼下許多新創公司在企業初創期，經常大打價格戰，或玩免費衝流量的促銷活動，價格便宜自能吸引到很多生意，但如果商品或服務沒能真正解決客人痛點，促銷活動結束生意也就掉下來了，就算口袋深底子厚，可以長時間支援公司的虧損銷售，但錢沒花在商品本身的改進上，那前面的虧損就不可能帶出日後利潤的回報，再多的資金也會耗盡。

所以提醒年輕朋友們，不論是實體生意或電子商務，打價格戰並不難，有錢就可以了，問題是這樣做終非長久之計，不要認為衝量必會帶出規模效益，更不要冀望僅憑規模就可擊垮對手，價格手段要能成功，必須構建在對的品牌策略，與商品正確的前提下，也就是說價格在商戰中只能做助攻的角色，而非決定成敗關鍵的主角！

5-8 貴的商品比較好賣

很多台灣品牌在 90 年代就前進大陸市場，雖然總的來說，

錢是賺到了一些，但 20 多年過去，大多數的台灣品牌在大陸市場卻是江河日下，市場地位遠不如前，原因就在台商不敢賣「貴的商品」，怕較貴的商品會嚇走消費者、怕丟失市場，所以東西愈賣愈便宜。問題是大陸老百姓收入日豐，富裕後的消費者眼界大開，願意以更高的價格取得更好的商品，因為價格因素劃地自限的台商，缺乏更好、更貴的商品與服務去滿足市場的變化，自然日趨沒落！

　　這裡所講的商品，大多是非標規的消費性商品，因為在全球產業高度標準化的產業裡，例如：非蘋陣營的 PC 與手機，各品牌本身產品的差異性極低，重點在營運模式與價格競爭，自會陷入無止境的規模與低毛利的紅海競爭當中。至於非標規商品，譬如我在大陸搞了 20 多年的嬰童產業來說，高檔童裝勝出的主要關鍵在商品給消費者的感覺，而一件商品感覺人人不同，主要差異來自商品的款型、風格、色彩、工藝、搭配、布料等功能與手感，還有一大堆的細節的差別，也可以說服裝品牌彼此間相當不具可比性的，商品的差異自可帶出可觀的價差，這就是品牌價值體現與勝出的關鍵了。

　　在嬰童產業中，當時台灣市占最大的嬰童企業，早在 1992 年就進大陸打天下，最初的 10 年，它是大陸朋友心目中的高檔品牌，這種感覺讓它當時在大陸市場開拓的前期順風順水，到百貨商場拿位置，談進場條件無往不利，在外地招商也多是門庭若市，此時品牌在市場上享有不錯的回報與超額利潤；但時光匆匆，今日這個品牌在大陸已淪為中檔品牌，在大多數較富有的大陸消費者心中，眾多後進的歐、美品牌已占據了頂級品

牌的位置，而獲利最豐，能與這些洋牌子比肩，一較高下的品牌，卻是出自大陸本土企業之手。它同類商品的零售定價平均是台商品牌的 2 到 3 倍，這意味著它能用更好的原料，有能力做出更好的產品，也有更多的空間來玩行銷與投資未來，形成企業經營一個正向的循環。

台商品牌多數卻是反其道而行，最主要的就是他們太貪心了，太著力在大陸市場的這個「大」字，老是在想這是 13 億人口的大市場！初期的高檔品牌形象，在國外對手還沒進中國，在大陸本土企業還未長大以前，在當地消費品普遍貧乏的年代，的確讓我們很多台商朋友的營收與獲利兩得意，但隨著經濟的高速增長，已經富裕的大陸朋友，開始追求更好、更高階的商品，但現實是很多台商朋友對這種市場消費需求的變化不太有感覺，他們守著前期成功的模式，仍舊以初進大陸時對當地的理解去經營市場，雖然產品沒有愈做愈差，但因為競爭者日眾利潤日薄，大部分的台商拿出最擅長的成本控管手段，東省西省，希望能在不漲價，甚至減價的情況下保持市占，擠出利潤。

但很多聰明的大陸新手是這樣做的，他們瞄準市場前 20％最富的客群，學習國外頂級品牌成功的經驗，直接跳過台商品牌，根本不與台商在擁擠的紅海市場中纏鬥，直接挑戰大陸的高端市場。這些大陸廠商挾天時、地利、人和的優勢，加上膽識與敢於用人，才不過幾年光景，就能在市場上展露頭角，在某些領域台商品牌市占雖然仍是第一，但卻是那食之無味、棄之可惜的中檔市場，主要就是他們不敢，不敢做更好、更貴的產品，深怕高價商品會讓自己丟掉客人，殊不知這樣畏首畏尾

的保守心態，已經讓市場上花得起大錢的高端消費者，不斷地在流失中。

當然會犯這種戰略錯誤的不是只有台商朋友，我一位大陸友人專做高檔的嬰兒推車，雖然與歐洲頂級品牌還有段距離，但卻是大陸國產貨中最貴價位的童車定位，某年雙十一他與大陸實體通路最大的童車品牌商，一天內同樣在天貓平台做了近 3 千萬元人民幣的業績，問題是他平均一台售價 1,000 多元人民幣，是他最大對手的兩倍，這表示他做到這個業績的銷量只要對手的一半，高價品帶來較高的毛利，加上較低的供應鏈成本與後勤服務費用，顯然他才是贏到裡子的真正贏家。

我學弟是一家國際童鞋頂級品牌的大中華區副總裁，3 年前聘用了一位我原本熟識的上海籍業務經理，她負責全中國地區的業務開展，有天聚餐談到她對這個新職務的感想，她非常高興的說：「貴的東西真好賣！以前賣東西是到處找客戶，說破了嘴人家還是不信，但現在做頂級品牌，基本上是客戶找你，對方會設法要我相信他的實力，想盡辦法拿地區代理權，這種朝南坐的感覺，就是高端品牌市場地位的顯現，也是大多數業務主管夢昧以求的！」

做嬰兒推車的大陸朋友表示，他鎖定高端市場源自兩個不得已的苦衷，以公司的內功來講，專業比不上台商的管理能力，成本也遠不如已經營了十餘年的本土老大哥，要拚價格根本沒戲唱。而外在競爭日趨激烈，中、低檔市場擠滿了大大小小的新舊對手，雖然這個區塊市場最大，很容易做到生意，但卻是無利可圖。而且很多奶粉品牌還用童車來做買贈促銷活動，買一箱奶粉

送一輛嬰兒推車，這些作為贈品的車款多為 300～600 元人民幣
的中、低檔童車，進入這個市場區塊勢將面對童車同業與促銷生
意的雙重夾擊。但如果走高檔童車的路線，就可完全避開這類的
問題，雖然產品不若進口頂級童車那麼炫，但卻比國產中檔童車
明顯上兩個等級，價格又可界於頂級品牌與中檔童車間的市場
空隙，而選購童車當促銷品的相關業者，也無力負擔高檔童車
的成本，加上初創公司資源有限，必須集中火力於自己相中的
高端童車市場，看似瞄準小市場，但卻是得到大收穫。

兒童領域的國際品牌也不乏看走眼的例子，十多年前，我公
司是美國最大玩具品牌美泰公司的大陸總代理，我們最苦惱的一
件事，就是每年要向美國總部不斷爭取增加芭比經典款的配額，
但老美就是不相信中國這個落後市場能做多少這種高單價品項的
生意，這種不了解大陸變化，低看大陸市場，經常錯失商機的情
況，總是在包括台商在內，所有的外企間不斷上演的戲碼。

近年來隸屬台灣統一的統一中控，再一次印證了「貴的東
西比較好賣」這個觀念，前幾年統一與康 ×× 一直以價格戰血
拚方便麵的市占，結果某一年，大陸泡麵事業大虧了新台幣 7
億 6 千萬元，第二年推出一碗人民幣 10 元的高價產品，足足是
當地泡麵市場主流售價的三倍多，加上兩款高價飲品，結果光
是第二年的上半年，統一中控就賺了稅後淨利人民幣 7 億元，
創下統一進中國市場 23 年來的最好成績。統一中控的員工說到，
過去 20 年大陸消費者口袋裡的錢增加了 20 倍，鎖定前 20％的
金字塔頂端消費者打價值戰，才是品牌的致勝關鍵。所以，只
要企業能做出更好、更對的商品，絕對是貴的商品比較好賣！

第 6 篇

領導統御與勞資關係

　　2017 年，台灣職場為了「一例一休」還是「週休二日」吵翻了天，這其中混雜了現今職場兩個嚴重的問題，就是員工過勞與薪資凍漲，政府不願直接調高基本工資，想藉著限制工時與調高加班費的修法，同時解決過勞與低薪兩大問題，結果卻是勞、資雙方都不買帳，而且是大大地不滿，這樣的紛爭由年初吵到年尾，伴隨著台灣內需經濟的低迷，估計台灣社會還會持續爭論不休！

　　我這裡並不想討論法規內容的好壞問題，因為世間本就不存在一勞永逸的良法，法規的制定本身就有滯後性，何況現今社會變遷快速，再完美的法案大約也只能管 3 年，3 年後發現原法已是千瘡百孔急待修整，這不表示我們不要法規，而是制定法規的政府官員與使用法規的老百姓，都必須以正確和更謹慎的態度來看待修法這件事，既然法無完法，那就要勤於修法，不可落後現實太多。

　　而訂定新法的過程，本身就是溝通、協商與凝聚共識的過程，所有參與法規制定與日後受用的團體，都要有接受不完美結局的雅量，對各方面都不是最完美的階段性結果，往往是大家長遠最有利的路。我們社會最需要的，是從這次經驗中，學會怎樣彼此尊重？學會怎樣正確對待勞動爭議這檔事？徒法是絕無法彌平勞資爭議的，因為這是攸關人心與人性的大事，以管理學來看，處理勞資關係這檔事更像是一門藝術課，而非一堂數學課或法律課。

6-1

有關勞資爭議的5個理解

　　正確看待與處理勞資糾紛固然重要，更要緊的是能預防問題於先，也就是若能將企業始終置於勞資和諧的情境中，那根本就不會有勞資爭議的產生，這才是一個成功企業的高妙之處，看起來這是很難達到的境界，實則平淡無奇，主要關鍵在 5 個理解之中！

　　第 1 個理解：通常講究企業治理的公司，很少會有勞資爭議，因為企業主會創造員工與老闆是同一陣線的工作氛圍，這類企業會將員工置於股東利益之前，他們認為只有讓員工滿意，才能激發員工的熱情讓顧客滿意，顧客滿意自然帶動業績成長，股東因此得利。這種邏輯視員工為公司最重要的資產，是幫股東賺錢與企業未來發展的關鍵。

　　反觀勞資爭議頻發的企業，公司老闆靠苛扣員工來拉高自己的獲利，這種瘦了員工、肥了老闆的行事風格，等於將員工推到企業的對立面，自然勞資爭議不斷。其實不只是勞資問題，這種企業往往也會為追求利益，而犧牲商品與服務品質，不僅刻薄自己的員工，關鍵時候也會偷工減料與欺騙顧客，這種唯利是圖的領導風格，自然經常爆發包括勞動糾紛在內的種種不法的爭議事件，因為這根本就是企業價值觀的問題，當老闆這種刻薄的個性深入企業日常營運中時，你怎麼能冀望這種公司

會善待員工呢！

　　第 2 個理解：勞基法只是勞工薪酬福利的最低標準，現今世界各國有關勞工權益的法規，幾乎都是工業社會背景下的產物，它明確的訂出一線藍領員工的最低薪酬標準與相關福利休假作息等規範，但所有人都同意，即使完全符合當地勞動法規的企業，絕不表示它是一個好公司，更不代表這樣的企業就能用到人才或留住人才，因為對講究彈性、變化與創意為主的知識型工作者來說，企業往往要提供數倍於最低薪酬的待遇，才可能留用人才，至於要高到多少？那就要視產業行情與企業自身人才的稀缺性而定了，勞基法在此是毫無用武之地的。

　　而傳統製造企業裡，按時或按件計酬的藍領員工占到大多數，政府基於保護弱勢群體的職責，必須針對最底層的勞動者做出保護，所以必須對最低工資、時薪、工時與休假等，做出明確詳細的規定，對一板一眼的藍領工作者來說，顯然「勞基法」是基層勞工的最低生活保障標準。

　　但對辦公室的白領員工來說，薪酬高低取決於工作效率與工作成績而定，與工作時間長短並非正相關，一般的主管絕對不會欣賞花了大把時間、反覆多次才能完成任務的員工，帶這種員工又累又煩，怎可能反因無效率而給他高薪呢？所以對這類知識型的白領工作者來說，應當以高底薪、工作彈性與責任制來對待，才比較合理，顯然勞基法在這方面是使不上力的。當然正常企業不可能違法以低於勞基法標準雇用這類員工，主要是老闆的價值觀與待人之道，才是企業是否能留用人才的關鍵。

第 3 個理解：任何違法的勞資協議，本身都是無效的。勞動法規本身所訂的各項標準雖是低標，但卻是無可妥協的硬規定，企業是不得私下壓低雇用條件，也不能藉口是員工同意而卸責的。身處大陸零售行業 20 多年，對這點我是深有體會的，因為零售行業需雇用大批專櫃小姐，加上勞動法的工時限制，通常一個專櫃每天至少需要兩班共 4 名員工輪班，若全國有 100 個專櫃，就需要 400 名專櫃小姐，十多年前大陸童裝專櫃小姐的薪金行情約在 2,000 多人民幣，但附帶的五金一險至少要加 40％以上，也就是公司為每名專櫃小姐每月要多支付 1,000 元人民幣左右，400 名員工每個月就是 40 萬元人民幣，全年就近 500 萬元人民幣，對零售業來說，這可是一筆大錢。

所以就有台商同業的老闆，不知聽了哪些部屬的餿主意？與專櫃小姐們簽個協議，專櫃小姐同意公司不必幫她們交金，但由企業補貼她們 500 元，感覺上企業當下每月就少花了 20 萬元人民幣，前幾年倒是相安無事，但當某位專櫃小姐要離職時，問題就來了！這位想離職的員工一通電話打到當地的勞動局，投訴公司沒有幫她交金，接著隔週，勞動局就找上門了，經查屬實，公司以往省的錢連賠帶罰計算下來，多是要加倍奉還的。而當初與員工簽的個人協議反倒成為企業違法未交金的鐵證，問題是驚動勞動局出馬，就不會只查某一個員工，因為勞動局會合理的懷疑這不是單一的個案，類似血淋淋的例子不勝枚舉。

其實違法的協議不具法律效力，這規矩在全世界都是同樣道理，只不過台灣社會向來執法不嚴，特別是牽涉到你情我願的民事官司，加上一般雇員也欠缺維權意識，讓很多習慣台灣

思維的台商朋友在海外吃了悶虧。

第 4 個理解：企業員工要能體認自己是資方，還是勞方？勞資關係絕不是老闆一個人的事，雖與人資部門關係密切，但也不是單靠人資部門就能理順的事情。簡言之，勞資問題事涉兩方，想要有效處理勞資矛盾，解決勞資爭議，當然需要勞資兩方共同努力，問題來了，你究竟是勞方，還是資方呢？

對大多數的受雇員工來說，他們會感覺自己是勞方，實則並不盡然！因為只要你下面還有部屬，對你的下屬而言，你就變成資方的代表了，除非規模太小的公司，一般企業都是透過組織來運營，組織中各個大大小小的單位主管，就同時擁有了兩種身分，對他的長官而言他是勞方，但對他的部屬來說，他又變成資方了，另外一種情境，若你是台資企業的員工，派駐海外工作，請問當地同事會以資方，還是勞方的眼光看你呢？

這只是要提醒我們在職場的年輕朋友，看待事情常因角度不同而異，因此要考慮對方的立場，不是自己說了算，特別是身為主管的受雇員工，若以勞方立場看勞資爭議，當然一切以自身利益最大為前題，但若以主管立場來看，那就必須公平對待所屬，而且不是表面齊頭式的假平等，而是要能論功行賞與賞罰分明的真公平，因為勞資爭議的起因，大多是源自員工感受到不公平的待遇。換句話說，作為勞方與資方雙重身分的單位主管，平日待人處事的領導風格，早已種下日後是否爆發勞資糾紛的導火線。

第 5 個理解：企業內要避免製造員工隔閡的各種障礙，越是龐大的企業、龐大的組織，成員來自成長背景和文化相異的

五湖四海，身為老闆或單位主管，得常為融合團隊與凝聚共識而煩惱，但在實務上我卻看到很多台商企業的老闆，往往不自知地在帶頭製造員工隔閡！

最明顯的情境，就是台商老闆與台幹，當著大陸同事的面用台語聊天，很多台灣朋友說，他們就是不想讓大陸同事知道他們在談什麼，所以才用台語交談，問題就出在這裡，大陸同事是不知道你們在談什麼，但顯然你們是不想讓他們了解談話的內容，若非講他們的壞話，那最低限度也是沒將他們視為公司的核心員工，認為沒必要讓他們參與這個話題，所以這種舉措等於告訴大陸同事，你們台籍幹部是老闆身邊的核心份子，他們大陸同事再能幹也只是外圍一圈的幹部。長久以往，這些大陸同事也會將台幹當做外人，不會也不願與你分享一些看法，因為他信不過你，你們台幹與老闆都是另一國的人。

其實這根本是自己製造出來的問題，我們在商業談判時都知道，在某些關鍵場合，我們不得不用對手聽不懂的語言進行內部溝通，以免洩露軍情，但在只有自己公司同事在的場合，就不適合用某些人聽不懂的第三語言交談，那不僅是不禮貌，更在製造我們人際關係上的隔閡。

正確的做法是，如果這個話題不適合其他同事聽，你就不該在有其他同事在場的場合提這檔事，私底下與台幹相處時，愛用那種語言溝通，都是你們自己的事。要知道身為企業老闆與台幹，一言一行看在員工眼裡，都好像暗示著某種概念，也許天下本無事，可能就是員工自己想多了，但這種令人生分的感覺一旦成形，不但很難抹去，而且會在關鍵時刻與關鍵事件

上引發關鍵作用，能不慎乎！

　　具備以上五種理解，雖不能保證絕不會有勞資爭議，但至少能大幅降低勞資爭議發生的機率，因為勞、資兩方總是在合理與互動良善的情境下協作，基本上這類公司就是具備了幸福企業的基因，不只是勞資問題極少，還會是職場人才趨之若鶩的企業。

6-2　解決勞資糾紛的兩個關鍵

　　好公司的勞資問題自然較少，但不表示絕對沒有，因為法無完法、人無完人，再好的企業仍會碰到勞資爭議這等麻煩事，碰上了該如何辦？這就考驗著企業的應變能力了，由於多數情況事出突然，按重要性與例外性的企業治理原則，這類事情通常要由老闆本人或信得過的高管來處理，這類同事自然會被勞方視為資方或是資方的代表，對立情緒油然而生，在這種先天不利的情勢下要妥善解決問題，要把握兩個關鍵原則！

　　其一是用同理心待人，平常注重企業治理的公司發生勞資爭議，多數情況絕對不是法律方面的問題，應該是溝通或某些欠考慮的做法，引發了同仁們的誤會，此時出面處理問題的主管，一定要用以對方的角度，去理解大家關切的重點是什麼？針對問題對症下藥，才有可能化解員工疑慮。

　　但同理心並不只是換位思考這麼單純，真正的同理心是要將焦點由員工個人，擴及到他的父母及家庭，不只是考慮員工的今日而已，還能幫助到他未來的人生。想想看，在大陸一個近千名員工的工廠很是普遍，記得 20 年前我司廣州廠裡的員工，多數來自遙遠的四川，包括湖南與江西兩個窮省，對這些遠離家鄉來替你打工的年輕小朋友來說，你的廠就如同是他的家一樣，企業自該有如同家長般的責任去照顧他們，做老闆或當主管的你要思考一個問題，在你的廠裡工作與到其他公司工作有何不同？除了一份工資外，你的廠還能教他什麼？帶給他怎樣的成長？

　　千萬不要認為給員工一份不錯的工資就完事了，安全與生活環境都只是基本考慮而已，講到員工安全，要想到是如何讓員工避開危險的環境中？通常我們會想到的是工作場所中的工安問題，但生活環境中也有很多事情與安全息息相關，像下班後員工賭博或喝酒鬧事，都很容易發生意外，因此安排一些健康的文康活動，就變成很重要的事了。回想服役時軍中有句老話，不要讓部隊太閒，要多安排節目讓士兵忙到沒精力幹壞事，但帶員工畢竟與帶兵不同，節目好壞與活動的趣味性很重要，因為員工參加休閒活動，是只能鼓勵而不能強迫的。

　　搞好勞資關係不見得要花大錢，重點在「用心」二字，台灣近年常發生水果價格崩跌事件，讓我想起十多年前在廣州總部擔任副總時，空運荔枝到外地分公司的故事。講到荔枝，最有名的典故，應當是一千多年前唐朝時，八百里加急上貢荔枝給長安楊貴妃這檔事，典故中上貢的荔枝就是出自廣東增城，

而增城就在我們公司總部所在地，廣州經濟開發區的附近，正好那一年廣東荔枝豐收，我們廣州的同仁因地利之便，自然不放過機會好好享用，我們在廣州享用荔枝的時候，就有同仁想到外地分公司的同事是否也能分享？當時大陸可沒有如今快捷便利的物流運送，於是我們自己用老農教我們的保鮮方式打包，每個外地分公司空運兩箱過去，坦白講，我們自己算過，空運費應該比荔枝錢還貴，而且每個外地同仁平均最多也只能分到幾粒而已，但光想想外地同事居然也能享受如同楊貴妃般的待遇，就是件蠻過癮的事。這是件很小的事情，問題是類似點點滴滴的小細節聚沙成塔，就鞏固了我們企業生產力的基礎──勞資關係。

其二是用對的人去處理勞資爭議，俗話講「將帥無能累死兵」，身為企業老闆或高管就是公司的將帥，無能的領導者老讓部屬做白工，久而久之，自然叫不動員工，平常時候勞資關係就不好的主管，很難去處理棘手的勞資糾紛，稍一不慎，還可能會把一個單位的小事情搞成全廠的大問題，所以企業要將勞資爭議視為大事抓緊，派出立場超然幹練的高階主管去解決問題，所謂「對的人」，基本上要有幾個特點：

第一是能化繁為簡、有能力解決根本問題的人。勞資糾紛的形成多非一日之寒，多年來的積怨，在某一事件激發下突然暴走，處理這類事件雖需明快，但切記為求快速息事寧人，只處理上一層的表面原因，看似單純的導火線，往往隱含著複雜的情緒與背景糾葛，幹練的主管會抽絲剝繭，看出複雜問題後面的本質，一方面採取行動拆除火藥的引信，同時也會針對體

制面做出檢討，人造成的問題就處理人，制度有問題就修改制度，這種舉重若輕的主管，通常就是能擔大任、處理危機的幹部。勞資爭議雖是企業危機的一環，但若處置得宜，不僅能轉危為安，甚至讓企業的體質經此磨礪之後更上層樓，主要是看企業是否有正確的觀念，是要認真解決問題，還是要假裝沒發生什麼事呢？

第二是行事公正、沒有架子的同仁。任何勞資爭議的初發階段，勞方對資方所派的談判代表，多已心存芥蒂，雙方要能有效溝通，資方代表就必須是平日行事作風公正，又能與勞方同仁打成一片的主管，如此才能取信於勞方並聽到員工心裡的話，才知道同仁們真正關切的問題是什麼？放不下身段的主管，就像火上澆油，只會讓事情變得更難收拾。

第三就是資方幹部的級別要夠高。最讓員工感覺沒誠意的溝通，就是雙方談完了，資方代表說要回去請示一下，勞資爭議的本質應該是茶壺裡的風暴，是一家人自己的事情，家裡發生大事要召開家庭會議，一定是由父母共同或其一主持會議，會開完了，結論也就定了，哪還要回頭再請示的？若涉及制度與財政方面的考慮，絕對需要級別夠高的主管才可以當場拍板或事後整合不同單位間的意見和立場，切忌用對外談判生意的方式，來處理內部自家人的紛爭，先派個無法做主的幹部虛與委蛇，打探對方的底線，這種沒誠意的舉動，絕不是對待自己人的做法，不僅於事無補，反倒會激怒對方，小事變大事。

這兩個關鍵能產生作用，是建立在本質上已注意企業治理的公司身上，若公司老闆本就沒將心思放在員工身上，談化解

勞資爭議根本就是枉然，那該用何種態度對待員工呢？就是不可以將能幹的部屬當做自己的私產，這是我個人的小心得，不論在工廠面對成千上百的產線作業員，或帶前線的業務幹部，正確的領導觀念只有一個，就是要訓練我們的員工成業界的搶手貨，只要是曾在我司待過或我們帶過的同事，業界都會想用高薪挖角，因為天下本就無不散的宴席，再好的待遇、再好的公司，也有留不住人才的無奈時候，但只在意自己的績效，而不客觀看待員工前途的公司，不是好公司，好企業好老闆的基本要求只有一點，就是老闆賺大錢時，至少讓員工賺小錢，公司有前景，員工有未來，而且是廣意的前途，不是只有跟著你、待在你的公司才有前途，因為你已教會他自己釣魚的本事了。

　　企業若以顧客為核心，就要對員工好一點，事實上對員工好一點，不只是為了減少勞資矛盾而已，更是企業是否成功再起的關鍵，近年一個浙江百貨公司，憑著一套傻傻哲學翻身，為了顧客，企業變得很傻，為了員工，公司要變得更傻，無論業績好壞，所有員工平均年薪成長 1 成，同時，員工還有不開心就有可以不上班的情緒假可放，企業老闆堅信要讓員工好好關愛客戶，企業就要好好關愛員工。中國百貨業在電商浪潮下，曾造成一年內超過百家百貨公司歇業退出市場，但這家老百貨靠著對員工好一點，讓集團 5 萬名員工動了起來，這是大市場裡，老集團成功轉型為新零售之王的經典案例，重點就在員工身上。

6-3　面對大陸勞資問題的正確認識

　　早期台商西進大陸，獲得較多的政策優惠，包括在勞動法規的執行尺度上，企業擁有較寬的彈性，但 30 年後的今日情況大不相同，很多台商朋友心生不滿，認為有被用後即棄的背叛感。其實這種待遇上的巨大落差，不只存在勞動法規方面，舉凡土地、租稅、環保、工安……等等都是今非昔比，問題並非出在政策上的主觀轉變，而是社會的進步，迫使整個政策必須做出修改，到全世界那裡都會面臨一樣的壓力。且勞資議題不像土地廠房，是個固定投資的問題，勞工不只是生產因素，在現在知識經濟的時代，勞工更像是企業的資產，而且是個流動資產，企業主要想保有這些人才資產，唯有摒除下述兩個偏見，坦然面對這個市場的勞動環境，接受勞動市場不斷改變的事實，老闆必須要讓企業的人事政策跟上時代的變化，成為企業經營策略中重要的基礎部分，否則軍心不穩，何以攻城掠地呢？

　　偏見一，勞動法規經常變動，而且中央地方號令不一。大陸政策的制定過程與台灣不同，主要是大陸幅員太廣，各省貧富懸殊，所以很多法規是由中央定政策，各省根據政策精神定施行細則，最明顯的是勞動法中的五險一金，初期某些省份就只要求三險一金，而費率也是各地不同，簡言之，富裕省市會

訂得較高，貧窮地區自然費率較低，作為商家不必在乎當地的費率高低，因為這代表著不同的人力素質與市場不同的成熟度，就像蘋果與香蕉兩種不同的東西，怎麼比誰優誰劣呢？

再者中國改革開放初期，對市場經濟的遊戲規則不熟悉，很多法規要嘛不完備，要嘛定得太模糊，容易造成商家理解與執行上的差異，加上執法者自身的法律見解，就會形成雖是根據同樣的法律規定，卻是有不同的執行標準，而部分地方官員的私下承諾，也助長了某些違法行徑。做生意的朋友，雖可高興於因寬鬆的執行標準而得利於一時，但切記這只是機會財，終非正常的永續經營之道。

這類中央與地方不同調的情況，在大國市場特別明顯，就像美國聯邦的法律與州法也會有出入一樣，可是對從南到北一天跑完的台灣而言，很多台商朋友是不太習慣大陸因地不同的律法差異，坦言之，說它落後或說比較務實都對，但我們既到大陸做生意，就要理解大國市場與台灣小地方的背景差異，接受現實才可能悠遊於市場之中，也才能因地置宜，採取合法又對企業最有利的舉措，最重要的是要跟上當地社會的變化，當國家法令改變時，企業能即時做出相應的調整。

偏見二，勞動法好像是專門針對台商的。大多數的人都有種心理，通常對自己有利的事情，會視之為理所當然，若發生對自己不利的情況，就會感到上天對自己特別不公，這就是2017年諾貝爾經濟學獎得主，行為經濟學之父——理查‧塞勒（Richard H. Thaler）在其著作《不當行為》中所說的一樣，我們通常對損失比獲得更加敏感。

　　早期投資大陸的台商多是外向型的製造業，而土地、原物料與人工是影響成本最主要的因素，很多公司習慣壓低成本搶單，因此人工成本的高低，變成企業獲利的關鍵，但隨著大陸社會日漸富裕，當地政府必須年年調高工資標準，對原先將工資就壓在基本工資邊緣的企業來說，自然就面臨工資年年調漲的巨大壓力，好像政府的做法是衝著自己來的，其實就算政府不調漲，容許你繼續延用以往的工資標準，你也很難找到合適的員工，這是就業市場供需變化所帶來的必然壓力，政府調漲工資標準，只是反應社會現實而已。

　　而我服務的企業，當時是以另種態度面對這個議題，打從一開始，我們訂的工資標準就比周圍同業高約 20％，而政府每年調漲工資的幅度不太會超過 10％，因此面對調漲後的工資標準，我廠即使不跟著調也不會違法，事實上我們還是每年調，當然隨著國家標準的日漸提高，我廠的壓力也是日大，但我們認為這是對產業、對企業經營的合理要求，倒不是針對我們，也不是政府想用勞工議題來挑撥企業的矛盾。

　　後來我到陸企服務，讓我清晰了解到政府勞動部門，對企業的勞檢工作是有重點傾向的，但不是針對外資或台企，而是以企業的規模大小來決定是否需要嚴格的檢視企業？那時我服務的陸企年營業額近人民幣 60 億元（約新台幣 300 億），在大大小小的超市中雇用了 1 萬多名的協銷員，加上全國 20 幾個分公司，每月銷售部門的人事費用就是幾千萬元人民幣，但他們對政府各項員工保險與補償金的要求從不打折扣，不是企業老闆不愛錢，而是他們明白樹大招風的道理，絕不想做因小失大

的愚蠢決定。

政府官員考慮的則是自己的稽徵成本，在有限的人力物力下，他們處理企業勞資問題的原則是：抓大放小，不報不查。原因很簡單，大案查起來效果好影響大，加上金額高、口碑又好，忙不過來的時候，自然重點擺在大公司大案身上。但轄區內商號千家萬戶，要從那裡查起呢？除開發區內的大戶吸引其目光外，面對一般公司是沒有舉報，就不會主動查察，因為一旦有民眾舉報成案，不查清楚就無法結案，沒能結案就表示工作沒做好，這可是會影響公務員考績，與其日後的升遷。

還有一種情況就是有前科的大戶，會較受到當地勞動局的特別垂注，曾經鬧過勞資糾紛的大企業，除了有登記在案的黑紀錄外，主管官署有事沒事，也會特別關注一下，因為邏輯上他會推論你的老毛病有可能再犯，這種合理的懷疑自會帶給公司某些困擾，特別是在年底特別忙的時候，重點就在企業開始之初。

其實對企業評價的好壞，是由員工說了算。其實不只勞動部門，舉凡稅務、海關、工安、環保等方方面面，牽涉到是否誠實申報，與自動改善的工作均是如此，政府眼中的好公司，絕不是替股東賺了很多錢但卻違法的企業。不要說大陸，在台灣、在世界上任一地區都是如此，也有人認為自己可能是因賺錢遭忌，但據個人經驗，多數的勞資爭議，就算不是來自刻薄的公司政策，至少也是因為內部的溝通不良，或是企業某些不夠人性考慮的舉措所致。

事證顯示很多大事件往往源自於小火苗，關鍵就在打從一

開始時，企業老闆與高管層忽略了很多小地方。管理層要理解，企業經營上的大問題，是老闆與高幹們在乎的，但基層員工在意的，往往只是身邊的小事，企業是否真正經營得當？是否是一個好公司？重點是由員工說了算！直白的說，企業主是否太在乎賺錢鋌而走險，絕對是企業自己的員工最清楚，奉勸各位老闆們，這是不對的，也是不值得的！

6-4 處理黑函是門大學問

大多數的朋友一生中總有 20 多年的職場生涯，除了自己當老闆外，很難不碰到同事間互寫黑函或互打小報告的情境，某些時候是你自己被黑，有些時候是你要處理同仁間彼此的攻訐行為，特別是身處愈大的組織，被莫名流言或黑函攻擊的機會愈多，俗話講「人多是非多」，就是這個道理！

處理黑函，首重其動機與出現的時機，因為寫黑函的同事目的分善、惡兩種，善的目的是揭發不法，因為看不慣單位裡某些貪污分贓或公私不分的行徑，無力阻止且不願同流合污，但又怕官官相護，基於自我保護的考慮，只得用匿名舉報的方式來揭露不滿；另一種是比較邪惡的動機，原因是有人妨礙到他的個人利益，企圖藉主管新任搞不清狀況時，希望用抹黑的手段先發制人，就算不能將眼中釘一舉拔掉，至少也可抹黑對

手在領導心中的印象。

　　也就是說，多數的黑函是在一個單位換新領導時出現，因為摸不清新主管的稟性，可是不論事實為何，說人壞話總不會是件令主管高興的事情，寫黑函可一吐多年積怨，又不會讓自己身陷風暴之中，因此某些同事會採行這種自認聰明的方式來表達心中不滿。

　　處理黑函的眉角甚多但目的只有一個，就是查明真相，黑函中的陳述是真是假？包括我在內，相信大多數主管都急於想知道真相，但心急是一回事，真正的查訪工作卻要非常隱晦，最好隱晦到連當事人完全無所察覺，第一個原則，就是不要製造冤獄，如果黑函是抹黑污蔑，若大張旗鼓的調查，就算事後還人公道，但對當事人造成的傷害已無法挽回，反而讓寫黑函的壞同事目的得逞。

　　第二個原則，就是暗中查訪，才比較有可能快點找出真相，因為寫黑函的人躲在暗處，收黑函的主管在明處，黑函送出後，主管的一舉一動盡在對方眼裡，領導似有若無的查察會讓對方迷惑，主管是信還是不信？不論事情真相為何，對方極有可能利用機會，旁敲側擊打探領導的意圖，如此寫黑函的同事就容易暴露行跡了。

　　另外，我的經驗就是當案情陷入膠著一段時間之後，往往會收到第二份更具體的指證材料，最後就是寫黑函的本人現身說明，這時候黑函的可信度就很高了，因為除了查到的物證外，連人證都有了，而且敢出面指證，就代表了一種勇氣與擔當，所言大致非虛，至於查無實據後面也無進一步動靜的黑函，就

當此事從沒發生過吧！

其實黑函的存在絕不是個好兆頭，表示企業正常的組織與溝通管道出了問題，公司內缺乏暢所欲言的申訴管道，也表示公司內可能彌漫著高度官僚化的傾向，或充斥著你好我好大家好的敷衍文化，通常這種情況是大企業比較容易生的病。

通常扁平化的組織有助企業的內部溝通，員工較不需藉黑函來表達不滿。但大企業的組織層級較多，底層員工或基層主管，很難有機會與公司高管直接碰面談心，有些企業又不允許員工越級報告，長此以往，公司內部必然出現下情不能上達的情況，嚴重者會令某些同事心灰意冷，連談都不談就直接辭職走人，老闆或主管到最後還搞不清真正原因是什麼呢？願意寫黑函的，等於還給公司一個機會，好歹希望企業高層中有人注意到問題，企求某些沉冤得雪。

不論如何，黑函的出現就代表公司生病了，表示企業組織臃腫、溝通不暢與訊息阻塞，除了針對黑函內容暗中查察的治標行動外，就是要檢討公司組織，設法朝企業組織扁平化的方向移動，這才是根治黑函文化的關鍵。

同時要建立員工暢所欲言，勇於挑戰權威的溝通文化。部分主管愛面子，不喜歡當眾被頂撞，乖巧的部屬當然也知道這點，問題是與唯唯諾諾的乖巧員工相比，是不是那些會表達不同意見的員工，對主管或公司的貢獻比較大些？就算他杞人憂天多此一慮，聽聽不同的意見，對大家也沒啥損失啊！但只要十句中有一句可取之處，那就值了，何況你一言他一語，很多靈光乍現的好點子可能就這樣蹦出來了，所以俗話說「三個臭

皮匠勝過一個諸葛亮」。

　　除了集思廣意、察納雅言外，平日多多傾聽基層員工的心聲，絕對可以杜絕某些中層主管一手遮天的假象，很多主管利用資訊落差的機會，運用職權謀取個人利益，這在科技與網路不發達的以前，會給遙遠的外派幹部與外地主管許多上下其手的機會；但現今時日，除非領導太不上心，很多問題的發生應可早見端倪，不過為防掛一漏萬，我還是建議公司高層領導，要經常利用機會鼓勵員工表達看法，其實由員工的提問與發言內容，也可看出員工的觀念與想法，可藉此加強某方面的培訓。

　　另外，公司內部的教育訓練與正式會議相比，是比較適合同仁表達看法的場合，因為這類場景對主管與員工兩者都不會形成壓力，彼此間互動自然，可不必顧忌後果暢所欲言，例如某次訂貨會前夕，在公司內部的吹風會上，有位同事提了一個有關服裝的配搭問題，其實在服裝行業那是一個很基本的常識性問題，有同仁提出來，就表示很多我們一向認為大家想當然該知道的事情，完全不是那麼回事！回想我們的成長過程，從家庭、學校到社會教育，好像從來也沒人教過什麼叫做美？所以有關色彩、美學等基本概念，在升學為重的兩岸同樣沒人重視過，這位年輕同事一針見血地點出了公司的問題與弱點。

　　壞點子的出現，有時也有其存在的價值，比較誇張的例子，是有位負責業務的台籍高階主管，在面臨日漸強大的市場競爭壓力下，居然提出主張，是否可以徵求批發客戶同意，短開17%增值稅發票？這個想法表示部分台灣朋友的法治觀念薄弱，我當時禁不住的懷疑，是否很多台商已在這樣做了，我們的同

事恐怕只是在反應某些台商同業的做法而已，還好有人講出來了，讓我們有再一次強調企業守法經營原則的機會，我們不是不知變通，而是有所堅持，若今日能短開發票，明日就會想偷工減料，員工能透漏心中的想法，公司就能防微杜漸，畢竟正派經營是絕不能妥協的原則問題，就像日本「經營之神」稻盛和夫所講的商道一樣，因為商道是企業的經營之魂！

同仁們某些想法雖然荒誕，但若未付諸實施，並不會造成企業任何的損失，反因同事及早的表達，讓企業能提早發現問題，解決問題。若組織氣氛不佳，員工意見多卻不願明講，形成對公司政策與規定的陽奉陰違，日後鑄成大錯也是遲早的事了；更嚴肅地說，如果發現某些年輕幹部心術不正，那企業就要謹慎面對其考核升遷，以免日後帶給公司更大的災難，因為只有扭曲的組織文化與陋習，才會出現奇奇怪怪的黑函。

6-5

用錯人一切都錯了

乖乖閉上嘴巴，直到兩機相撞，行為經濟學之父——塞勒博士在其著作《不當行為》一書中，引訴一個有關組織失敗的案例，這是另一位學者葛文德在其著作「檢查表」中記錄的，這是 1977 年荷蘭航空發生的災難事件，由於機長聽錯指令，不知道另一架飛機仍在跑道上，於是加速起飛，副駕駛曾試圖警

告機長，但後者並未理會，於是副駕駛乖乖閉上嘴巴，導致一意孤行的機長闖下大禍，造成 500 多人喪命的慘劇。

坦白講，居高位的大人物，才有可能犯下大錯誤。其實類似的案例在企業經營中屢屢出現，差別僅在沒出人命而已，基本上都是由於領導者的權威，讓部屬不敢或不能質疑主管的決策。通常企業決策失誤來自兩方面，一方面是公司的體制問題所導致，另一方面可能用人錯誤，當然也可能是兩種因素混合交織形成，前者只要有心不難解決，很難二犯形成大錯，但官大學問大或私心重的領導，才是導致企業決策出大問題的關鍵。

多年工作的經驗讓我理解到，職位愈高愈可能犯下越大的錯誤，就是因為權限大，加上某些部屬諂媚或前述畏懼權威的心態，導致錯誤一再發生，本書中有關台商內部貪污腐敗的案例，大半都是台籍幹部的傑作，包括天高皇帝遠的外區經理或手握採購大權的總部高管，本土的小主管頂多也就是扮演從犯或假裝沒看見的路人甲、乙而已，直到某天東窗事發才會停止。

用錯 CEO 往往是企業最大的災難，因為公司中職位者最高的就是 CEO，最大的災難當然就是用錯 CEO，偏偏組織中也只有董事長才有此資格，有能力犯這種高級錯誤，20 多年的大陸職涯中不乏這樣的遭遇，曾經我下屬某品牌的商品採購經理在我還沒核准前就下單給廠商，事後追查這牽涉上百萬人民幣的訂單，雖沒有我這個主管副總的同意，卻有我頂頭上司，身為公司 CEO 兼 CFO 的簽字，顯然我這個副總被擺了一道，個人問題事小，但這錯誤所帶來的後遺症，公司起碼要花上兩年才解決得了。

　　又曾碰過一位同行的 CEO，將公司前一年賺的幾百萬人民幣，投資到與原生意毫無綜效的新事業上，結果前後花了 5 年才將庫存清除完畢。另外，在當我出任外企 CEO 時，前任公司最高主管負責商品的執行副總在任時，做了件很奇怪的決策？我從公司匱乏的現金流當中，發現企業前一年的商品採購非常弔詭，明明多少年來，包括庫存公司每年就只有賣 20 多萬件衣服，偏偏上年度他就做了 50 萬件的新貨，這表示他對今年的業務肯定有特別推展的計畫，否則這多一倍的貨量，怎麼可能賣得掉呢？

　　我找這位同事聊這個問題，他兩手一攤，說那要問業務部門，那是業務員下的訂單啊！問題是那時根本沒有業務經理，而他這位執行副總除了不管財務，實質上等同總經理，明白著訂那麼多貨是他的主意，卻推的一乾二淨。這又是典型組織失敗的例子，若其中沒有私利因素參雜其中，最可能的狀況是公司老闆要業績大幅成長，業務員怪罪商品不好且價格太貴，所以生意無法增長，於是這位執行副總為了應付業務壓力，臨時加款並鼓勵業務下單加量，並承諾加量後的訂單會讓單價下降，如此這般一陣忙碌後，業務就沒理由不增加訂單了，所以商品部收到的訂單就拉高到 50 萬件，但公司裡從上到下，沒人在管怎麼賣？也沒人在問如果賣不掉，廠商的貨款怎麼付？

　　真正擁有敢挑戰領導權威的文化，才能成就非凡的企業。按道理來講，財務部可以追問這樣商品供應量是否必須？由此也可以看出業務部門是否有妥善的行銷計畫？但財務主管不敢問，因為要求業績增長的是老闆，而不多做貨業績就根本不可

能增長，既然老闆都已批准了商品部做這麼多貨，如果再質疑商品與業務部，似乎是在質疑老闆的決策有問題，考慮這些顧慮與老闆的行事風格，還是閉嘴比較好。

而當初下單的業務員早已離職，因為這些訂單本身就是被逼出來的，真正的批發客戶沒有加單也沒有任何承諾，自營零售業務也無新店拓展計畫，貨是做出來了，但沒有去路，好像也沒有人該對這件事情負責，顯然這個燙手山芋已變成我這個新任 CEO 的事情了，有人等著看笑話，當然也有非常積極協助我，想幫忙解決問題的同事，那就是被廠商天天逼著付款的財務主管。

換句話說，固然用錯 CEO 是老闆不可推卸的責任，但若老闆的官威沒有大到足以影響員工意見的表達，那老闆還是有機會聽到員工的真心話，如果老闆有雅量接受員工善意的提醒與建議，那就還來得及在鑄成大錯前轉彎，或是及早撤換掉不適任的 CEO 了！

6-6 駐外幹部的兵家大忌

我出身自一個家教甚嚴的公務員家庭，所以從我懂事的童年起，就一直企盼那一天可以單飛，不必整天被父母唸東唸西，果然隨著讀大學、服役與就業的進程，終於到了我必須離開台灣工作的階段，前兩年駐外的新奇見聞帶給我豐富的人生體驗，

讓我初期的海外生活既新鮮又興奮。這種自由自在的工作狀況，對屢當重任的資深主管來說不是什麼問題，但對初擔大任的年輕人來說，日常缺少老闆或上司身旁的督導，也無家中長輩在旁提醒，卻能自動自發的持續努力，這的確是需要高度自律的工作精神。

　　而高度自律絕對是獲得公司信任的重要關鍵，工作上的自律概括講分為三類：第一是主動積極的工作態度，這一代的小朋友都是父母心中的寶貝，自幼就倍受長輩呵護，大多有些不夠獨立的公主或王子病，這對初到異鄉打拚的年輕人來說，要顧工作又要張羅三餐，還要打點周遭一堆生活瑣事，卻沒有大人在旁提醒或叮嚀，忙起來時難免有所疏漏，甚至上班經常遲到或早退，因為一切都是自己在管自己，所以必須養成自我規劃工作，與定期檢視工作進度的習慣，不要讓遙遠的總部長官，老是催問工作進度，自然較能獲得老闆的信任與託付。

　　第二是及時的工作報告，當過兵的朋友都知道，當長官下達命令交付任務時，必先複誦命令內容，然後適時回報執行結果，複誦的目的在確保大家對任務的理解正確一致，才不會誤人誤事，讓自己白忙一場。這有賴勤勞的溝通習慣，讓總部可以即時發現前線的問題，適時提供建議。所以不要等主管或老闆要求，每週定期主動的提交工作報告，是一種與總部保持溝通的良好方式，讓主管知道你在忙些什麼，特別是很多長期性的工作，不可能等完成後再匯報結果，必須在進行過程中讓總部了解事況的進展，養成每週定期匯報的習慣，會讓老闆與上司放心，自然敢交付更重要的工作給你，若情況特殊，主管自

會從你的報告中挑出他的疑問，這對公司與老闆的關切點提供了線索，當然也有助你任務的順利完成。

第三是清楚的財務帳，以我個人的經驗，大部分負責業務的朋友，都會覺得公司的財務規定很煩，也不太喜歡財務部同仁老是追問某些費用的支出原因，若這種不樂意的心態轉化成不配合的行動，那就會為自己的企業仕途埋上一層陰影。身為海外獨當一面的主管，一定享有某種費用的動支權力，但動用大筆費用仍要事前報告，這是尊重總部主管的必要表現，通常初創時期的海外單位多是人力精簡，沒有專職的財會人員，只得由秘書或助理兼負記帳之責，還好大部分草創期的海外部門多是性質單純的費用帳，帳務工作單純但切忌因陋就簡，很多繁瑣的支出明細該清楚就要清楚，千萬不要讓自己成為財務部門眼中的頭痛份子。

但生活紀律才是台幹真正的軟肋，多少英雄豪傑不是壞在公事上，卻是毀在自己的私生活領域，理論上公司老闆不在乎你的私生活，也沒有立場管到這塊，但一旦私領域的問題嚴重影響到公務時，請問公司管還是不管？尤其在當地業務草創初期，公司派遣員工多是單身赴陸，當這些台幹白天一陣忙亂之後，晚上卻是獨自面對一屋子孤寂，於是呼朋引伴尋歡做樂很是平常，加上大陸開放初期，兩岸經濟富裕程度差距大，很多台灣朋友晚上經常流連酒肆之間，剛開始時只是吃吃飯聊聊天，漸漸的就有飯局後卡拉 OK 的第二攤，若這樣的夜生活形成一種常態時，個人的交際應酬開銷日大，於是難免假公濟私用公款報銷，更有甚者影響到白天工作的正常作息與原來家庭的婚

姻關係，長此以往怎可能不影響工作呢？通常走到這一步，公司就不得不將此人調回台灣，否則就算此人功在企業，企業老闆也不願自己變成其婚姻變調的罪魁禍首，事實上 2010 年以前的台商圈，這類中箭落馬的故事卻是一再重演，對企業與台幹個人來說，都是件得不償失的事情。

避免台幹單身赴任而淪陷於異地之事並不難辦，主要就看公司是否重視員工，還是更在乎錢了？對企業來說，要求台幹舉家移往駐地，費用自然高出不少，原來在台的雙薪家庭變成一個人在賺錢，加上子女的教育補助費用，至少是原隻身外派員工的兩倍，費用雖高卻能讓員工軍心大定，穩定的幹部帶出穩定的團隊，自然有利公司中長期的發展，所以安排台幹舉家移駐，才是上上之策。

但最理想的安排倒不是從外派第一年開始就要求舉家搬遷，主要的考慮不是費用，乃是員工的適應問題，除非該員工由於經常往返已非常熟悉該地，否則一般全家移駐比較理想的時間，是在外派的第二年，讓派駐員工本人有一年的調適期，還可先期考察孩子教育、居家環境、社區治安與生活便利性等情況，因為全家移居到人生地不熟的國外是件複雜的大工程，不像平常單身出差那麼簡單，企業想要外派員工安心工作，就要讓員工家屬在異地生活方便與安心安全，事實上攜眷赴任的台幹，不只工作穩定度高，且因家人陪伴身旁，生活不易出軌外，親人適時的鼓慰也會讓員工的韌性變強，以致員工績效大增，於公、於私都是好事一椿，相比企業為省錢，冒著犧牲員工家庭幸福的風險，哪種方式能留人留才？能為企業帶來長期效益？

答案絕對是顯而易見的。

6-7

我們服務的企業到底
有多優秀？

　　優秀的企業會讓員工有強烈的歸屬感，以身為這家公司的一份子為榮，也讓業界認為貴公司的成功是來自每位員工的貢獻，如果你位居要津自然容易成為同業挖角的對象，當然貢獻最大的應該是貴公司的 CEO，這就是我們行業內，一般所謂的成功人士，到底有多成功呢？大家可以深思一下！

　　其實行業表現與經濟的景氣循環影響至大，雖然企業經營績效的好壞與公司的 CEO 息息相關，但在整體產業景氣上升時，大部分的公司都賺錢，很難看出誰家的本事高些？問題是一個景氣循環少則 5 年多則 10 餘年，但專業經理人出身的 CEO，任期多是一任 3 年，順利的話也許可做個兩、三任，最多也就是 6 ～ 9 年的任期，而 CEO 上任時所處的產業景氣位置，將會大大地影響他以後的工作績效，如果你有機會又能選擇，你是要接掌一個如日中天的事業，或是願接手一個跌落谷底的生意呢？相信多數的經理人會選擇前者，而且希望未來也能順風順水，業績一路長紅。

　　但真實的世界卻是殘酷的，眼下當紅的事業已長紅了 10 年，如果沒有新東西，沒多久生意就將會到頂開始回落，到時

沒人會說你運氣不好碰到了經濟下行循環，也沒人會說是你的前任未做長期規劃，沒能在好日子時未雨綢繆預做準備，多數人看到的只是以前的生意很好，但現在卻在下滑中，顯見以前的 CEO 很能幹，現任的 CEO 就比較差了。

我個人年輕時就有個反世俗的想法，就是專挑多數人避之不去的部門或業務，向老闆爭取獨當一面的機會，坦白講，通常這種要求 100％ 會得償所願，因為一個長期積弱不振，但又棄之可惜的業務，往往是老闆心中耿耿於懷的痛，老闆既不便捲起袖子自己帶頭幹，又不願調派手下最佳投手下場救援，救不起來事小，影響原來業務事大，若因此損兵折將，那就得不償失了。我自認資質一般，如果接手一個已然成功的生意，想再創輝煌把握不大，而且往往企業內有興趣者眾，沒必要去湊熱鬧了，比起爭取收拾一個爛攤子，或風險較大的新事業，不但競爭者少，還能祛除老闆心頭隱憂，也可能向老闆爭取多一些資源讓自己容易揮灑，於是挑沒人想幹的棘手事業，顯然是年輕人展露頭角的好機會！

記得 30 多年前，我在電腦公司工作時，就自告奮勇負責企業內品管圈活動的推行，坦白講，當時對品管圈這種來自日本的新事物，台灣業界沒幾個專家，公司內也沒有人對它有概念，該怎麼做？什麼是對什麼是錯，也沒人知道？但你跳出來願意承擔，所有的主管都鬆了口氣，日後推動工作時也多所配合。

1988 年轉戰傳產業時，第二年就自願出差大陸，成為公司內老闆除外考察大陸市場的第一人，最重要的是我們為了這趟考察可是做了近半年的準備工作，6 個城市 35 天，是一個深入

的市場調研；1989 年 3 月底出發到 5 月返台，這是台商在大陸六四民運前從沒做過的事，我們沒有任何經驗，也沒有人可以問，每到一個地方就是先換上布鞋，深入街市做田野調查，隨後又換上正式西裝，人模人樣地去拜訪當地的外經委或外事辦，試圖了解大陸政府對經濟開放與改革的的想法與政策，同時將一些從田野調查中獲得的訊息，與這些官員交換意見，回台後又花了一些時間，完成整份我司將來進軍大陸市場的策略報告，也直接開啟了往後 24 年，我在大陸的職涯歷程。

　　早期在大陸發展的台商樂多於苦，痛苦之處是當地的產業配套能力不足，政府法規與員工素質跟不上，所以工作很辛苦。快樂之處則是生意蒸蒸日上，在 1997 年亞洲金融風暴前，所有的企業都是樂觀看待未來，那時大陸的產業結構，除了國企外多以外資為主，加上當時的中國金融還沒有自由化，所以一場金融風暴並沒有傷到欣欣向榮中的大陸市場，而是傷到在海外大量融資而投資中國的外企，因為母國貨幣大貶形成的財務壓力，造成原本很多要積極發展或擴大投資的中國事業計畫，不得不叫停或暫緩，也讓部分陸籍員工領略到景氣波動的威力，世界不會存在業績只會成長不會下跌，大家的薪資只有加沒有減的日子，順風日子過久了，有時遇到一些麻煩事也不是什麼大壞事。

　　若與 2000 年發生的網路泡沫，2003 年的 SARS 風暴，及 2008 年的世紀金融海嘯來比，1997 年的亞洲金融風暴只是小菜一碟，顯然至少能安度這幾場風暴又能茁壯的企業，才有資格談「優秀」二字。問題是除了企業創辦人少有 CEO 能做這麼久，

可是環視周遭企業，還真有不少公司符合這個標準，不過是否真優秀？還需要更嚴格的檢視，若以財務數字來說，更嚴格的標準，就是連續 20 年的穩健獲利，包括在全球最不景氣的時候，與同業慘澹虧損相比，貴公司雖是獲利大減，但仍是小有盈餘，這就是非常優秀的企業了。重點在今日的成績源自昨日的準備，也就是說美好的明天，就要看你現在做些什麼了。

因為現在優異的成績，往往主因來自公司在景氣低谷時的作為，而不是行情大好時市場征伐下的展獲，因為景氣時大家都忙著接單出貨，訂單不愁但獲利多寡，卻要看公司的效率與良率而定，這是企業的內功修為，是公司的基本功，是企業不論每年賺錢多寡，幾十年長期投資與培養出來的戰力，這樣的戰力能讓企業在景氣時獲利倍增，在逆風時不虧或僅是小虧而已，當然這種能耐絕對是好幾任的 CEO，加上優秀的團隊持續努力的成果，這樣的團隊有能攻擅守特點，可是瞄準大陸內需市場的台商與外企，多不具備這樣的能耐，甚至多數台商根本搞不清何時該攻？何時該守？更嚴格的說法，大多數的 CEO 只想攻，根本沒想要守！

高成長的市場，當然需要戰將型的 CEO 開疆闢土，但不論如何再順也不可能永遠一帆風順，就像連戰皆捷的大軍，有時也需要停下來整頓一下，實務上在景氣上行日子待久了，往往讓企業領導者誤認公司的成功是自己英明神武，很容易忽視風險的到來。例如連續數年的高成長，讓很多大陸台商樂觀備料備貨，但突如其來的金融風暴，帶來通縮與嚴重的庫存跌價損失。企業順境時能察覺危機將近，才能在逆風時保持前行，就

像在大海中航行的船隻，必須通過暴風雨的考驗，才知道這位船長有多少能耐。

親眼所見，1986 年在北京酒會，巧遇當時在大陸如日中天的日本八佰伴百貨集團高層，這個在 70 年代因為強勢日元而在海外大量舉債大肆擴充的百貨帝國，在 1989 年六四民運後成為首家投資大陸的外商百貨集團，當時的八佰伴在中國意氣風發，希望複製以往在他國成功的模式，1995 年 12 月與上海第一百貨合資的浦東第一八佰伴開幕，當天萬人空巷，一天內湧進了 100 萬人潮，創了一個世界紀錄。90 年代全盛時期，八佰伴在 16 個國家擁有 50 家超市與百貨店，年銷售額 5,000 多億元日幣，全球員工近 3 萬人。沒人可以料想到，這樣一個龐大的商業帝國，居然 2 年後就宣布破產了，當然你可以說八佰伴運氣不佳，碰到了 1997 年的亞洲金融風暴，但實情是八佰伴在 80 到 90 年代的盲目擴充，早已債務纏身體弱多病，1997 年的亞洲金融風暴只是壓垮帝國的最後一根稻草而已。

能拒絕誘惑的企業，才是真正的常勝軍。除了周而復始的總體景氣循環外，個別企業好像也有好運與壞運勢的時候，但其實與運氣無關，眼下事情不順手，多是以前做錯了一些事，早已埋下今日失敗的種子；記得 2000 年時，已開展大陸事業多年的老東家，憑藉外資企業在大陸童裝產業最強的行銷體系，拿到了當時全球最大銷量，一個美國玩具品牌的中國代理權，雖然外界同行多以羨慕眼神視之，拿到代理權的前幾年業績也的確是大幅提升，但相對投入其實也只是小賺而已。但做代理商有個先天的宿命，就是如果業績不好，約滿後恐被換掉，如

果生意很好又會吸引原廠那天自己來幹，特別是中國這樣深具潛力的大市場。

最上策應該是拿到這個代理權的同時，就要開始規劃拿第二個代理權才對，但當時公司顯然缺乏這樣的警覺性，直到第一期代理權約滿前，再談續約時，才驚覺對方可能 3 年後就會收回自營，加上我司 CEO 仍抱著可能繼續續約的一絲希望，以致沒有積極尋求他牌的代理權，最不智的是到最後階段，在手中已無拳頭品牌的背景下，捨不得放下培養了 8 年的玩具事業團隊企圖再創榮景，事實上在原組織完全不動的情況下，新玩具品牌的生意只剩原業績的 1/10，同時巨大的虧損還拖累到童裝部門，讓全公司都陷入困境。

若領導人實際一點，正視原廠欲意自己進軍中國市場的意圖，在我司已來不及準備替代品牌的時候，就要有接受回歸 8 年前只有童裝生意的現實，與原廠談判的重點應放在庫存移轉與接收團隊身上，反正對方接收生意也要增加人手，現成的熟手對品牌運營有利，加上外資待遇較高，員工本身排斥也不大，對企業而言，最多也就是這 8 年白走一遭，顏面有失而已！

其實能愈挫愈勇才是真英雄，天底下沒有百戰百勝這回事，看看 NBA 就知道，每年最強的的隊伍，全年勝率了不起也就是 7、8 成左右，相對而言，1/4 的時候仍是要吃敗仗的。所謂真正的名將，是在遭遇挫折時懂得保住核心生意，所謂敗而不潰，戰力不失。在度過這個考驗與難關後，企業亦隨之進化成更強的戰鬥體，表面的失敗，反成淬鍊公司體質的因素，因為沒有幾個老闆，那麼容易一再犯下相同或類似的大錯誤。

可是市場的確充斥著許多一錯再錯、愈虧愈多以致一蹶不振的例子，因為誰做生意都希望越做越大，但事業成功有時需要天時、地利、人和兼具，而失敗往往是一個小疏漏就足以壞事了，尤其要企業領導人自己承認看錯風向、誤判形勢是件很難的事情，為證明自己沒有錯，而採取一連串的補救措施，才是推升企業至更高險境的關鍵，通常不是企業領導人太過固執，就是浪漫情懷讓他偏離了現實面的考慮，問題是企業失敗，會影響到一缸子員工家庭的生活與前途，能不慎乎！

勢不可倚盡，福不可享盡。前人種樹，後人乘涼，都是大家懂的道理，但偏偏很多 CEO 在任時只顧收割前任的稻尾，卻很少為後人種樹，多數原因是考慮任期太短，怕辛苦種樹種了半天還沒看到苗頭，就得鞠躬下台了，這是許多上市企業不得不面對的現實，月報、季報、年報，逼得 CEO 必須先顧短再顧長，而現今科技讓經濟環境的變動來得又快又猛，也讓經營者無可預測，某些 CEO 雖有遠慮但眾說紛紜難定方向，上上策應是在好日子時別忘投資明天，也就是投資大師巴菲特所說的，要不斷投資在保護企業核心能力的護城河工作上，同時多蓄積糧草，以備突如其來的景氣寒冬。

切不可在手風順時，將所有好處吃乾抹淨，做生意絕對是既競爭又合作的事情，願與合作夥伴大方分享利潤，才有再次合作的機會。同時也要懂得厚待同仁才能帶得住人，見過一些高管與老總在事業顛峰時不可一世，這樣的成功很難持久，所謂「財聚人散」，財散才能人聚，愈成功愈是要謙虛，事業當然也就愈做愈大。坦白講，江湖行走最要緊的就是「人和」二字，

切不可自認武功蓋世做什麼都能賺，更不能以賭博梭哈的觀念來做事業，因為做生意絕對不是看運氣拚手氣，必須了解局勢的變化，懂得在關鍵時刻，是進？是退？還是轉彎？坦言之，能攻擅守的 CEO 才是真英雄！

相對早已種下某些失敗因素，好企業則是在好日子時大量投資在人才、研發、教育訓練與 ERP 等體質改善工程上，短視近利的投資者與心急的董事會，多不喜歡這種增加當期費用，日後才見回收的做法，雖不明講，但多數老闆還是傾向比較立竿見影的方案，但意外與風暴往往無法事前預料的，企業要能在危機來臨時存活或茁壯，有賴平日積累的實力，與在關鍵時刻的決斷力息息相關，向左轉？向右轉？還是只轉 45 度？何時轉？怎麼轉？再再考驗著公司，坦白講，困頓時刻才是企業領導人顯露真本事的時機。

6-8 勞資爭議是公司治理最重要的環節

我在本書的【第 3 篇】談公司治理，【第 6 篇】講勞資爭議，主因這兩個議題都是大題目，必須分訴以求全，但 2019 年 2 月春節發生了華航機師的首起罷工事件，台灣身兼主管官署與華航大股東雙重身分的交通部，想迅速解決問題卻進退失據，明明可以企業主的立場果斷處理，卻又以維繫獨立的公司治理為

由劃地自限，至使整起事件拖了近一週才落幕，這件引發大眾不便的重大事件，讓無辜的小民受累，對企業的經營者更是一大提醒，勞資爭議頻發絕對是公司治理有問題的企業，除立即解決當前危機外，事後檢討負責人的去留，乃是必然之舉！

勞資爭議頻傳，代表公司治理出了問題。華航罷工事件首先讓我聯想到了另一起的勞資爭議，就是 2009 年台灣最大市值企業台積電，這個素以公司治理著稱的企業居然爆發了史上最嚴重的勞資爭議，逼使原已退居幕後的張忠謀董事長重出江湖，必須回鍋再擔任總執行長一職。那時某些產業大老都覺得這樣的處置，對 2005 年才接任的 CEO 似乎太嚴厲了，畢竟培養一位 CEO 不容易，何況台積電這種世界級的科技大廠，且這位第一次接棒的 CEO 接任前戰功彪炳，接任 4 年多的表現也中規中矩，況且 2008 年全球金融海嘯來襲，這位 CEO 不過像多數企業老闆一樣，採取了減員縮編，準備持盈保泰對抗經濟寒冬而已，看起來應該不到下台的處境。

但張董事長很清楚地了解，勞資爭議是果，公司治理出問題才是因，在接到離職員工的呈請後，他問過人資部門，人資主管的答覆是說這些員工乃自願離職，既是自願離職，為何那麼不滿呢？一陣明察暗訪之後，他了解到公司是假績效管理之名，行真裁員之實。張董事長出身外商，本身並不反對裁員，但他認為績效考核就是績效考核，裁員就是裁員，應該誠實以告，這種做法顯然違背了他最重視的誠信原則，他立即斷然出手，將這些被離職的員工全數請回，並撤換多年培養的 CEO，因為他意識到誠信是公司治理的底層基礎，對員工的誠信出了問題，若不明快地

處置，日後必出大事，絕對會動搖企業的根基。

　　顯然領導層的誠信問題，才是勞資爭議的導火線。再回到華航機師罷工事件中，從資方的態度，就可看出資方根本無意積極處理問題，因為從罷工殷始，華航高層對旅客的權益就想卸責，他們居然聲稱罷工乃不可抗力之因素，要消費者向旅行社求償，這真是滑天下之大稽，請問任何一家企業因員工罷工無法交貨，你能對客戶說這是無可抗力之因素，公司可以不用負責嗎？反而要作為客戶的旅行社負責，真乃天下奇聞也！

　　華航罷飛事件之所以歹戲拖棚的深層原因，就是華航官不官、民不民的經營體制，這是台灣國營事業的通病，打著為公眾服務的大帽子，政府老是習慣要求國營企業的員工表現要專業而有效率，假期時又要多犧牲一點，但卻不能像勞基法規範那樣給與補償，因為如此一來營運成本就會太高，加上組織內又需供養一堆政治酬庸的高官，只得回頭壓縮其他成本與費用，華航還算是沒一直在虧錢的公司，不過與另一家國航長榮的經營績效相比，高下立判。

　　台灣企業勞資地位懸殊，非不得已勞方不會罷工。其實華航與長榮機師早在 2018 年 8 月同時取得合法罷工權，而且長榮在2018 年底還發生外籍機師猝死事件，因此長榮高層對長途航班的疲勞駕駛問題比較重視，也做出更多相應的讓步，所以長榮機師未捲入這次的罷飛事件，事實上純民營的長榮航空從一開始就了解別指望交通部，所以管理層願積極的與工會協商尋求共識，大家都理解走向罷工將造成公司巨大的損失，勞資雙方都不樂見，自然容易和平落幕。但華航的國營體制形成勞、資兩方利益的不

一致，資方代表較像公務員心態，反正罷飛的損失由全民買單，不影響個人收入，記得勞資談判初期，華航管理層先稱罷工，代表員工的雇用關係解除，因這種說法不符勞動法規範，資方隨後改稱罷工期間不計薪，但顯然代表資方的管理層不論罷工多久薪水都照領，換句話說，勞方有結束罷工的時間壓力，但資方沒有，而且國營企業也沒有倒閉的風險問題，這就是華航管理層無法像長榮一樣，那麼想積極的解決機師過勞問題的原因了。

事實上若非必要，沒有企業勞工願以罷工作為爭取員工權益的手段，因為勞、資兩方本身地位不對等，日常營運規定出自管理層，平時的工作考核、升調與加薪都要看主管臉色，所以勞資爭議一旦鬧到罷工這等嚴重的情況，代表員工積怨已深，也表示公司管理層日常疏於勞工溝通，太不重視員工了。談到這裡各位應當理解到，為何勞資爭議與公司治理，有著密不可分的關係了吧！

態度問題是所有勞資爭議的關鍵，坦白講，勞資爭議的實質內容多是律法上的模糊地帶，因為法有明文規範的東西，誰是誰非很容易判定，自然較難僵在那裡，也不會長期解決不了，既然律法不夠明白，社會也沒形成規範，或嚴或苛或緊或鬆？勞方是否覺得資方不講道理，要求太過分了？如果資方未察覺這種情緒在漫延中，繼續用上對下的高壓管理方式來領導公司，那爆發罷工或其他巨大的勞資爭議，也只是早晚的問題而已。

所以資方態度問題是主因，講個台灣普遍存在的社會現象，我們生活周遭很多朋友和親戚家裡都有用外勞，但很少有人滿意其外勞的表現，也不太與其外勞有良好的溝通與互動。據我仔細觀察，發覺幾乎所有的雇主都是用老闆的心態與外勞相處，

老闆在乎的是我花了 3 萬元用你值不值？我的要求你有沒有做到？若外勞沒做好，比較不會先想是不是他沒聽懂？也不會檢討是不是自己沒講清楚？好像花錢的人是老大，不容許外勞質疑，也沒耐心與外勞相處與溝通，只要求對方照做就對了，其實先不談勞資雙方地位平等的問題，會請外勞是因為你有需要，需要這位外勞幫你照顧家人，幫你做到你自己無法處理的事情，雖然是你花錢，你是老闆，但卻是你有求於他。既然如此，我們為何不能用夥伴或朋友的角度與外勞相處？體諒他人生地不熟，生活習慣差異所帶來的不適應症，如果我們以夥伴角色對待這些夥計，給予體諒與協助，長此以往，您的收獲一定會更豐富。

　　只帶一個外勞是老闆，領導一千個員工的企業也是老闆，如果你不認為你的員工是幫你解決問題、幫你賺錢的工作夥伴，而是領你薪水、花你錢的消耗財，就算還沒發生什麼勞資糾紛，你企業的經營績效最多也就是普通而已，相信這絕不是所有當老闆的期盼的結果。

第 7 篇

產業環境此消彼長

　　大陸市場開放初期，大陸朋友對市場經濟的運作毫無概念，甚至連財務報表也拿不出來，由於缺乏對國際公認會計原理原則的理解，雙方要談合資合作是件非常辛苦的事；但這些往事就像過眼雲煙，如今的大陸早非昔日水準，對市場經濟的理解，比很多外國人更像資本主義者，對市場競爭手段的運用遠比我們台商老練靈活。簡單地說，市場開放前期大陸是以台灣與台企為師，中期他們以歐、美大企業為師，近期顯然已融會貫通走出自己的路，現今無論是國家建設、產業發展、網路科技、數位金融，以致於國際經濟的發展戰略，中國大陸以無比的自信，掌握著全球經貿的話語權，從後段班躍升至前列領頭羊的位置，也不過就是短短的 30 年，對現今 30 多歲的台灣年輕人來說，這是很難理解的事情，到底在這 30 年中間，大陸發生了怎樣的變化呢？

　　中國大陸的變化，可以 2008 年北京奧運為個結點來觀察，北京奧運前的中國，憑藉著地大人多，無疑是個大國，但也紮紮實實地是個窮國弱國，整個國家的發展明顯以 70 年代創造了經濟奇蹟的台灣為藍本，吸引外資與出口創匯成為主要目標，在政府提供租稅獎勵、便宜的勞動力與低土地成本支持下，大陸迅速的由一個落後的國家變成一個世界工廠。

　　2008 年北京奧運後，中國的成長變為由政府的投資拉動，從長江大壩與電信網路的興建，到遍布全國的高速公路與四橫四縱的高鐵網，瘋狂的鐵公基建設遍地開花，加上地方財政與房地產業者的炒弄，大陸以城鎮化為核心，形成了一大批的新富階層，收入大增的城鎮居民，憑藉著強大的消費實力，再次

將中國大陸由世界工廠推向了世界市場之路。

　　其實單從外表的硬體建設來看，中國大陸進步飛速，但骨子裡最大的改變卻在人力素質，30 年前與我們打交道的大陸對手，多是經歷文革黑暗時代、沒受過完整與專業教育的朋友，也對中國以外的世界一無所知，接觸中發現除了羨慕外，他們對外面世界充滿好奇，也對學習新事物充滿了熱情。

　　30 年後的今日，隨著大陸重視教育，與每年大批赴海外求學深造人才的回流，高素質的人才，加上膽大兇悍又具備主場優勢的創業家，為原本巨大落差的中國市場帶來翻天覆地的化學變化。反觀台灣，在經歷經濟奇蹟的黃金年代，1994 年以後整個國家轉由拚經濟，落入講政治的情境之中，特別是在教改大旗下的多元升學方案到廣設大學，居然在生育率逐年下降的趨勢下，將當時的 21 所大學大增 5 倍至 126 所之多，致使教育資源被大幅稀釋，向來台灣引以為傲的高教與技職人才素質開始轉弱，正確地說，在產業大環境反轉前，兩岸的人力資源與素質，早先一步就發生了此消彼長的量變與質變！

7-1　談談停電這檔大事

　　2017 年夏季，台灣的公務機構在實施了一連串的限電措施後，8 月 15 日以一場大停電，將民怨推到最高點，這場 17 縣市

無預警的大面積停電，668 萬用戶被影響到，坦白講，這是我這個台灣人除了颱風天外，60 多年來頭一次遇到的情況。回想 30 年前剛開始出差大陸時，因為當地的基礎建設落後，加上服務觀念不足，百貨商場總是燈光昏暗，晚上 8 點左右就打烊了，多數城市 9 點過後就陷入一片漆黑之中，這讓當時經常往返兩地的我，感覺自己好似在兩個時空中來回穿梭！

隨著經濟對外的開放與成長，當地的電力供應不再是一個問題，記得最嚴重是發生在 2005 年的前後，在大陸這個新世界工廠高速起動下，我們位在廣州經濟開發區的成衣廠，因為缺電不得不實施輪流停電，由於不知情況何時可以緩解？逼使我們必須花 30 多萬元人民幣裝設一台柴油發電機，以解燃眉之急，還好半年後缺電問題就解決了，不過就算在這段電力供應最緊張的時間裡，印象中也不曾影響了老百姓生活的民生用電。

其實台灣會供電不足實屬荒謬，因為 20 年前製造業開始外移，加上人口減少內需不振，用電需求不升反降，怎可能供電不足，而且空汙還日漸嚴重呢？相對台灣電力的日漸吃緊，2006 年以後的大陸就不再發生缺電現象，反倒是治理大規模工業化帶來的霧霾問題，變成了首要的課題，2008 年明顯感受到當地已不再歡迎高耗能與高污染的投資項目，中國的能源政策已明顯往綠能與環保的方向轉彎。

而此刻的台灣，卻因國家定位與目標不清，產業政策不明，當然無法產生朝野一致的能源政策，顯而易見，停電問題已反映出兩岸產業環境巨大的反差，尤其是不僅整個國家的經濟發展受困，連帶拖累國家安全與民生健康，特別是面臨未來智能

化時代的到來，電是一切作為的基礎，沒有足夠的能源，就不可能有穩定的電力供應，國家的未來何在？

7-2

陸企2017大躍進

每年 5 月，財經雜誌都會有兩岸三地 1,000 大企業的排名報導，2017 年這期特別的不一樣，特別之處在產業界出了很多大事，也出現了許多新面孔，特別是來自彼岸。由於會計制度的關係，其實 2017 年的報導，只是反映這些企業在 2016 年的不凡表現，令人更要驚豔的變化，將會出現在 2017 年的年終報表上；事實上，在我寫這篇文章之際，2017 年 11 月 21 日，中國企業「騰訊」市值突破了 5 千億美元，成為全球市值第 5 大企業，是第一家達到這個里程碑的亞洲企業，而僅僅在 2016 年底，騰訊與阿里巴巴，才剛成為全球市值的第 11 名與第 12 名的企業，從騰訊的發展速度來看，當能體會 2017 年，絕對是陸企發展的關鍵年！

這次兩岸三地 1,000 大上榜企業的內容與家數，反射出下面幾個現實變化：第一個現象是大陸產業結構大洗牌，科技企業排名大躍進，一改以往由金融、通訊與石化等國企領銜的排行榜，首次由騰訊與阿里巴巴兩家民企位列前二，加上名列第 8 的台積電，前十大中三家科技業排名較前一年同時躍升，這反

應出華人科技企業崛起之勢已成，並帶動整個中國科技與新經濟板塊的大幅成長，包括：電商、社群媒體、面板、光學、半導體、PCB、物流、社交軟體、人力網站、電動車、安控，到綠能產業，加上華為、小米，及一票當時尚未 IPO 的獨角獸！顯然中國在這個新動能的趨動下，以科技創新及商業創新為首的新經濟企業群，不但打破過去大陸國企領軍的千大排行榜，而且大步揮軍步向國際舞台，相信不久的將來，不只是騰訊與阿里巴巴兩家，將會有更多的陸企會成為世界商戰中的主要玩家。

第二個現象是海外購併的綜效大顯。過去幾年中國企業在國際上大手筆的購併令人側目，除了富豪們大肆購買大樓、飯店、酒莊、城堡、職業球隊外，大型國企配合國家發展戰略，買港口、買礦場、原物料更是毫不手軟，但兩家大陸民企——吉利汽車與美的集團海外產業的購併案例，值得我們台灣產業界好好深思。

90 年代末創立的吉利，是中國汽車行業的第一家民營企業，1988 年，它的首批汽車上市，中國夏利的底盤加上日本豐田的發動機，可說是十足的拼裝車，汽車本身的品質極差。這個中國汽車行業專家們看不起的小老弟，卻也是第一家走出中國的汽車企業，2010 年 3 月以 18 億美元的代價，購併了瑞典的 VOLVO 品牌，這是金融海嘯後中國企業購併海外企業的第一槍。當時業內人士多不看好，因為吉利自己的車子太醜太差，卻娶個大美女進門，很多人都認為吉利是小孩玩大車，沒本事駕馭這個北歐名牌。但吉利果然因此成功轉型成為車市中的高端品牌，2016 年 VOLVO 的全球銷量不僅創歷史新高，也帶動

吉利業績大幅攀升，雙品牌同步發威，讓吉利集團稅後淨利成長超過 48％，兩岸千大市值排名由 2015 年的 397 名跳升到 137 名。也是香港恒生指數唯一的汽車類成份股，儼然成為中國汽車行業的老大，這是中國民企藉海外購併脫胎換骨，一舉扭轉品牌形象的成功範例。

另一家就是中國的購併王「美的集團」，2016 年該集團就連續購併了 4 個不同國家的公司，德國機器人大廠（KUKA）、日本東芝家電部門、義大利空調品牌克萊維（Clivet）與以色列機器人控制設備商高創（Servotronix）。其中最受人矚目的就是庫卡併購案，因為全球四大機器人品牌之一的 KUKA，一向是德國人的驕傲，也是歐洲邁向工業 4.0 的核心企業，美的卻能一舉拿下 95％的股權，並順利通過德國官方與庫卡工會的嚴格審核，看在很多台灣人的眼裡，一定搞不清楚德國人是怎麼想的？但有一點絕對是肯定的，就是德國絕不會因為賣了 KUKA，整個國家的製造能力與科技實力，就此一蹶不振。

美的集團的目標則是非常明確，就是要同時掌握智慧家電與智慧製造，希望成為新科技的工業巨人。事實上，美的 2007 年兩岸三地千大排名 242 名，市值新台幣 861 億元，但今日市值已整整壯大 10 倍，增至新台幣 9,687 億元，千大排名躍升至第 50 名，目前在亞洲已稱得上是個產業巨人，問題是它絲毫沒有任何慢下腳步的意思。

至於台灣鴻海購併日本夏普，堪稱是最具戲劇張力的跨國購併案，經過兩年多愛情長跑的鴻夏戀，終在 2016 年正式修成正果；2016 年 4 月，鴻海集團才取得夏普主導權後，6 個月內

就讓夏普轉虧為盈，不但終結了夏普的連 8 季虧損，而且從營收、毛利到淨利，全部 V 型反轉，至使 2017 年夏普股價大漲273％，遠高於日股 34％的平均漲幅；非凡傑出的表現，讓鴻海千大排名由 33 名上升至第 20 名，同時向市場證明，鴻海不僅能提升夏普的競爭力，更能透過經營品牌，為夏普產品找到更有效率與更能獲利的出海口。夏普購併案的成功讓鴻海信心大增，雖然後來染指東芝半導體部門未果，但在經營實力的支持下，鴻海的企圖心與事業格局，正向未來世界智能整合者的方向前進。

第三個現象是網路業者跨足線下購併成為顯學。2017 年美中兩地，同時發生了零售業的大型購併案，先是美國亞馬遜以173 億美元購併全食超市；年底，中國阿里巴巴以新台幣 867 億元買下大潤發中國大部分的股權，相較阿里巴巴過去買蘇寧與銀泰百貨的不同，這次美中最大的電商企業同年正式進入生鮮市場，生鮮食品一直是電商企業的軟肋，但美、中兩大巨擘的購併，宣告電商由線上跨足線下，全面染指生鮮產業的時代來臨。

而美國迪士尼以 660 億美元，購併 21 世紀福斯影視帝國，等於迪士尼高調宣布進入網路串流媒體，也是對網飛（Netflix）的正式宣戰，隨後迪士尼宣布，臉書營運長桑伯格與推特執行長多爾希將不再擔任迪士尼的董事，因為他們愈來愈難避免利益衝突，也就是說我們很難像以前一樣，明確地去定義一個公司，是不是電商？或是屬於那一個產業？這種由於網路興起與科技創新所帶來的跨業購併，將是企業購併的現在進行式與未

來式。

　　第四個現象是中資企業主宰兩岸三地資本市場，台企進步中顯現隱憂。兩岸三地千大排名中資企業進榜 743 家，台企剛好 70 家，雖比前一年多了 7 家，但連中資企業的 10% 都不到，可見中資企業主宰資本市場的能量有多可觀。2016 年台企入榜家數，雖是 2012 年來的首次成長，整體排名也有所提升，但隱憂也非常明顯！因為除了台股三王（台積電、鴻海、大立光）表現耀眼外，十大台企中其他的 7 家，台塑四寶就占了 4 家，加上兩家銀行與中華電，可說全是老面孔，不是說這些老牌企業不好，而是說理當引領風騷的新經濟，好像在台灣沒能發揮太大的作為。

　　其實台企本身不是不努力，特別是那些總是充滿活力的科技與創新型企業，但受制於台灣外向型的經濟結構，加上官方恐中與保守的鎖國心態，致使空有一身本事的台企，無法運用大陸高本益比的資本市場迅速成長，必須繞道子公司，以被購併的方式結盟中資，或在中國 IPO 以參與大陸市場的未來，相信愈來愈多以大陸內需市場為主的台企，將會循此模式發展壯大，這是中國這個大市場的自然吸力，加上台灣官方的推力，型塑成未來台灣產業的發展趨勢，這無關政治，也沒有對錯，只要是有責任感的企業，就必須不斷為員工的前途謀出路、為股東與企業的未來，找到新市場與新的成長引擎！

7-3

大市場引領產業創新

出生嬰兒潮世代的我們，讀大學時，上電腦課還必須拿著電腦卡片跑到一屋子機器的電腦中心去，而且一學期也只能兩次到機房跑自己的程式；等到退伍進社會工作不久，卻發現有個叫 PC 的新玩意，讓電腦應用變得簡單方便而且高效；隨後又迎來網路世界，加上通訊與相關軟體一日千里的發展，新科技壓得我們透不過氣來，但從 21 世紀起除了科技創新之外，混淆著商業創新的產業創新興起，更是令人眼花撩亂、目不暇及，從 30 多年前初入社會到今日，好像從沒停止學習過，否則就無法快活地融入現實生活中！

其實產業創新可分科技創新與商業創新兩種，台灣朋友比較能理解科技創新，重點是在科學上的創新突破，具體表現包括產品創新與製程的改進上，這類的研發成果就看企業每年獲得多少 IP 而定，也就是說科技創新在全世界都明顯受到專利法律的保護。

傳統上，大家認為歐、美、日等已開發國家，在科技領域居領先地位，近年來中國發展神速，很多傑出且成熟的科技創新的確來自中資企業，例如：深圳大疆的無人機，2014 年就入選全球十大科技產品，其產品主要出口歐、美，占世界消費級

無人機市場的 7 成，同時大疆擁有 125 項無人機專利，是市場老二法國無人機公司的 16 倍。另發明無人飛行船（空浮器），打造智慧城市願景的光啟集團同樣令人驚豔，也是位於深圳的柔宇科技，研發出全球最薄的可繞式面板（Flexible OLED），放眼全球面板廠，目前也只有韓國三星擁有量產這種像紙一樣薄，又可隨意彎曲與折疊的面板，由於面板技術直逼三星而聲名大噪的柔宇，公司成立 4 年估值達 30 億美元，是中國繼小米之後，估值成長最快的硬體創新公司。

至於軟體方面，大陸的表現也不遑多讓，2017 年底 iPhone X 新機採用臉部解鎖功能，立刻將全世界帶入刷臉應用的科技環境中，而北京曠視，這個全球估值最高（20 億美元）的人臉辨識新創公司，座落在全球最狂刷臉城的企業，2011 年成立至今，已超過 600 家的企業用戶，10 萬名開發者使用其技術，曠視旗下的 Face++ 平台是全球最大的臉部辨識平台，2017 年 MIT 科技評論，將曠視的刷臉支付技術選為世界十大創新科技之一，同時排名全球最聰明的公司第 11 名。以上例子明顯表示，現今的陸企已在世界科技領域，就算不是最頂尖的，也絕對擁有一席之地。

商業創新與科技創新不同，它是由經營觀念的改變帶動某些產業商業模式的改變，甚至跑出一些新行業來，但這些新的概念與新的商業模式往往沒有專利保護，大家都能用也都能做，但受到不同地區不同市場的限制，很少是完全照抄而能成功的，多少都要因地制宜或再加上一些新花樣，彼此間看起來很像，但又不完全一樣。

　　比如 Uber 與 Abnb 都是共享經濟觀念下的產物，但一個是租車另一個是租屋平台，誰學誰根本不重要，但後起之秀 Lyft，在美國某些城市比 Uber 還受歡迎，才是重點，同樣 Uber 進軍中國市場，卻碰到強大對手滴滴出行，最後不得不委身下嫁，這才是 Uber 必須要正視的問題。

　　中國在這波共享經濟的浪潮下，跑出了共享單車、e 袋洗，擁有 200 萬醫生的醫療社群丁香園、送餐平台餓了嗎，甚至帶動傳統老行業轉型，如市值達新台幣 1,950 億元最大家具品牌歐派家居、中國最大汽車維修網車享網，都是利用 O2O 模式成功變身的範例，典型傳統的物業管理公司彩生活，更是將商業創新發揮到極致，將原來日薄西山的物業服務生意，轉型為對人、對社區的綜合服務型企業，能在物業管理費 10 年不漲的背景下，讓公司盈利大增，2016 年淨利率達 17％，是大陸同業的兩倍，同時也成為中國管理面積最大的物業上市公司。阿里巴巴沒有一家實體銀行，卻能以支付寶與 200 家銀行與 70 萬家商店做生意，又創設金融科技公司螞蟻金服，將餘額寶打造成中國最大的貨幣型基金，並跨足信貸與保險業務，這都是前所未有的商業創新，而且是很成功的商業創新！

　　科技創新與市場創新既然不同，到底誰先誰後，誰在幫誰呢？其實兩者相互影響，互為因果，兩者同樣重要，兩者也往往一齊出現。通常市場創新會帶給科技創新無限的想像空間，好像商業創新在引領科技創新的方向，但現實上，科技創新讓天馬行空的商業概念落地，科技的進步也會激發更多更瘋狂的商業點子。

例如某台灣科技大廠，很早就自行研發出機器人，但功能陽春，在與對岸騰訊合作改名上市後，立即與京東商城與滴滴出行等服務商合作，變成能提供叫車、送餐與購物的服務機器人。這就是大陸這個大市場的優勢，它提供科技創新無限揮灑的空間，科技創新與商業創新能交互影響，又能相互整合，於是開創出更多產業應用的場景與可能，台灣科技業何其幸運，這個提供我們產業創新出海口的大市場，就在我們身旁。

另外，大市場也會引導大筆資金投入產業創新，有人說那是因為資金太多、資金成本太低所致，但那是表面原因，因為再怎樣便宜的資金都是有成本的，最終還是要追求回報的，真正的原因是中國市場太大，市場夠大就產生足夠的容錯空間，不論是科技創新還是商業創新，常會出現那種東邊不亮西邊亮的機會，而市場規模的巨大體量，自會吸引人才與資金不斷往新創企業靠攏，因為不成功則已，一旦成功，那可是千倍到萬倍以上的回報啊！

有人說創新源自行動，但行動要靠人才與資金，換句話說，巨大市場的動機趨動，才是誘使大陸人才與資金往新創企業移動的主因，也由於市場太大，它不僅會吸引了本國的人才與資金，也同時吸引到外國人才與外資的大量湧入，整個社會與市場自然呈現出一種欣欣向榮、百家爭鳴的態式，這就是大陸這個大市場，眼下給世人的感覺。

7-4

什麼是「新零售」？

　　阿里巴巴主席馬雲堪稱商業奇才，2017 年喊出「新零售」一詞後，為全球電商與實體零售業的變化提供了最佳的注解。事實上，新零售是個模糊與籠統的概念，相對以往傳統實體通路，電商的虛擬通路本就稱之為「新」，但當傳統通路愈來愈電商化、愈來愈向電子商務靠攏的時候，那純電商的下一步怎麼走呢？有遠見的馬雲，適時地提出新零售的概念，同時為電商業與阿里巴巴指出明日方向。但聰明如是的馬雲，現在也沒把握未來電商確切的改變是什麼？用新零售一詞，可表示與現今的舊電商必然不同，但也為日後的改變，提供了無限寬廣的空間，因為不管怎麼變，都可說是新零售的內容變化，換句話說，新零售可以有不同的內涵與解釋，但有一件事是可以確定的，未來純電商的日子是愈來愈難過了，預期新零售的商業概念，將能統領我們零售業很長一段時間！

　　其實從最早美國亞馬遜網路書店算起，全球電子商務的歷史也只有20多年，中國阿里巴巴的崛起則是這十多年間的事情，台灣電子商務起步雖早，但蔚為風潮也不滿 10 年，換句話說，電商盛世言猶在耳，但似乎馬雲已經看到，電商寒冬將至。

　　以中、美 G2 兩大世界市場而言，隨著新科技的風起雲湧，

電子商務的世界似乎總有做不完的夢，各種新的商業應用不斷誕生，亞馬遜與阿里巴巴在高基期下，每年業績仍能保持著高增長，電子商務的勢頭好像並未顯露疲態？但像台灣這樣淺碟型的零售市場，2017 年卻已是殺得哀鴻遍野，電商市場似乎寒冬已至，此時馬雲談新零售，好像不是在提醒大陸同行與阿里巴巴，對台灣電商業者來說，這個話題反倒更當其時。

小電商日子難過可以理解，但台灣以網路家庭為首的 6 家上市櫃電商，除富邦媒的 momo 網外，近年其他 5 家全部淨利大跌，過去打趴實體通路、搶盡風頭的電商，陸續傳出裁員、減薪、易主的消息，整個電商產業彌漫著一股山雨欲來的整併風潮，表面上掀起腥風血雨的罪魁禍首是新加坡電商蝦皮，2017 年入台就強打免運費的價格大戰，但事實上蝦皮好像也沒占到什麼好處，蝦皮母公司新加坡 SEA 集團 2017 年 10 月美國上市，卻毫無上市行情，看樣子蝦皮殺價取量，讓整個電商市場走入紅海殺戮戰場的競爭戰略，並不為投資市場認同。

同樣面對蝦皮的運費補貼威脅，為何富邦媒的 momo 可以獨善其身？重點在 momo 沒有自亂陣腳，跟隨蝦皮的價格戰進行運費補貼，而是紮紮實實地將資金花在自動化物流中心的建設上，砸了新台幣 42 億，耗時 15 個月，總坪數達 5 萬坪的 7 座倉庫，這種深耕自己公司護城河的投資，而不是將資源消耗在市場補貼戰上的做法，讓 momo 全年淨利能大增 8%，且 EPS 創歷年新高，主因其行銷費用占比控制同往年一樣，僅占營業額的 3%，並未如同業搞運費補貼大戰，導至費用大增而獲利大減。富邦集團的資源優勢也是加分因素，因為除了網購，富邦

媒也擁有電視購物頻道，因此富邦媒並非純電商，以經營平台媒合的策略思維、擴大經營品類品項與深耕物流服務，顯然這就是富邦媒的新零售戰略，若日後在 momo 網上，看到賣保單或其他金融商品，應該也是很自然的事。

馬雲說出新零售後，接著很多專家提到「混血電商」這詞，其實早在阿里 2015 年入股 3C 通路商蘇寧雲商，17 年收購銀泰百貨，並完成下市私有化，5 月購入華聯超市 18％的股權，年底時更一舉從台灣潤泰集團手中購入中國大潤發股權，成為香港高鑫零售的第二大股東，這表示阿里巴巴的新零售大軍，早已從線上線下虛實整合，進而走向生鮮食品的高價值服務鏈中，說混血也好，說新零售也罷，反正阿里巴巴用行動顯示，以往戰無不勝的電商，要想持續成功，唯有不斷的改變，從不斷地改變中找到新機會。

事實上，這種變化同樣發生在電商鼻祖的美國，1994 年創立的亞馬遜，從網路書店跨進日用百貨後，將實體通路商打得落花流水，玩具反斗城破產、梅西與西爾斯百貨關店。2016 年 6 月更豪擲 137 億美元收購全食超市集團（WFM），這次亞馬遜出手購併這個擁有全美 400 家連鎖店、最大型的高檔有機生鮮超市，跟馬雲口中的新零售戰略如出一轍，看樣子中、美兩大電商巨頭，英雄所見相同！

但全球最大的零售商沃爾瑪（Walmart），卻證明實體通路商也非全無反擊能力，2015 年底營收衰退的沃爾瑪陷入愁雲慘霧中，10 月 14 日一天內股價大跌 10％，隨後跌至 2012 年以來的新低，不久一連串的結構性改革也隨之啟動；兩年後，沃爾

瑪股價已由 15 年底的 59.92 美元，大幅回升到 99.62 美元，因為最新財報顯示沃爾瑪同店營收連 13 季成長，電商部門連 3 季年增 5 成以上，資本市場的回應，表示沃爾瑪正在往對的方向前進中。

其實面對亞馬遜的壓力，沃爾瑪從開始就不曾掉以輕心，只不過沒找到正確的解方而已，直到 2016 年 8 月以 33 億美金買下噴射電商（Jet.com），藉機延攬其創辦人 Marc Lore（馬可‧洛爾）擔任沃爾瑪電商營運負責人後，一切開始改觀，因為九成的美國家庭原本就住在距離沃爾瑪 5,000 家實體店 1 英里之內，而且早在亞馬遜誕生以前，沃爾瑪就是零售業的巨人，價格便宜是它的強項，沃爾瑪對電商的反擊重點，就是改善時效，並深化價格優勢。簡單地說，就是要又快又便宜，沃爾瑪的策略就是要轉型為實體界的亞馬遜。

眼下沃爾瑪全美已有 1,000 多家店，可以由店送貨到家或到店取貨，預計 2018 年可以全面實施，意即未來消費者在網購取貨上，將擁有更便捷與更多的選擇。而最像電商傾斜的轉變，就是沃爾瑪調高員工時薪，延長員工產假、育嬰假等家庭福利。因為實體零售業一向用很多時薪員工，偏低的時薪導致員工缺乏耐心，服務態度惡劣，現場貨架零亂，每年在美國消費者滿意度調查裡，沃爾瑪經常敬陪末座，顯然沃爾瑪已注意到，加薪可以改善服務，而且良好的服務品質，等於節省顧客的購物成本。

至今亞馬遜的表現好像是個科技企業，因為亞馬遜從網路零售起家時，沃爾瑪已雄踞全球實體零售業老大的位置很久了，

無論品類品項，價格與規模，均相去太遠，亞馬遜只得另闢戰場從時效上著手，因此亞馬遜不得不借重科技之手，在全美各地投資大型自動化的物流中心，對任何可能提高服務時效，與顧客滿意度的新科技都會嘗試投資，因為亞馬遜的目標，就是要成為電商界的沃爾瑪。

電商巨人亞馬遜與實體零售龍頭沃爾瑪的世紀大戰，標示著未來的新零售大戰，將會讓兩者愈長愈像，演變成你泥中有我、我泥中有你的綜合體，此時不再有純電商與純實體零售之分，而是形成有下述共通點的新零售：

特點一，新零售能普遍滿足客製化需求。時下新一代的消費者，無論食、衣、住、行，還是育、樂，生活上方方面面都在旗幟鮮明地表達自己，傳統工業化大量生產的標規產品，完全吸引不了他們，唯有能滿足其個性化的客製需求，才可能獲得這羣消費者的青睞。

特點二，新零售大量仰賴大數據與新科技。為克服客製化服務所帶來的時效問題，唯有依賴大數據分析，在客人下單前就能提前精準的備料，再憑藉智慧生產的超高效率，能同時提供又快又便宜的服務，以滿足消費者客製化的需求，因此，包括軟、硬體的各種科技手段與工具，將會成為催生新零售的重要推手。

特點三，新零售模式下的商品與服務資訊比較透明，而且價格合理。新零售本質上就是電商的進化版，自然承載著原電商業務最主要的基因，就是不需面對面，消費者就能從網上查找到相關商品與服務的資訊，還能貨比三家，消費者較少面對

資訊不對稱的情況，賣方必須將商品與服務內容說清楚，買家也清楚知道自己得花的代價是多少？若消費者心中存疑，自然就不願光顧了。

特點四，新零售必定是線上與線下服務的結合體。純電商標規商品的生意，全球都已殺成紅海一遍，走向零售服務門檻最高的生鮮市場，已是各國大型電商的共識。小型電商除朝專業化發展外，提高品牌價值的體驗服務，是殺退其他電商對手的生存之道，但真正的危機，來自財大氣粗傳統零售業者的反撲，在還搞不清電商是怎麼回事的第一階段，被突如其來的非典型對手打個措手不及；但部分底子深厚的零售商回過神來之後，反倒運用原實體通路的優勢來回應電商客人的需求，因為只要摸清楚電商的套路，傳統零售業是比純電商更有實力，提供虛、實結合的消費者體驗服務，因此兩者間彼此的購併交易日漸頻繁，最終純電商與傳統實體零售業者必然走到一起，都能同時提供線上線下的全方位服務，差別只是服務品類與效率的差異而已。

類似亞馬遜與沃爾瑪的新零售戰爭，將在全球不同市場、不同產業中不斷上演，誰勝誰負也難定論，但不論過程或結果為何？但最終得利者一定是廣大的消費者，因為新零售就是在比拚，誰能真正解決消費者的痛點！

7-5　電商對哪個行業最傷？

　　由於每個人所處的產業不同，消費經驗也大相逕庭，這個答案也往往人言人殊，但撇開產業的差別，我發現電商對經銷商或批發商這類行當的生意最傷，特別是在中、美這種原本高度仰賴中間商角色的消費市場，對那種提供接近標規產品或服務的行業影響最大！

　　十多年前電商起步階段，我身處的大陸玩具消費市場就已明顯感受衝擊，因為玩具基本上是個標規的商品世界，一個世界品牌全部在售商品的貨號（SKU）最多也就是幾百個，其中每年新品最多只占到 2 成，部分經典暢銷款甚至可賣幾十年，而且只要不是仿冒品，所有玩具品牌的正貨，在所有實體店的同一貨號都是同樣售價，這種單純的生意在電商出現後首當其衝，特別是高單價的玩具品項。

　　作為當時世界第一大玩具品牌美泰（Mattel）公司的中國總代理，我們平均售價最高的是美泰旗下的費雪嬰童系列玩具，平均單價多在 200 ～ 300 元人民幣，依當時匯率換算大約是新台幣 1,500 ～ 2,000 元，由於電商不用支付龐大的賣場店租與人事費用，所以同款玩具在電商平台上的售價，可以比實體通路低 30％，2,000 元的商品就省了 600 元新台幣，所以很多年輕父

母會到我司百貨專櫃上挑貨看商品，抄下貨號後到網上下單，美泰公司既不准我司做電商，但又無力阻止經銷商與水貨商網銷，因此我們實體店的生意大量流失。

這種情況也同樣出現在其他同業與類似的產業身上，轉不過來的自然叫苦連天，甚至關門大吉，最近美國玩具反斗城的破產，反映了現實商戰的殘酷。其實在電商出現前，玩具反斗城在中國市場的遭遇，已開始反映它在美國市場的敗象，只是沒那麼明顯而已，玩具反斗城說白了，就是在做實體通路的平台生意，它運用規模優勢以一個超大型零售商的身分稱霸玩具業；它的優勢來自兩方面，一邊是以大買家的身分，向品牌商拿較低的進貨價格與較佳的進貨條件，包括要求免費壓庫存與換貨，同時以大通路商的身分向百貨公司或購物中心談判，爭取優沃的設櫃條件開設大型玩具賣場，一次可以帶給商場超過幾十個玩具品牌與數萬個品項，省去商場個別品牌分別招商的繁瑣與困難，玩具反斗城就是在這樣的背景下獲利，並從美國開店一路順遂地開到海外，但開到中國時踢到了鐵板。

上海是玩具反斗城登陸中國市場的起點，2006 年第一個店開在浦東商業中心的正大廣場，這是個蠻好的起頭，好地點、好商場，加上新穎氣派的賣場，很快地在當地市場刮起一陣旋風，作為 Mattel 中國總代理的我們，業績自然跟著受惠，但不知什麼原因？在那個勢頭正盛的當下，並沒有積極的快速展店，在錯過那段千載難逢的時機後，接下來的開店似乎困難重重，原因在當時中國的大型商場多是國營企業，玩具反斗城雖是個不錯的新業態，但要那些一向朝南坐的商場主管讓利，給出優

厚的進櫃條件那是很難的，何況一線的好商場地段佳、人流多，鋪位寸土寸金，商場寧可多引進一些高毛利的奢華品牌，也不願犧牲自己的利益，因為玩具反斗城要的面積太大，這牽涉到太多單位間複雜的利益問題，事情就難辦了。所以在 2010 年以前，玩具反斗城在中國市場很多分店開得太過勉強，很多是開在地段欠佳的二線商場，要嘛就是人潮不多的新商場，少數開在一線商場的分店則是鋪位太小，主因是租金太貴，200 平方公尺（60 坪）的玩具反斗城，當時在國外是看不到的，店面太小，商品就很難鋪開，品牌欠缺氣勢，生意自然不好，導致整盤生意陷入惡性循環之中。

其實玩具本該賣的是歡樂、學習與成長，但玩具反斗城充其量只是個通路品牌，是個集合各家品牌的大型玩具總匯，缺乏自己的產品與品牌的文化內容，無法讓小朋友產生深刻地情感聯結，它所販賣的玩具輕易地在其他百貨公司就可以買到，還可以同時參加百貨公司的全店促銷，所以玩具反斗城在實體世界原本就活得很辛苦，電子商務的出現，讓玩具反斗城的規模優勢，頓時變成沉重的財務負擔，因為實體店再大，也遠遠比不上電商的虛擬賣場大，加上擁有大批玩具智財權的娛樂集團，原本就占據影視傳播媒體的通路優勢，加上電商平台跨地域的穿透能量，也就是說這些大型的玩具品牌商，可輕易越過它原來的中間商，直接將玩具生動地賣到小朋友家裡，如果你剛好就是那位年營業額上億的玩具批發商，你怎麼辦？

但這次玩具反斗城的破產，尚未波及中國市場，近期還開了數家新店，2017 年底大陸總店數達到 141 家，我個人的看法，

這只是說明中國合作夥伴財務實力雄厚，另外就是中國市場的巨大成長與城鄉差距，緩解了電商平台帶來的壓力，加上新區改造與民間商業地產的澎湃發展，讓中國市場成為玩具反斗城眼下的續命丹。但趨勢明白告訴我們，玩具反斗城從美國開到中國，電商也是從美國紅到中國，接下來玩具反斗城關店，會不會也是從美國關到中國？還是會誕生新生命？大家只有拭目以待了！

　　包括：玩具、奶粉、紙尿褲、童裝、嬰兒用品到嬰兒推車，這些我熟稔的行業，幾乎個個深受電商的衝擊，2013 年退休回台初期，我仍保持兩個月一次回訪上海的頻率，每次與以前合作多年的業界老友碰面，都會被問到一個嚴峻的問題——面對電商浪潮何去何從？

　　面對這類問題通常我會有兩種反應，如果是對方已年過50，那收山享福可能是條最穩妥的路。但年輕人退無可退，唯有正面迎接電商浪潮，因為我的邏輯是打不過就加入他，但如何加入？以何種角色加入？則視你的財務實力與專業背景而定，量力而為是最基本的原則；由於我生意上的大陸朋友，多是業內多年從事買賣業為主的地區經銷商，所以我通常會建議他們，轉型做區域型的電商品牌。不過提醒各位讀者，大陸一個地區經銷商所負責的地盤可不小，通常是半個省或全省，其幅員已是整個台灣的數倍大，他們多半經營財力與人脈都不是問題，可是身為買賣業與品牌商最大的差別，是對產業專業能力的要求大不相同，最困難的是有關商品的開發、生產、定價、服務、流程與策略等一系列品牌經營細節要考慮，生意變得比以往複雜許多，品牌老闆自己要懂，還要能調動一群專業隊伍幫你，

打個比方，做品牌生意才像是在經營一個完整的企業，做經銷商則只是品牌商的一個地區銷售部門而已，所以很多人認為轉型之路，說說容易，要做可沒那麼簡單。

雖然電商平台對實體店為主的大型通路商形成嚴重威脅，但聲譽卓著的品牌商，憑藉卓越的商品內容仍能與電商平台分庭抗敵，但現今面對電商的步步進逼，也必須考慮調整個零售戰略才行，全球第一的運動品牌耐吉（Nike）2017 年 10 月法說會就宣布，未來零售通路的合作商，將從現行的 3 萬家砍到 40 家，這暗示著 Nike 將採大代理商制度，以美國市場幅員之廣，平均一州也就是一家或兩家代理商而已，經過篩選後留下的 40 家代理商，想必絕對是財務實力最雄厚與戰力最頂尖的佼佼者，讓最強的合作夥伴擁有較大的市場舞台，無疑這是一個聰明的決定，因為在區域代理的限制下，實力不一的大小零售商，擠在同一區域市場你爭我奪，惡性競爭下不僅侵蝕合理獲利，反會嚴重傷害品牌。

而且一州之內，市場有肥美與窮困之別，大代理商容易在轄區內機動部署，哪裡開最時尚的高檔店？哪裡合適開 Outlet？公司資源與庫存可以合理的分配與調動，甚至被允許在轄區內網銷，代理商砍到 40 家，但實體的終端零售網點未必一定減少，但網點的分布會較合理，經營的效率因此提高，戰力將更勝以往。

事實上在 B2C 的世界裡，不論是消費品還是講求現場體驗的服務型產業，電商平台的影響無所不在，差異之處只是衝擊大小的不同而已。縱觀所有人的日常生活，無論小孩還是大人、男生還是女生，不分職業，就學、工作，還是如我一般的退休

人士，請問我們離得開所有身邊的實體店，或離得開電商或網路嗎？答案顯而易見，一天都離不開。簡言之，實體通路與虛擬的電商通路，就好像一個人的兩隻腳，從消費者角度看是缺一不可，所以從企業經營者的角度看，如果只能提供實體或電商服務中的一種，那不就像個少了一隻腳的瘸子嗎？這也是為什麼馬雲高喊新零售，認為未來將沒有所謂純電商，必定要走向虛實整合的 O2O 模式，因為現實的人生就是如此。

再說個殘酷的現實，早在電商出現之前，美國很多大型的零售商與品牌商，早就處於苟延殘喘的地步，電商只不過是壓垮駱駝的最後一根稻草而已，他們最大的問題是公司本身的經營出了問題，或是策略面，或是產品面，或是管理面，總而言之，就算電商沒出現，他們也撐不了多久，所以電商來襲並非主要問題，重點是企業自己的經營體質是否愈來愈好？通常本質健康的實體生意，不必懼怕任何新科技與新應用的到來，反而可藉由多年實體生意累積的經驗與優勢，順利轉型成混血電商，不論您現在身處在哪一種行業？

7-6 政府可以如何協助產業？

政府對產業的影響，對我們這一輩成長在戰後嬰兒潮世代的台灣人來說，並不陌生，因為台灣今日引以為傲的高科技與

半導體產業，就是從 30 多年前，政府延攬張忠謀先生回台出任工研院院長，到後來出資成立台積電，張忠謀出任首任董事長至今。再看看近年日本政府百般阻擾台灣鴻海購併日本夏普的過程，都可見到各國政府插足產業發展的明顯痕跡，包括經濟發達的已開發國家，到以計畫經濟為主的彼岸中國大陸舉世皆然，加上在美國川普引領下，導致全球貿易保護主義浪潮方興未艾，這表示政府在產業間扮演著愈來愈重的角色，已是全球無法避免的趨勢！

其實中國政府對產業發展的介入，台灣經驗功不可沒，初期很多做法，均有借鑒台灣經驗的足跡，如經濟開發區與台灣加工出口區同是一個模子，很多稅務優惠與台灣某些產業的獎勵投資條例，不是類似的概念嗎？這是大陸協助產業發展的第一階段，兩岸政府所做的事大多相同。

但大陸在第二階段就表現出不一樣的格局，典型的代表就是上海浦東新區的開發，老一輩的上海人有句老話「寧要浦西一張床，不要浦東一棟房」，可見當年對浦東的開發，很多當地人是有疑慮的！現今回想，要不是 20 多年前的眼光，美國迪士尼全球最大樂園會落戶上海嗎？缺乏浦東腹地的支援，沒有前瞻性的規劃與建設，上海能成為近 3,000 萬人口，持續發展的超大型現代化都市嗎？

加上高鐵與公路網的興建，和全國城鎮化所帶來的相關基礎建設，大批老百姓因舊城改造與新區開發而致富，各地的建設投資雖然引發出資產泡沫，但也同時帶出一票新富階層並推升市場需求，進而促進了整個社會的產業發展與全面進步，這

樣的發展策略，顯然是大陸政府已懂得利用大國條件與政府投資，來興旺地方並帶動民間發展，這與早年台灣蔣經國時代在推的十大建設很像，只不過大陸有著先天地大物博的優勢，加上體制不同，決心要做，自然規模氣勢不同凡響。

　　前述兩階段的政府作為，兩岸大同小異，但大陸社會進步神速，現今第三階段的做法，對岸顯然已超前台灣政府許多，很多還是我們長期待在台灣，沒與大陸深刻接觸的朋友所能理解的，所謂見賢思齊，無論以市場或競爭對手，還是合作夥伴來看待中國大陸，請各位台灣朋友試著用敞開的心胸，去理解下列中國大陸近年來在產業發展上的常見做法，因為不論是敵是友，從市場還是職場，從競爭到合作，了解對方都是必要的功課。

　　中國藉政府平台打造有利產業發展環境的例子不勝枚舉，眾所周知北京中關村是大陸的矽谷，可是十多年前北京市主管中關村的年輕副市長，正為他將調任貴州貴陽市長的新職而煩惱，因為中關村的形成，有八大學府群聚北京首都的歷史背景，而人無三兩銀地無三裡平的貴州，可說是大陸最窮的省份，沒人、沒錢、長期缺乏建設，如何發展貴陽，成為他上任前最煩惱的課題？經過走訪北京的科技企業與專家學者，構建貴陽成為大數據中心的想法，逐漸在他腦海中成熟！

　　略過籌建艱辛的過程不談，2015 年第二季掛牌營運的貴陽大數據交易所，年交易額逾人民幣 3 億元，這是大陸第一也是目前全球唯一的大數據交易所，貴州大數據綜合試驗區不僅吸引了高通、蘋果、富士康、宏達電等外商，也包括：阿里巴巴、

華為、百度、京東等大咖陸企，估計 2020 年大陸整體大數據產業規模上看人民幣 1.36 兆元，當年一位年輕政府官員的夢想，今日已型塑成一個國家的產業戰略，未來透過市場化運作，貴陽大數據交易所，有望成為中國上市的交易所第一股。

當然，政府也絕對有責任參與，並協助產業標準的制定。PC 產業是 20 世紀台灣的驕傲，原本科技領先的日本卻在 PC 產業跌了一大跤，因為日本政府錯估形勢，想自訂規格走自己的路，包括 2G 時代的通訊規格，年紀夠長的朋友應當記得，以前到日本出差要另租當地手機，因為在電信協定上日本自成一格，致使日本在近代科技發展上繞了很長的彎路。

近日台灣科技產業最關心的大事，就是 5G 頻譜的競標，早在 2017 年 12 月底，全球各大電信業者齊聚葡萄牙，聯手公布首版的 5G 技術標準，這標示著物聯網與 AI 時代正式到來，也代表全球一場搶食美元 3 兆 5 千億商機的競賽已然起跑。由於台灣在國際上特殊的政治限制，政府很難直接參與，但透過重量級企業、公會或相關組織，政府當能掌握世界趨勢與進程，也才能制定有競爭力的產業政策，產業強大了就有話語權，國家地位自然提升。

政府更要與時俱進做出政策調整。2018 年 4 月 24 日，香港交易所發布 IPO 新規定，允許上市公司，同股不同權的股權結構設計，顯然港交所一直為當年因此條規定，而沒能留住阿里巴巴在港上市而耿耿於懷，另一個重大的突破，就是允許尚未盈利的生技公司赴港上市。其實政府不花一毛錢，藉改變遊戲規則來引導產業走向，本就是最聰明的高招，美國川普政府推

的稅改方案也是同樣思路，表面上給來美投資的企業稅賦優惠，看起來犧牲很大，但不來投資什麼優惠也沒有，美國人的支付成本是零，如果因此被吸引來美投資，再好的稅務優惠方案，企業還是要繳稅啊，何況新投資也會增加當地就業，並能對相關產業供應鏈，產生巨大的連鎖效益。

　　老實說，藉制定遊戲規則來影響產業，這種無本生意也只有政府能做，特別是像中、美這種大國，因為龐大的市場本身對跨國企業就有著巨大的吸引力，若當地政府懂得借力使力，適時地推出一些對的獎勵措施，這一拉一推之間，自然對創造產業投資效益非凡！

　　談到大市場，舉個中國電動車產業的例子，當今發展電動車已是汽車產業的顯學，各已開發國家不只訂出逐步淘汰燃油車的時間表，也多有對電動車購買者提供補貼方案，但回想幾年前電動車發展初期，全世界都面臨著電池技術不成熟、量產成本過高等問題時，中國政府卻看到電動車是解決嚴重霾害的解方之一，但當時電動車霸主特斯拉還在忙美國市場無暇他顧，中國市場卻有家在深圳的新星小廠比亞迪，野心勃勃全力發展電動車，那時比亞迪的技術實在不怎麼樣，雖然因獲美國股神巴菲特投資而聲名大噪，但初期只能靠品質不佳的低價燃油車求生存，但比亞迪正逢其時，獲得上海市政府支持，消費者購買電動車掛上海車牌免上牌費，從此中國電動車產業一飛沖天。

　　很多朋友搞不清楚，只是個免上牌費的地方政策而已，影響真會那麼大嗎？首先我們要了解收取上牌費是大陸地方政府自己的權限，可收可不收，上海市因為人口激增，為緩解所帶

來的交通瓶頸，一方面廣建地鐵捷運與道路系統外，另一方面就是靠收取高昂的車輛上牌費，來抑制道路上車輛增加的速度，而擁有上海車牌的好處是方便性，因為掛外地車牌的汽車雖可進入上海，但在交通尖峰時段，是不准進入某些高架道路，包括到浦東機場的中環高速，所以掛外地車牌雖可省下 8 萬元人民幣左右的上牌費，卻是非常不方便的，每次開車前一定要問自己：「現在是幾點？可以走那條路？」

這種以價制量的政策效果明顯，2013 年我退休回台時，上海汽車的上牌費已近 8 萬元人民幣，各位可以計算一下，如果打算購置人民幣 20 萬元（新台幣百萬元）的汽車，8 萬元的上牌費等於加價 40％，所以本就是計畫購買平價車款的消費者，就會選擇掛外地車牌，購買高價車款才會選擇掛上海牌，所以電動車免費掛牌的政策一出，就發現掛上海牌的比亞迪電動車滿街在跑了，所以千萬不要小看一個地方政策的影響力，特別是像上海這樣具有全國代表性與領先意義的指標政策。

眼下中國已是全世界最大的電動車使用國，而且比亞迪在全球電動車與插電式油電混合車的乘用市場中，也以 13％的市占率稱王。最近再訪上海，掛著綠色車牌的電動車滿街跑，商場也多設有專用充電站，富人多是開著有 T 字 Logo 的特斯拉，年輕人則是包括比亞迪在內的其他廠牌電動車。自 2009 年以來中國的車市規模已是全球第一，如今進入電動車時代也是第一，日本專家預測未來在電動化與連網化的汽車產業趨勢下，中國車市仍將繼續保持領先。

但政府宜慎選插手產業時機與做法，特別是對那些還不了

解的新事物與新科技，政府需保持高度耐心，不宜倉促插手，坦白說，政府和他的專家代表必須謹慎介入產業，原則上是不懂的不要管，對不成熟的技術與不明確的產業趨勢，不宜過早表態，政府的立場是鼓勵創新，要鼓勵百家齊放，而不是帶頭下注壓寶，哪一種技術會成為日後主流？賭錯了倒楣的可是企業與消費者，絕對賠不到公務員的。

有人說中國電商巨擘阿里巴巴的今日，得利於當年大陸政府的支持，事實上 20 多年前，阿里在西湖草創初期，全世界除老美外，沒幾人了解電子商務，說他能得到國家的協助，那真是太抬舉大陸官員的水準了，不過大陸政府做對了一件事情，既然搞不懂就不會指手畫腳，關注而不干預的態度，讓阿里有足夠的空間與時間，得以快速茁壯。

說到不干預，十多年前阿里巴巴在淘寶平台，做 C2C 生意的年代，年營業規模已達人民幣數百億元，以當時大陸的財政情況，若能加收 17％增值稅率，對政府的財政收入當然大有助益，所以徵稅說一度甚囂塵上，可是最終大陸政府忍住了，根據我當時的觀察，應該是考慮到冒然對電商開徵增值稅，會牽涉成千上萬個體小商戶的生存問題，也就是說 C2C 為主的淘寶網，還承載了當時年輕人就業出路的大問題，政府當然不會想為增加點收入搞出更大的社會問題。不過聰明的阿里兩年後推出了 B2C 為主的天貓平台，不僅改善淘寶常為人垢病的假貨問題，也一舉解決了政府對企業加徵賣方增值稅的困難，所以懂得不該出手時能不出手，這也是一種需要大智慧的政府協助。

對比大陸，最近台灣政府為推動電動機車公版換電站與統

一電池規格踢到鐵版，因為政府方案未曾事前充分諮詢業界，不僅要採行 G 公司的技術規格，還要撥款補助建設 160 個換電站，這種獨厚有國發基金參股公司的方案，激起機車業者羣起反彈，看起來這是個政府不當插手的反例。

主因一，台灣並未掌握電動機車的核心技術；以能源（電池）的發展趨勢來看，目前的電池技術最多也只走到半山腰，一旦石墨烯材料的應用有所突破，當充電幾十秒就可以讓機車跑上幾十公里時，整個電動機車產業的商業模式將跟著改變，簡言之，真正的能源革命尚未到來，何況 G 公司是靠整合 Panasonic 電池技術，發展智慧能源網路，正如 G 公司所稱，它是個能源管理公司，本身並沒有掌握核心的能源技術，換句話說，在電池技術萌芽初期，即由政府出面冒然訂立標準，還計劃用納稅人的錢去建設充電站實屬不智，因為在充換電規格，天下大勢尚不明朗之際，政府實不該出面試圖一統天下，因為政府並沒有具備一槌定音的專業能耐，也沒有左右全球市場、決定未來走向的能力。

主因二，充換電模式優劣未定，業者與能源專家都懷疑，換電模式很可能只是個過度方案，就像 3C 產品的手機，初期大家會買第二顆備用電池來換，但當電池效能提高或充電技術進步到某一程度，我們自然而然地會在睡前接上電源，不再需要更換電池了。就以現實面來說，中國共享換電系統張飛充電，在短期內就成功吸收大量會員，因為張飛充電的服務對象是物流與快遞業者，論件計酬的他們，幾乎是全天騎著車滿街跑，根本沒時間充電，所以適合換電。但回到台灣，廣大的機車族

平均一天騎乘 13 公里，只有短距離的騎乘需求，顯然每天定時充電也就夠用了。

主因三，外銷為主的台灣要緊跟國際趨勢，台灣本身雖是機車大國，但對以外銷為主的機車業者來說，內需市場與外銷相比，如同小巫見大巫，其實業者並不在乎哪種規格，業者的喜好來自市場的喜好，業者主要的考慮是國際趨勢，而不只是台灣自己的想法而已，也就是說，政府的產業政策要能協助業者走出台灣，才是真正的成功。簡言之，政府可以是負責辦賽事的主辦方，也可扮演裁判或啦啦隊的角色，但是千萬不能直接變成參賽的選手，若賽事不公平，最後就會剩下你自己在玩了。

全世界幾乎沒有不利用國家實力「以政促商」的，幾年前中國開始提出的「一帶一路」發展戰略，是大國典型以政促商的範例，看在很多台灣年輕朋友眼中很不是滋味，但現實上大國就是這樣玩的，50 歲以上的朋友大多能記得，以前最擅長搞「以政促商」的老大哥是日本，30 多年前日本經濟地位如日中天的年代，透過亞銀與政府貸款，日企在東南亞與第三世界攻城掠地，那時的日本天天都有海外開發與工程得標的新聞上報，現在風水輪流轉，玩家變成中國了，那是國力消長的變化，當然日本還是有很大的影響力，只是現在的主角換成中國了。

大國創造形勢，小國順勢而為。其實不只是我們熟知的中、日兩國，在玩以政促商的遊戲，包括歐美大國與新興韓、印等經濟體也莫不如此，君不見這些大國的元首出訪時多有龐大的企業團隨行，因為以政促商同時會帶來以商助政，以企業經營比喻兩者放在一起是有綜效的，會產生巨大且長期的戰略利益。台灣沒

法玩這種遊戲，連 FTA 這些大國都懶得與我們談，政府要體認西
瓜靠大邊的政治現實，借力使力與鄰修好，才是善政之道。

簡單的說，平常小老百姓與個別企業，是無法左右總經大
局的，個人職涯與個別企業的發展只能順勢而為，而政府的角
色就是為產業創造形勢，或因勢利導，創造有利產業發展的條
件與環境，以台灣小國寡民缺乏籌碼的角度來說，後者顯然才
是政府施政的重點！

7-7　其實快時尚就是科技業

2015 年秋陪老婆大人去高雄巨蛋漢神百貨公司，逛那裡新
開幕的 H&M 專賣店，看到熙來攘往的人羣，讓我回想起多年
前，上海淮海中路我辦公室樓下，全中國第一家 H&M 店開幕的
盛況。十多年過去了，H&M 這個以「快速時尚」著稱的品牌，
仍然雄居成衣界世界第一的寶座，為何一個在很多人眼裡，原
本屬於夕陽產業的成衣業，卻能不斷演出如此成功的故事，還
造成 ZARA、優衣庫等品牌的競相追隨，形成並引領世界整個
成衣界進入「快時尚」的風潮中！

其實這些以「快時尚」著稱的公司本身就是科技業，他們
雖然不是在賣科技產品，但卻是以完全擁有科技行業的 DNA 取
勝。因為「時尚」本身講究的就是變化，要不斷的求新求變，

而且要求速度是愈來愈快，從每年每季推新款，到月月推新款，更變成週週上新貨，不但要「快」，更需要做到「準」，能夠精準地抓到市場潮流與客人胃口的變化，及時根據變化不斷調整商品，還能快速送達消費者手中，加上精算過的平價手段，因之刮起席捲全球「快速時尚」的旋風。

其實任何產業，只要把「速度」加進去，將「速度」納為商品組成基因的一部分，就會發現它與科技業相去不遠了。這也是有些老科技人常會酸酸地說，有些非常傳統的行業只是加個 .COM 就搖身一變，變得非常值錢，箇中道理就在這裡，當然若只是外表加 .COM，而企業本身的本質沒有改變，那它原來是什麼就還是什麼。

H&M「快速時尚」的成功，就在它能掌握「快與準」這個時尚界的基因，而這也剛好是科技業幫得上忙的地方，要能加快「速度」，勢必要仰賴現代科技的協助，而做得快又要做對事情，那就要靠資料的科學蒐集與分析，才會有精準成功的行銷戰果，但最最重要的成功要素，我認為還是在「人」，內有員工現代化的思維，雖然企業內有不同年代的員工、不同專精領域的同仁，但大家卻能方向一致的與現代社會結合，表現於外的，又是充分執行力的展現，因為現代的經營思維與新科技的運用，多少都會牽涉組織與作業流程的配套改變，顯然這有賴充滿現代觀的一群同仁，願意拋棄成見迎接改變，共同努力才能得到巨大的成功。

換言之，只要一個企業，不論它是哪個產業？只要能掌握「快與準」，勢必成績卓著，領先同業。當然要做到「快與準」，

前提是企業主本身要具備現代化的思維，管理團隊對現代市場
變化的高敏感度，不吝對提高效率與改變現狀不斷的做投資，
就算企業名字後沒加個 .COM，但它骨子裡就是個科技公司了！

7-8 市場換技術是大陸的 先天優勢

30 多年前的大陸經貿官員常跟我聊一個非常令他們苦惱的
問題，因為當時的大陸一窮二白，缺技術、沒外匯，而共產國
家同時要肩負照顧人民溫飽與工業發展的責任，雖然想改革開
放引進外資，但自身條件不足，加上明顯那時的外資信心不足，
改革初期效果不彰，舉步維艱。

當時因為代表公司經常往返兩岸洽談業務，比較有機會與
擁有權力的大陸公務員聊天，對他們官員一心一意想靠外銷創
匯的想法，我提出幾個看法，認為大陸以當時的技術水準做不
出國外要求的產品，生產效率完全不具價格競爭力，因為大陸
本身整體工業水準與產業配套與國際相差太遠，但大陸人口多、
市場潛力大，龐大的市場規模自會吸引有遠見的外資到中國設
廠，所以開放內需市場是第一步，外資的投入將會逐步提升大
陸的生產工藝，完善產業配套，帶動產業整體的管理水準，雖
然沒能立即直接創匯，卻能替代國外進口，減少國家外匯的支
出，也是一種間接的創匯。

　　舉個親身的經驗，當時我轄下電子部門有個做連接器的關係企業，到大陸山東臨沂訪廠，看有沒有可能機會合作？但一談下來，他的報價就是我們當時的出口價，原因在他們的設備雖然 OK，但良率與開工率太低，工廠員工每天中午要回家睡 3 個小時的午覺，這些無效率的成本全部涵蓋在他們的報價當中，自然沒可能向他進貨，但最後生意還是做成了，變成由我們賣整廠出口給對方，這就是大陸當時的處境。

　　但顯然「用市場換技術」這招確實有效，最早的 10 年在工業部門，中央用半強迫的合資合作法，將外資與國企或陸企硬性捆綁在一起，無形中逼使外企必須將技術移轉中方合作夥伴，加上地方政府大搞工業區開發與租稅獎勵，成功地達到築巢引鳥，吸引外資的目的，這也墊定了日後大陸成為「世界工廠」地位的主因。

　　第二個 10 年裡，商業領域開始開放，各位要理解對大陸而言，這是多麼巨大的一步，因為對共產黨來說，自來就是重工輕商，商業就是奸商的代表，他們向來就有將這種東邊買貨西邊賣的貿易行為稱為「投機倒扒」，認為這是沒有附加價值，也不需要什麼經營學問的低級商業行為，所以自其建政以來，即建立了政府的供銷社體系，負責市場的分配任務，一直到改革開放後，才開始試圖去了解與接受西方的商貿體系，在逐步開放外資進入大陸的流通與零售領域的同時，大陸對現代商業管理的理解與進步一日千里，依仗大陸龐大內需市場的背景下，傑出的陸企孕育出超台趕美的世界級電商產業，台灣花了 50 年努力才達到的經濟成就，大陸僅花了 20 年就趕了上來。

　　坦白講，這就是大陸用市場換技術，以市場吸引投資的手段奏效的結果，租稅的減免獎勵與便宜的土地，每個國家都做得到，但愈來愈富的 13 億人口帶來的巨大市場，是先天自然存在的優勢，也是各國企業夢寐以求的市場；近年台灣的出口嚴重衰退，大家都在怪大陸紅色供應鏈的崛起，其實大陸經濟本身也面臨下行壓力，出口減少自不在話下，但進口掉得更多，這除了大陸本身經濟成長放緩帶來的內需減弱外，其中另一半的原因就是大陸本土很多產業，自己的供應鏈已經成熟，短時間它對台灣出口歐美，未必造成立即性的威脅，但卻對當地產生巨大的「進口替代」效應，這也是為什麼大陸的進口會巨幅減少？為什麼台廠出口大陸會不斷降低的主因。

　　以我們熟悉的電子業來說，面板、半導體、軟板、被動原件、IC 設計等所有零組件，這種「進口替代」效應都在發生中，紅色供應鏈的崛起是個原因，但問題不是現在才開始，也不是只有電子業與科技業受影響，製鞋、成衣、紡織、石化……等行業不是早就被進口替代掉了嗎？舉個台灣一直不擅長的汽車業為例，大陸一年近 2 千萬量的轎車市場，高檔車雖然還是來自進口，但中、低級的轎車早已被當地生產的國產品牌與外國品牌給取代掉了。這就是身為世界市場的大陸所擁有的優越條件，不是每個國家能複製出來的。

　　有些天真的朋友認為，如果我們台企不到大陸投資設廠，大陸就無法取得先進技術，那它只有繼續向我們進口；事實上，台企不去，還有一大堆的外國企業等著進去，就拿台灣市值最高的台積電來說，三星與英特爾也是大陸可以合作的世界級對

手。連投資銀行這種外來的新事務，大陸也以用市場潛力誘使美國某大行，合資成立了中國的第一個投行，數年學到本事後，他們又琵琶別抱，與華爾街的另一家大行合作。簡單講，這就是做生意的無奈與現實啊！

其實很多台商早已看穿了這種現實，例如為數眾多的車用零組件廠早已在大陸市場深耕多年，也早就打入大陸的車廠與外國車廠的供應鏈之中，他們也是在做進口替代的生意，就是用當地生產供應當地需求，來替代掉從台灣進口、日本進口或從美國進口等等。

也就是說，從總體經濟學的觀點，我們看到的是大陸進口的減少、台灣出口的下降，但從個經企業的角度來看，很多台灣企業的生意卻是上升的。說穿了所謂紅色供應鏈無須那麼緊張，因為有些是台商自己染紅的，而且這些能打入當地市場供應鏈的台企，他們最棒的就是對事業的定位與策略規劃，從一開始在大陸投資設廠，就不是只將這個工廠當做一個純做外銷的生產基地，而是能預先洞見大陸的高速發展，成功地提早布局大陸國內市場。

台灣有幸早大陸 30 年拚經濟，所以能在地狹、人少、資源缺的情況下，得以在上半場以較大的技術優勢與治理水準領先對岸，但現今的大陸已然覺醒，陸企在政府與現代科技的助力下超英趕美，特別在這新的世界市場成型、成勢的壓力下，兩岸間企業的競合關係發生了很大的變化，台商在大陸的事業格局必須拉大，設法融入當地，將大陸當做台灣主場般經營才有未來，而且不只是對大陸，將來對待東南亞與印度也應該是一

樣，因為他們與大陸很類似，像他們都有個龐大的內需市場與
同樣的成長路徑，用市場換技術，以市場來吸引投資，將是他
們必然的手段。

企業成敗與產業空洞化

　　企業的經營向來只有成敗之分，而沒有產業空洞與否的問
題，台灣很多學者憂慮很多台企海外設廠，認為這會造成台灣
的技術外移、人才出走與資金外流，事實上這是太過杞人憂天
了，可以說台灣產業從來沒有空洞化過，有的只是產業中此起
彼落的企業興衰變化！

　　隨著國內外投資環境的丕變，企業基於比較利益的原則，
調整其海內外的業務布局，本就是理所當然的事情，就像早期
所講的雁行理論，作為領頭雁的日本 20 多年前將原本在日本國
內的製造業務轉到台、港、韓生產，十多年前又有很多生意轉
到了大陸與東南亞，這種將在本國生產已無競爭力的業務，轉
往他國的做法根本不是流失，因為在今日經貿國際化的時代，
不懂得全球運籌的企業，在 21 世紀是沒有競爭力可言的。

　　當然業務創新與產品升級是保住核心競爭力的關鍵，但不
是所有產品都合適留在國內生產，強將低階產品或勞力密集型
的訂單留在台灣製造，別說拿不到訂單，就算有訂單，也找不

到本地工人做啊！這種對本土就業本身就幫助不大的生意，發單海外哪是出走？事實上精明的企業家本就將高階產品的研發與關鍵業務留在國內，所謂技術外流、人才出走根本就是多慮了。

另外，部分人士認為「台灣接單，海外出貨」的模式，無助台灣經濟與年輕人就業，其實這也是一大謬誤，要知道缺少了海外製造產能的挹注，整體業務量會掉一大半，缺少了經濟規模的支撐，不但進料成本大增，也無法支持企業長期高昂的研發費用，公司會因之愈做愈小也愈弱，這才是對台灣的大不利啊！而海外設廠當然會大量雇用當地勞工從事基層工作，問題是這並沒有搶到台灣年輕人本就不想做的工作機會，當地大部分的白領幹部與全球運籌業務同仁，十之八九必是台籍員工，業務國際化與全球化的結果是會大增白領與經理人的職缺，這才是真正幫助到台灣年輕人的就業啊！

不只是高度國際化的科技公司如此，就拿我們百年傳產業、上市企業中的紡織股王、股后來說，不就是靠著台灣的跨國運籌能力與海外布局，成為全球成衣供應鏈霸主嗎？再看看全球市值最高的美國蘋果公司，不是靠著其傑出全球供應鏈，才得以成就其今日大業，如果美國政府強行要求蘋果將所有的生產工作必須在美國完成，以幫助美國人的就業，你認為蘋果公司還可能會有今日傑出的成就嗎？

其實台灣人才的流失，向來不是企業海外設廠的主因，像最明顯的大學教授與醫生這兩個菁英階層，根本原因是台灣自身專業領域的不斷惡化，政治當道與專業退位。請問這些菁英

中的菁英，他們的出走與企業設廠海外有何關係？他們是對台灣這片土地失望，是厭惡台灣政治的紛擾與互鬥，是不滿我們政客的失職與無能，是憂慮國家沒有目標與方向，他們是懷抱著嚴重的挫折感與失望心情出走的，這些頂尖菁英的遠走他鄉，才是對我們國力的一大傷害，絕不是我們政客利用仇富心態，推到企業海外設廠，造成產業空洞與影響就業的說法，政治紊亂才是社會進步與產業發展最大的障礙。各位，應該說改變政治亂象與仇商情結，就是在改善我們台灣的投資環境與就業環境！

7-10
大陸產業的軟肋

2018 年至今，全球經濟最大的事情，就是由美國川普掀起的中、美貿易大戰，隨著開戰進程的發展，戰況愈來愈激烈，波及的產業與捲入的企業也愈來愈多，台北股市每天的行情也跟著上上下下，讓眾多台灣股民的心情如坐針氈！

事實上，美國絕對是有備而來，打著「讓美國再次偉大」的口號，感覺上是要全面樹起保護主義的大旗，實際上主要目標就是中國，看它對鋼鋁製品的懲罰，先是對全球宣戰，接著再搞一個豁免清單。對鋼鋁行業的制裁也只是前菜，隨後對科技業下重手才是主菜，隨著這道菜上桌，台灣科技業變成了這齣戲的最佳配角，不論我們是否願意，台灣與眾多台商已被迫

參戰了。

　　傷敵一千，自損八百。國際貿易就是國與國間比較利益下的產物，川普這位華頓商學院畢業的總統不會不懂這個道理，所以貿易大戰開打，傷敵一千，當自損八百，但川普還是執意要打這場仗，相信他有不得不打的理由，也相信除了川普本人外，美國政府中贊成開戰者也不在少數，因為中國半導體業的發展，早已讓老美深感威脅，應該早就在盤算反制方案了。

　　反擊中國的科技大咖令美國晶片大廠尷尬，因為中國市場巨大，全球半導體年營收約 4 千多億美元，其中大陸的訂單就超過了 5 成，美國半導體業者雖也擔心中國對手坐大，但那是以後的事，眼下龐大的生意可不想丟了。

　　其實美國政府的立場是來自國家安全的考慮，因為半導體是航太、軍事、國防等產業的基礎，又是未來 5G 與 AI 發展的核心關鍵，中國每年花大錢進口半導體不是重點，真正令中國政府不安心的，是不能坐視這種關鍵能力長期掌握在老美手裡，這種高度的不安全感，讓中國政府明明白白地訂出半導體的產業政策，希望 2025 年以前晶片自製率能達到 70％以上。所以川普必須拿科技業開刀劍指中國，因為那是國家安全與國力消長的關鍵，就算自傷八百，川普也只有認了！

　　以發展情況來看，美國的制裁方案似乎蠻有效的，雖然長期影響很難說，但短期來講，顯然已捏住中國的痛點，事實上老美也知道中國絕不會坐以待斃，針對自己的軟肋，中國從不掩飾自己的焦慮與因應之道，不過多是需要時間的中、長期策略，老美可不想給中國充分的時間，而且一次的制裁方案，美

國也知道不可能就此將中國完全打趴，但若能打亂對手步調，遲滯整個中國科技的發展進程，那老美這次貿易大戰的戰略目標就算達成了。

這次的制裁方案，不禁讓大家連想到 90 年代老美對日本的制裁，那時日本是美國半導體產業最強大的對手，當時的美國三管齊下，一方面由業者出面控告日本低價傾銷，一方面政府出面逼迫日本開放市場，加上廣場協議日元大幅升值，一連串的重拳，將日本半導體與科技產業打趴至今。

但中國情況不同，基本上中國半導體市場已對美開放，還是美國晶片業者最大的外國市場，眼下中國在半導體產業缺芯少魂，完全沒有技術優勢，中國的優勢是在全球最大晶片的市場地位，所以當今的美國並不是憂慮晶片賣不進中國，而是擔心賣太多了，因為大陸的科技應用，在這些核心晶片的支持下進步神速，美國政府其實不怕少做點生意，是怕中國崛起太快，危及美國日後的獨霸地位，這個二戰後獨霸全球的強權，主要的本事就是領先全世界的科技創新實力，他不可能容許世界上有另一個國家在科技產業上與其平起平坐，而且還要與最主要的對手間，保持一定的安全距離才行，但要拉開到什麼距離才令他放心呢？問題就很難回答了，恐怕當事人自己也說不清楚。

中國很了解自己科技產業的短板，但可能沒想到連美國也那麼了解他的弱點，出乎大家意料的是老美出手那麼快、那麼準，又那麼狠！雖然雙方可能透過諮商留有餘地，但中國經此一役，絕對會加速自主研發的力道，這場貿易大戰不會善了，中國的犧牲代價恐怕也不小，但 20 年後回首這次貿易大戰，多

數中國人會感謝老美這次出重手，因為唯有壓力夠強大，才能逼使自己痛定思痛，相信破斧沉舟後的中國政府與科技業，未來絕不會再給其他國家，有掐住其脖子的任何機會。

　　台灣科技產業在這此中美大戰中，無法完全坐壁上觀，但要如何自處，才能安度關山？坦白講，對台灣科技大廠來說，這是很需要傷腦筋去處理的問題，因為政府立場親美，而且科技產業向以美國為師關係密切，但中國市場又勢必爭取，且扎根已久，進退之間稍一不慎，企業未來很可能遭受巨創。

　　基本上企業要脫離這種險境，就是不要選邊站，就算我們自認是美國盟友，老美也常玩以台制中的把戲，但老實說，美國根本不重視台灣，這次鋼鋁制裁也沒放過台灣就是明證，而台灣科技企業，多同在美、中、台三地耕耘多年，早已在三地形成互補的產業鏈關係，台企既是晶片的買方，也是賣方，可能是設計者，也是生產者，某些場合是競爭者，更多時候又是合作夥伴，所以如何運用中、美兩強較勁時機，使得台灣半導體產業的價值脫穎而出，要利用這場中、美貿易大戰，變成台灣科技產業再造的機會。

　　其實天下大勢，合久必分，分久必合。歷史提醒我們，天下大勢總是因大國玩合縱連橫的遊戲而變，天底下沒有永遠的分，也沒有永遠的合，分分合合，端視彼此間的利害關係而定，為什麼說台灣不要選邊站？因為台灣是個小國，中、美兩強之戰，誰勝誰負？對我們都沒好處，最慘的是兩強床頭吵床尾和，台灣若因明白表態，而變成雙方僵持不下或握手言歡下的犧牲品，那就太不值得了。

　　眼下中國電子與科技產業雖然技術能力不足，但長期發展勢頭只會愈來愈猛，因為中國的市場地位與資金能力，讓他具備了自訂 5G 規格的能力，就算美台企業不支援，也會有日商、德商與韓商等他國企業與其合作，如台商不小心走到棄中挺美的方向，必將逼使中、韓結盟，眼下南、北韓已朝政治合解之路邁進，再加上中國市場的加持，且就算台商拒絕合作，也不表示擁有高階技術的台幹不會被挖走，台灣在全球科技產業的地位勢必重創。

　　而美國領導人的政治風格，一段時間後總會由鷹轉鴿，加上產業界與中國市場錯綜複雜的緊密連結，特別是科技業，美國科技巨頭不可能長期與中國不相往來，再說台灣科技產業若少了中國這塊市場拼圖，未來在全球科技發展上，將逐漸喪失舉足輕重的地位，這關乎整個台灣的生存，必須提醒台灣科技業的朋友，值此中、美貿易大戰之際，千萬別捲入政客們的政治算計之中，科技產業絕對是個全球化的世界盃競賽，最佳戰略應該是友美和中，多一些盟友，多一分勝算，也多一分底氣，更為企業爭到一片未來。

7-11　兩極化的台灣服務業

　　30 年前，大陸對外開放的前期，大陸服務業的水準令人不

敢恭維，商場的商品都是鎖在櫃子裡面，拜託店員拿出來看看，可是要看她高不高興，看了不買肯定不會給你好臉色。到餐廳用餐，服務員會將餐牌準確無誤地丟到你面前，餐具多是坑坑挖挖，少有完整乾淨的。但今日的大陸市場，已是與昔日有著天差地別的不同，若非這些年親身經歷，實在很難想像大陸的改變與進步是如此的巨大與快速！

可是，這幾年退休回台，卻感覺台灣內需產業的服務水準不升反降，其實好的不是沒有，像台灣的便利商店，就創造了全球最佳的服務典範，像 IKEA、MUJI 等國際品牌，也以全球一致的服務規範，提升了本地產業的服務水準，但為數眾多占到80％的中小企業卻是不上不下，做生意往往只提供半套服務，所以拉低了台灣整體的服務水準，至少在某些領域相對彼岸，已呈現出服務意識落後與服務動能低下的窘境。

舉個兩岸具體對比的例子，由於高雄水質不好，去年花了近 2 萬元選購了一個歐洲品牌的淨水器，銷售人員說明每 2 個月左右要我們自己換濾心，但濾心很容易買也很容易換；訂貨後不久，廠商就上門安裝了，我們就開始享用甘甜可口的自來水了，可是兩個月後要換濾心的時候麻煩事來了，買濾心的確很容易，但我與我太太搞了半天根本無法更換，不得已打電話向廠商求救，經過溝通廠商發覺當時初安裝後，忘了將一個專用把手交給我們，於是廠商的服務人員跑了一趟，幫我們換了濾心，同時也將把手留給我們了。

再過兩個月再一次要換濾心，按照廠商之前的指導，我們一步步的照表操課，但努力多次依然失敗，但這次正逢我身高

180cm、22 歲在美國唸大學的兒子放假回台，心想找他幫忙總沒問題了吧！但結果是這年輕大個也對它沒輒，這時我太太只好再次撥打廠商的服務電話請教，我們有個疑問所謂「容易換濾心」，到底是多容易啊？我們不太相信，我們是唯一遭遇這種麻煩的客戶，能否請廠商定期來家裡換濾心，連工帶料我們願意付費，廠商回答如下：我們服務人員出動一次至少收費 800 元，濾心另計，因為我們人員的成本很高，我在心裡很快的心算了一下，哇！這種收費一年不就要 6 千多元，3 年就可以買個新的淨水器了，做了 30 年生意的我只得說聲謝謝。接下來我們花了點工夫，聯繫到社區附近賣淨水器的小店，很快的達成連工帶料，一趟 500 元的協定，當天下午這個店的老闆就上門把問題解決了。

回想之前在大陸是這樣子過的，因為上海的水質較硬，所以十多年前，家裡就裝了逆滲透，廠商的服務人員定期會先來電約好時間，然後提供上門換濾心的服務，而且只收材料費，更令人吃驚的，是當你要搬家的時候，廠商會免費來幫你將淨水器換裝到新的住房，並接續提供換濾心與長期的保固服務。

難到上海的廠商是在虧錢下提供這些服務嗎？當然不是，做生意的老手都知到賣耗材的利潤，遠高於賣設備本身，服務路線與時間又可根據客人分布，做事前有效率的安排，而且這是源源不斷的生意，正常情況下，也會順利拿下日後設備更新換代的新訂單，同時全程掌住客人的動態變化，廠商只需將服務做深一點、增加一點成本就能真正解決客人的問題，拿到客人的長期生意，何況這項服務的本身，還是穩賺不賠的高利潤

生意。

　　兩相對比，察覺台灣大多數的中小企業，是用成本的觀念來計算服務，而且是以獨立個別的角度來看服務，提供這項服務要增加多少成本，加上期望利潤，應該收費多少才值得提供這項服務。顯然上海的廠商卻是用「完整行銷」的觀念來做生意，藉深度的售後服務，將客人牢牢地掌握住，甚至是寵壞客人，體貼到讓客人離不開你，讓客人產生百分百的依賴感，如此老客人不會走，加上新增的客人，請問生意是不是愈來愈多？簡言之，現今大陸很多廠商相對台廠，似乎更懂得用服務來擄獲客人的心，真正用長期的角度來做生意，反而是眼下很多台灣中小企業還是以「一單一單」的角度來做生意，誰上誰下？誰有未來？結果一目了然。

　　當然台灣社區巷弄裡的街邊店，憑藉熱忱態度與價廉物美的服務，彌補了一般企業不足的服務，遺憾地是這種服務，多半是基於街坊鄰居間的地緣情愫，並未能將服務形成一種專業化與標準化的做法，這類小店人手不足，服務半徑受限，憑著老一輩店主對生活的熱愛，往往會提供些不計成本或自己覺得高興的服務，雖然衣食無缺收入尚可，但生意有限，年輕二代若能將專業化與制度化的企業精神，注入於「服務」之中，相信假以時日，隨著這些街邊店業績的增長，帶動企業規模的成長，台灣內需產業的整體品質，也必然因之提升。

　　吸引社會目光的大企業，因為樹大招風，對提供「服務」的得與失，很是敏感，也能計算出該做沒做的後果有多大？所以大公司售後服務的問題較少，但為數眾多的中小企業，為何

長期積弱，無法長大？其實就是沒在重視「服務」這塊，做生意是一年年在看，很少在看 20 年、30 年的，只計算服務的成本，沒計算服務的效益，不但沒將「服務」當做市場攻擊的武器，也缺乏競爭意識，不太懂得利用「服務」來做差異化競爭，究其原因，可能是台灣市場太小，又缺乏成長性，無法誘使中小企業有足夠動力去做深「服務」，大環境如何我們改變不了，但改變對「服務」的看法與觀念，就能改善生意，卻是我們個別企業做得到的。

　　首先，做生意有個基本邏輯，一個企業營收的多寡來自兩個變數，就是客單價與客流量，意即：總營業額 = 平均客單價 x 客流量。

　　其中客流量受制於一個市場人口、消費能力、市場定位與經營模式。客觀環境人口的多寡與結構，先天就決定了你所處產業的市場規模。經營地點、消費者的收入水準與消費習性，左右你生意的市場定位，這些決定客流量的因素，都是你生意啟動前，就該搞清楚的事情，所以提高客單價，就變成往後你生意好壞與利潤多寡的關鍵了。

　　但客單價要能拉高，對客人來說絕對必須是有基之彈，也就是不要妄想在產品內容沒有實質改進下，利用表象的包裝改變或僅憑一些行銷手段，就想忽弄客人，達到提高售價的目的，就算有效，最多也只是短期效果而已，時間一拉長，客人定會察覺這是種沒有提高價值的漲價，這種被欺騙的感覺，反而會讓你加倍付出代價，所以漲價一定要有理才行，而且這個理必須是從客人的角度來看，必須是能解決客人問題，確實是他需

要的改變才行，不能說我的成本就是那麼高，所以你就該付那麼多錢，要知道客人沒理由，因為你的無效率而付出高價，客人願付高價，只是因為你能滿足他的需求與渴望。

　　由此衍生出另一個經營邏輯，就是不完整的服務難賣高價，有限的服務，生意也做不大。但企業初創時規模太小，志向遠大卻無力負擔很多想做與該做的服務，這種壓力其實就是創業過程中最大的考驗，此時必須面對現實，口袋不深的中小企業量力而為，逐級而上是務實的做法，但在公司逐漸壯大之時，千萬謹記自己當初創業時的理想，別一旦有些成績，就拋棄了原本賴以成功的初心。在正確擁有合理的經營邏輯後，下一步就是探究出進一步的經營觀念，如何將「服務」導入生意當中，使之成為自己事業成功的堅實基礎，因為台灣中小企業成長的瓶頸，大多是搞不清什麼叫做「服務」？

　　觀念一，服務是商品內容的延伸，是商品本身的一部分。商品本身的好壞雖然是關鍵，但交易是否成功有賴買賣雙方人的接觸，購買過程是否愉悅，絕對影響生意能否成交？就像你到一個菜做的很好的餐廳用餐，餐點很棒，但用餐過程或用餐環境很糟糕，相信這絕對會影響你再次光顧的意願。

　　觀念二，商品販售本身也是一種服務，但販售商品真正的目的在解決客人的問題，或滿足客人的需求。做生意難免碰到衝動型的客人，加上某些業務口才佳銷售技巧好，但商品本身是否真正如他所說的那麼好？利用誇張的詞語或模棱兩可的說法，與產品標示不實是一樣的，會誘使客人做出錯誤的購買決定，這本身就是一種欺騙的行為，相信這種服務態度，應當不

是很多生意人的初衷。

觀念三，售前服務是一種宣傳與行銷，售後服務則是一種「完成交易與責任」的表現。好商品，加上良好的售前服務，能成功的做到生意。但體貼周到的售後服務，才會真正令到客人感動。商品的包退包換與資產類商品的保固服務，其實只是其中最基本的服務，要知道開發一位新客人的成本，是留住一位老客人的好幾倍，讓熟客幫公司宣傳，是最好的口碑行銷，這也是現今粉絲經濟核心價值的體現。

觀念四，真正服務的效益是能價值化、價格化與數量化的。中小企業不像大企業般重視服務，主因在不知道如何量化「服務」的效益！其實從經營數字，即可輕易做出測算，比如最近 3 年你生意的營業額的增長率？新客與熟客的比例？你同行的水準是多少？你與同業的產品與服務相比，有何優、劣勢？這中間的差異，可能就是服務的差別，如果缺乏同行資訊來做比較，可用自定的目標來分析，為何業績遲遲達不到自己的目標？與比我們好的同業相比，我們的服務到底差在那裡？特別是那些比我們賣得貴，生意又比我們好的同業，他們是怎麼做到的？

千萬記住，每個企業都能玩「價格競爭」，但不是每個企業都能做出好產品，包括貼心的服務內容，但只要能真正洞悉客人的需求，拿得出一套合理連接客人需求的服務手段，你自然就能賺得比別人多，也比別人賺得輕鬆。很多成功的企業家經常講，事情做對了，錢就自然賺到了！

那什麼是對的事呢？就是做生意的人要讓自己的事業，進入一個良性經營循環：

服務提升→價值提高→生意成長→獲利增加→雇用更多更
好的員工→提供更優質的服務→生意更好→給員工加薪→
服務更好

　　這樣的公司，不就是會讓客人滿足、員工歡喜、股東高興
的幸福企業嗎？我們的社會多些這種企業，食安問題自然絕跡。
企業無分大小，生意不分行業與貴賤，目的都只有一個，就是
解決客人的需求，若台灣從夜市小鋪、街邊小店、中小企業，
到上市大公司，都能以真心實意來提升對客人的服務，我們就
做到從供給面改善了台灣整體的營商水準了。

7-12
不斷進化中的陸企

　　2017 年底，台灣某週刊的封面標題是「新物種企業大爆
發」，怎麼會將企業形容為「物種」呢？待細細讀完這篇專題
後，非但解去我心中疑惑，而且深感這個比喻是恰到好處。因
為我們傳統上對陸企的認知是狼性企業，狼行動敏捷而且嗜血，
在商場上就是追求快速致富，而且是暴富，但這篇文章反射出
如今的陸企，至少是部分陸企，與我們原先想的大不相同，好
像比大多數的台商更有耐心，也更有觀察力與遠見，而且能不
斷的改變與調整自己，以適應世界新的變化，就像一種不斷進
化中的物種一樣！

　　這篇文掌提到陸企有三個明顯的進化現象：一是利用數據做決策，二是業種混血，三是關注人，而非科技。文中除了阿里巴巴這個大家耳熟能詳的企業外，讓人吃驚的是另外兩個範例，以物業管理與服務為主的彩生活集團，及中國最大汽車O2O維修網（車享網），這兩個企業基本上是在服務社會上最主要的有產階級，也就是這些資產人士，幾乎隨時都可能需要某些服務，但在台灣除了對富豪階層外，一般情況下並沒有企業或對一般普通的有產階級，提供這種快捷便利與令人信賴的服務，普羅大眾面對很多生活瑣事，大多數時候除了熟人介紹外，往往還是要仰賴幾分運氣，才能真正解決問題。

　　很多人將上述兩家企業歸類為新創企業，認為他們的成功是懂得利用數位工具與網路平台的結果，事實上，他們只是在一個極其傳統的老行業中，將服務標準化與資訊透明化兩件事做到極致，當然科技手段在中間幫了大忙，為什麼做好這兩件事，就能讓他們在產業界變得如此傑出呢？

　　要訂出周延的服務標準，一定要懂產業、懂客人，不只要精通行業專業，也要能深刻理解客人的痛點，才能將相關維修內容、維修零件、維修工序等說清楚，並定出合理的計價與標準的收費方式。然後就是以方便理解的方式，與客人充分溝通，這部分就是資訊透明化了，這兩件事做到位後，自然就取得了客人的信任，生意也就絡繹不絕了，重點是要做好這兩件事並不容易，沒有長時間的持續投資與搜集數據，不可能做出輕易讓客人買單的服務。

　　像彩生活用了9年的時間才標準化各種維修服務，同時讓

員工學會送米送水，培養服務意識，再用 3 年時間，讓用戶習慣用 App 開門鎖與繳費。車享網則花了 4 年時間，打造出從預約維修服務、收費標準化到維修流程直播，車主可以點評的全套 App，不只是酷炫的線上平台，花大錢自建 1 千多家實體服務門市，紮紮實實地將線下的維修服務，按線上標準化的步驟與價格去執行，所以才能在 4 年間達到 200 多萬的註冊用戶，成為中國最大的汽車 O2O 售後服務商。

　　這些工作說起來簡單，但真正能徹底執行卻很難，關鍵點就是企業領導者與整個經團隊的經營觀念能先改變，徹頭徹尾翻轉了以往追求快速暴富的思路，服務標準化，表示他們在乎自己商品的好壞，代表他們對品質一致性的堅持。資訊透明化，表示他們願隨時接受市場的檢驗與批評，特別是透明的價格，表達出企業只期望合理的報酬，主動放棄可能獲取暴利的機會，這不就是回到了企業永續經營的初衷與本質嗎！對比現今大陸社會日益嚴重的暴富亂象，到各式各樣層出不窮的商業詐欺，這兩家企業代表了企業界的優質進化現象，所以用「新物種」來形容這些企業基因的改變，也就不足為奇了。

7-13　台商如何脫離中、美大戰的險境？

2018 年 8 月 21 日，拉美的薩爾瓦多與台灣斷交，隨後台

灣政府是一連串的批判與控訴，然後高喊團結，相信不出 3 天，整個事件就會落幕，原因是兩國間沒啥經貿往來，就算台灣剩下的 27 個邦交國加總，一年的經貿總額也不到 10 億美金，對企業界與小老百姓來說，最多只是心理上的小影響而已，因為向與台灣頻繁往來的經濟體，全是無正式邦交關係的大國，這種強大的經貿實力，與台灣在國際政治舞台上的渺小身影相比，形成巨大的反差，但對已具跨國規模的台企而言，卻正在打場一生中最艱難的商戰，特別是已在大陸設廠的外向型企業。

中、美貿易大戰讓跨國台商的遠慮變成近憂，2018 年第二季美國啟動了對中國的貿易大戰，表面上是一場平衡巨大貿易赤字的經濟戰，實則是一場世界霸權的爭奪戰，再度打亂正在復甦中的全球經濟，影響最大的就是許多原來在大陸設廠卻出口美國市場的台企。由於上半年多是口水戰，下半年 500 億美金也多非台商主力的電子資訊類品項，所以官方一直宣稱台灣沒受影響，實際上正確的說法是真正的影響還沒開始，相信 2,000 億美元的加稅清單出爐後，遲早必會涉及台商擅長的資通產品，估計沒有遠慮的台企恐難逃過此劫。

記得 2014 年底有位台灣資通大廠的老闆公開認為，政府不要扮鬼嚇人，因為他認為與其他國家簽署 FTA 根本不重要，因為台灣資訊電子業 20 年前已加入 ITA（隸屬 WTO 的資訊科技協定），早就享有全球零關稅的好處，但資通產業不是台灣的全部，那些與 ITA 無關的產業怎麼辦？政府沒理由放棄其他產業啊？

沒想到十年河東十年河西，當初那些沒受 ITA 保護，如：

紡織、製鞋、鋼鐵、建材與家具等傳產行業，原受 FTA 限制不得不布局東南亞的台企，反較能避開這波貿易大戰。而原受惠 ITA，本來不需遷廠的在陸資通台廠，現在也必須正視搬遷生產線的問題，因為這次老美發動的貿易大戰表露出一個世界霸權的本質，若他堅持按自己想法辦事時，任何已簽定的國際條約，與貿易規則都是能輕易改變的，似乎只要他想做，沒有什麼事是不會發生的，何況是個 ITA 而已！相信這是所有台企以前從未碰過的情況，其實部分大陸台廠本就因當地工資上漲、環保要求日高，早已在考慮遷廠他國，沒料到一場貿易大戰，就打掉了幾十年來企業賴以生存的 ITA 保護傘，讓遷廠這檔事從考慮階段變成要立即辦理的大事。

　　但到底遷廠何處？顯然要考慮 FTA 與區域經濟圈的因素，此次中、美大戰其實藏了個深層的隱憂，因為這次美國是針對中國開戰，被影響到的是在中國生產的商品，若那天他打的是產業，不是針對商品產地加徵關稅，換言之，不論你設廠何處，都可能被掃到，除了美國外，可以說根本無處可躲，的確已有部分台企早一步著手設廠美國，這些公司除了擁有強大的實力外，還要考慮產業特性與當地的產業環境，並非人人可行。

　　對大部分資訊電子業的台企而言，遷廠回台或擴大在台規模可能是首選，不過面對台灣五缺困境，與環評課題也非那麼愜意，還有個兼顧擴大市場與出口兩全齊美的做法，就是將部分的產能移往擁有較大內需市場的新興國家，既可分散外銷風險，又可開拓當地區域市場，很多已先一步轉戰東南亞的傳產台企，不就是這樣一魚兩吃嗎？

　　其實進軍一個區域經濟體，化身為該經濟體的當地企業，的確是比較長遠的做法，一則跳過台灣對外簽不下 FTA 的困境，二則較不會受某些經濟強權的欺淩，因為欺負經濟體中的一國，等同對整個經濟體開戰，當然若台灣不想加入中國主導的 RCEP，也可考慮東盟經濟共同體（AEC）或現由日本主導的 CPTTP，都是幫台企解套的大利多，但台灣官方恐怕無能為力，因為僵滯的兩岸關係，會影響相關成員國的態度，看樣子台企也只能自謀出路了。

　　中、美兩強交戰，可別忘了中國大陸的市場價值。由大陸分兵轉戰他國的時候，不表示一定要完全放棄中國市場，因為眼下的中國早非二十多年前一窮二白的大陸，這個全球最大的新興市場，現已是僅次於老美的世界第二大經濟體，相信你的企業若屬 B2C 的消費品產業，應該不會想退出這個大市場。

　　若身處某些產業全球供應鏈的一環，做 B2B 零組件為主的生意，也要考慮這個發展中的大市場有無你的商機？20 年前大陸設廠是建立幫你賺外銷財的生產基地，現在則要考慮如何化身為在地企業，成為賺中國市場內需商機的行銷總部？所有產業的發展，都有產業配套的問題，以現在講求速度與精準行銷的時代，個別企業往往需要的高水準的供應鏈夥伴，而陸企大多擅打輕資產的品牌行銷戰，若身邊缺乏任勞任怨與擅長智慧製造的台商配合，就少了塊重要的事業拼圖，而且中國市場規模夠大又潛力驚人，絕對值得你就近供應與就近服務！

7-14

幸福企業與友善企業

　　現在的年輕人應該都希望自己能在幸福企業工作，所謂幸福企業至少要符合兩個標準：其一是企業非常重視員工，除了一般高於同業的待遇外，也重視同仁工作的成就感與生活的平衡，絕不是為追求利潤而一味壓榨員工的血汗公司；其二是企業經營的財務表現應該是居於產業前列，因為只有卓著的經營績效，才有能力對員工好一些，也就是說一個幸福企業的前提，必然來自於公司長期穩健的生意與獲利，絕不只是企業老闆嘴巴說說重視員工，但總是口惠而實不至，因為公司沒賺錢，根本沒能力對員工好一點！

　　幸福企業是好企業的對內標準，但也不是說企業要先賺到錢，才有資格成為幸福企業，這樣想就倒果為因了，正確的觀念應當是，所有的老闆經營事業要以幸福企業為標竿，善待員工並願與大夥一起分享經營成果，長此以往，自然能讓公司賺錢，這會推動企業往卓越之途邁進的正向循環，事業不斷成長並吸引更多的人才，而且大夥樂在其中。

　　從這個標準來看，很多世界知名企業與大品牌非常賺錢，卻是苛薄對待員工的血汗公司，就算它的財務績效在華爾街分析師眼中多麼好，股價雖高，但社會評價卻不高，簡單的說企

業夠不夠幸福？是內部的員工說了算！不是股東，也不是客戶，更不是由老闆或高管來評判；換句話說，幸福企業是從公司內部，由員工的角度來衡量公司的好壞優劣，也是一項評估企業長期競爭力的指標。

　　友善企業則是立足市場的關鍵，同時另一個評價好企業的印象，也就是看這個公司是否為當地社群所歡迎的友善企業？最為人熟知的，就是企業對身處環境的關愛程度，例如環保、綠能與減排等，傳達企業不只是會賺錢，還是熱愛這片土地、為下一代著想的永續企業。目下這是許多大企業已注意到的功課，但另一個比較抽象的友善概念，卻還沒被社會普遍認知與重視，就是由人文角度上所談的友善企業。

　　2018 年秋，一家全球 1,000 多家連鎖店的台灣知名咖啡品牌，其中大陸店數占到 6 成，因台灣領導人造訪其美國 LA 分店的突發事件，引發大陸網友群起圍攻，讓企業身陷經營風暴之中。這真是一場無妄之災，因為企業本身是被動的，對一個在台股掛牌的台企而言，它沒法拒絕母國領導人的造訪，在刻意的政治安排下，加上隨行媒體的高調喧染與報導，形成企業的染獨色彩，而被大陸部分消費者所抵制，其實這未必是大陸政府的本意，但在消費者愛國意識下的自發反應下，大陸官方初期必定是不置可否的；1 個月後，事件雖然平息，但留給企業界許多省思，因為大家相信這事絕非唯一，日後絕對有機會再度發生。

　　這件事讓我們覺得有兩個重點值得研究，其一，政治人物是否該節制自己的言行，避免操弄某些敏感話題，致使企業無

幸受傷。事實上，通常政府對企業的經營困境幫助有限，特別是一些以國外市場為主的跨國企業，但企業一旦成功了，難免就有政治人物想靠過來，但這有個道德底線，就是絕不能因個人的目的或動機，傷害人家的事業。

其二，大陸消費者為何反應如此激烈？這就是本文的重點了，因為他們覺得這個企業對大陸懷有敵意，不是個友善企業，你這個企業既然視我這個市場為敵人，怎可能還讓你那麼容易從這市場賺到錢呢？我在大陸工作 24 年，難免碰到政治立場不同的大陸朋友，大家不但能一起合作生意，甚至還變成好朋友，關鍵就在我們相互尊重，尊重彼此間的相異之處。事實上如果你不認同對方、不認同這個市場、不能認同當地的風俗民情與遊戲規則？本身就會很難過日子，更別提做生意賺錢了，接受他並取信於他，生意才可能深植市場，絕對不要一邊怨這、怨那，卻又想賺對方的錢，那太難也太辛苦了，長此以往還沒賺到錢，就已經先搞得你人格分裂了。

企業要如何避免當地市場的敵視情緒？其實大多數的台商在大陸做生意，本就不願碰觸政治議題，因為聰明的企業家深知，水能載舟亦能覆舟，做生意是無法靠政治來保障你永久的商業利益；所以，我認識的台商朋友多是政治不沾鍋，而且他們多有個正確的觀念，企業是社會的公器，特別是上市櫃公司，企業領導人當然會有自己的政治傾向，但如果由於個人的政治立場，影響到企業的經營與發展，對員工與股東都是件不公平的事情，所以大部分負責任的台企老闆多會避談政治，以免企業遭受無妄之災。

　　顯然未來的商學院也需要教政治課，2016 年美國川普總統上台後，給世人最大的啟發，就是政治是影響經濟最大的變數，純經濟的決策考慮，在國家總體戰略思維下退居次位，經濟手段變成達成政治目的的工具，這對國家與地區總經層面的影響既深又廣，但接下來延伸到對個企的影響，連帶引起關稅、匯率、智財權、貿易公平等紛爭，企業界應不難理解，但由此而造成的地區壁壘與市場敵視的程度，就往往出乎我們生意人的意料之外了。

　　看起來眼下商學院出身的 CEO，應該要補修政治學分，以應付類似前述那種「人在家中坐，禍從天上來」的經營危機。事實上不僅是台企，2018 年 10 月，一家瑞典電視台，播出一段對中國觀光客行為不滿的報導，我看到這篇報導的內容雖是事實，但報導方式與口氣卻極為聳動與挑釁，此舉自然會造成某瑞典家具大廠在大陸市場的極大困擾，還好這家媒體很快做出反應，才未讓事態進一步擴大。

　　我個人以為跨國企業 CEO 的政治課有三個重點：其一就是要充分理解當地的民俗風情，宗教與政治禁忌，並讓整個企業高管層，包括當地的市場管理團隊，非常清楚知道那些經營禁忌，而且還要能訂出一套 SOP，作為相關員工應變突發情況的行事標準，以減少企業的傷害。

　　同時建議公司高層要設立一個緊急對策小組，類似政府的國安小組，讓公司最高層在情況發生的第一時間內就能掌握狀況，適時提醒相關同仁某些處理原則，以這次台灣咖啡品牌為例，公司高層在事發前一天已接獲政府通知，加上兩地時差因

素，企業高管是來得及連夜討論對應之策的，而不是聽任現場同仁自由發揮，最低限度可以提醒美國當地主管以尊重，但盡量低調的態度接待，而且要明白點出此事對大陸市場的後座力，這才能讓前方的同事知道該如何拿捏分寸，自然可將負面影響降到最低。

第三個重點，就是平日這些大企業必須在主要市場與公會或當地行業協會建立某些聯繫管道，透過這種半官方管道可迅速聯繫上當地的主管官署，如果你本是當地素行良好的繳稅大戶，必要時，他們也會出手相助，關鍵在你要事前通報與溝通，千萬不能給對方一個措手不及，那絕非友善之舉，也不可能期望對方在事發後，會有任何正面的反應了。

坦白講，現今企業必須用積極的態度面對政治難題，過往企業多以為只要避談政治就能趨吉避兇，但現今世道已大不相同，消極地遠離政治只是基本功課而已，不談政治不表示可以不關心政治或不理解政治，所謂危邦不入，不只是個人安身立命的根據，也是企業投資海外事先要考慮的重點，但既來之則安之，到國外異地創業，首要考慮自己是否能融入當地文化？了解當地敏感議題與避開禁忌，乃是長期生存根本，同時要建立整個企業團隊的政治敏感度，這才能讓企業在政治亂風中，保持航向不變，絕對要企業平日的一言一行，被當地的社群廣泛的認可與接受，是一個對當地非常友善的企業。

第 8 篇

兩岸社會價值觀大不同

人們因為文化差異與生長背景的不同，型塑出不同的社會價值觀，而且價值觀本無分優劣好壞，只是折射出人類彼此間想法差異的成因而已。兩岸同胞本是同文同種，理應分歧不大，但因兩地分治 80 年，不同的體制加上不同的社會背景，讓兩岸 80 年代後出生的年輕一代，外表看起來一樣，講的話也相互聽得懂，但實際上彼此思想上的理解是有很大差距的。

其實不要說大陸，就是台灣北部與南部的朋友也是大有不同，南部人不是常笑台北人不知民間疾苦，是活在天龍國的一群人嗎?! 相對大陸幅員廣大，城鄉差距與時空背景造成的人文差異遠甚台灣，還好現今科技發達，網路的普及化拉近了彼此間的隔閡，但對做生意的朋友來說，了解當地居民形形色色的價值觀是首要功課，了解他們重視什麼？在乎什麼？才知道怎樣打動人心，也才能用得到合適的員工。因為知道他們的消費習慣與消費傾向，才做得到生意，就算與生意無關，至少可以讓你知道如何與當地人相處，知道如何打進社群、如何快樂自在的在當地生活！

8-1

追求卓越還是小確幸就好？

1980 年，我退伍進入職場，那時台灣社會的富裕程度遠不如今，但年輕學子要嘛拚出國深造，留在台灣進入職場的也是

鬥志昂揚，整個社會到處在談追求卓越與零缺點的工作觀；沒
想到，去國 20 餘載後回來，卻面對著一股瀰漫著小確幸氛圍的
台灣，從政府施政到小老百姓的日常生活，開口閉口都是小確
幸，坦白講這種以追求小確幸為人生目標的心態，是現今社會
無法進步的主因，也是部分年輕人不願冒險開創，勇闖海外的
最大絆腳石！

　　其實我們能，下一代當然更行！筆者不只一次在不同的場
合，聽到很多長輩的悲觀說法，說我們的下一代面對慘烈的競
爭，將會多麼辛苦？更有人為文稱所謂國際化，我們升斗小民
似乎是沒有參與機會的？硬將我輩年輕人捆綁在狹隘舞台的一
隅，常常唱衰自己的下一代，好像這些年輕人永無機會，類似
印度種姓制度下的底層階級，將永無翻身之日。坦言之，小確
幸作為一種生活態度是很健康的，它讓人在困境中能看到事情
的光明面，鼓舞人們總以樂觀的心態來面對重重難關，但將小
確幸當做人生目標，那可就大錯特錯了。

　　1978 年 6 月，我在二梯次預官入伍前的暑假，在一家科技
公司實習 3 個月，因緣際會，被交辦負責一個短期市場調查專
案，有一位剛從金門退伍回台的資訊系畢業生，來應徵我負責
專案的市調員，這是個短期的工讀生機會，他向我說明當時的
處境，他以前在學校學的那些電腦專業，經過 2 年金門服役回
台後，完全像變了個世界，一台迷你電腦可以取代以前一屋子
的機器，什麼程式語言、應用工具都產生了翻天覆地的變化，
他只求有個機會進入企業，即使是個臨時職位也沒關係，他要
利用這個機會去銜接這段空白；3 個月後，公司覺得他可以的

話，專案結束後再轉成正式錄用。他的表白誠懇又實際，我毫不猶豫地錄用了他，結果他果真在我的專案結束後，爭取到調任正職的機會，數年後他已是這家電腦公司一名非常傑出的軟體工程師了。天曉的，等我再兩年服完兵役，PC的出現又再度翻轉了世界，可是就像那時代多數的年輕人一般，我們欣然地接受著這種巨變與一堆不能預測的挑戰，戰亂背景下成長的父母對此也愛莫能助，頂多就是講講：「別人可以，你們也一定可以！」

事實上每個時代，都有每個時代自己的挑戰，台灣中小企業活力冠全球，在30年前還沒有網際網路，也不知電子商務為何物的年代，憑著一口破英文，就敢提著皮箱全球走透透，困難比起今日，絕對是只多不少，台灣今日科技島的美名，就是當年年輕人敢於挑戰未來的結果。

「追求卓越」這句30年前流行於產業界的口號，讓我們台灣上一代的年輕人，以無比開闊的胸懷、勇敢挑戰世界的氣度，創造出台灣今日的經濟成就。明顯的事實擺在眼前，台灣的明天，是絕不可能靠小確幸過好日子的，而是根本連生存都會有問題，在此呼籲台灣有識之士，請多多利用機會與年輕人談談「追求卓越」，將您孩子的人生格局拉大，不要只滿足於眼前的小確幸，鼓勵他們利用各種機會，多多投資自己的未來，日後才有能力面對隨時隨地發生的挑戰，追求自己卓越不凡的成就！

8-2

小確幸心態下的金錢價值觀

　　以前在大陸工作時，20 多年來總共去電影院不超過 5 次，但 2013 年退休返台後，平均每兩個月就會去電影院看場電影，原因在大陸看電影實在太貴了，一個人的票價超過新台幣 500 元，全家四口加上餐飲花費，看場電影大約就要花費 4 千元新台幣，想想還是從事一些比較經濟的家庭娛樂活動好了。而在台灣票價本身就比較便宜，選在非假日看電影，用某些特定的信用卡還可以打到 66 折，總花費僅是大陸的一半，所以我與老婆大人商量，打算以後每個月至少去看一場電影。

　　當大家還在擔心中國經濟往下走時，2015 年前 8 月中國的電影票房金額逾人民幣 300 億元（約新台幣 1,500 億元），年成長率達 48.5％，是大陸 GDP 增長率的 8 倍。除了電影，大陸朋友另一個熱門選擇是出境旅遊，2012 年中國出國旅客約 8,000 萬人次，2014 年已達 1.07 億人次，估計未來 3 年，每年會以 10％的速度繼續增加，而且在國外旅遊的單次消費超過 15,000 美元的陸客，比重更高達 4 成。美國投行研究報告指出，民眾花錢娛樂的門檻遠低於買房、買車，可能是大陸娛樂需求爆發的主因，但娛樂相關消費，只占到中國個人消費支出的 9％，還不及美日韓的 16％到 18％，這表示中國的休閒旅遊娛樂相關產

業，還有很長一段榮景可期。

回頭看看台灣，台灣近年經濟成長總是面臨保一保二的困境，遠比大陸糟糕，但一樣是電影院萬頭鑽動，長假時機場出境大廳擠滿人潮，更離譜的是新台幣 3,000 元起跳的演唱會門票，場場爆滿，特別是國外演藝歌手與團體，甚至還有原來新台幣 30,000 元的門票被黃牛炒到十幾萬元的，這讓我原本同情現在年輕人普遍低薪，與工作難求的想法改觀，我問了身邊很多朋友，談到我的疑惑與不解？

台灣薪資凍漲，但年輕人花錢毫不手軟，WHY？朋友們的說法很多，我歸納出最有可能的原因有幾個：其一，部分年輕人是肇因於小確幸心態的作祟，心想反正錢賺不多，既然錢不夠買房，看樣子這輩子無力翻轉命運，但總要善待自己，所以願意花錢享樂一下，讓自己感覺舒服點；其二，部分年輕人出自愛慕虛榮或炫耀心作祟，別人有什麼，自己也要有什麼，賺得不夠花，就用擴張信用的方式支應，反正每年就是要定期出國，幾乎所有的年輕人在 IG 上都是分享吃喝玩樂的照片，無法如此就好像自己遜斃了；其三，年輕人本身雖然賺得不多，但家裡有錢，所以某些有能力的家長會支援其部分花費。

不論是上述那種原因，其實都是某些年輕人對自己不負責任的作法。想想看，如果你一個月薪水只有 4～5 萬，看場演唱會連門票加餐飲就花掉你一個月收入的 10%，請問後面怎麼過日子？大陸年輕人表面上也是大手大腳花費享樂，也一樣買不起房，但他們心中的金錢價值觀，卻與大部分的台灣年輕人不同。

大陸年輕人會賺所以敢花，因為花了能再賺。所以他們不怕花錢，因為大多數大陸朋友認為錢再賺就有了，能賺敢花，是他們這一代心中的想法。其二是大陸年輕人買不起房，但他們大多數年輕人很認命，買不起就不買，大陸市場與職場那麼大，本來就不可能工作到那裡，就買房買到那裡，反正老家絕對有房，加上大陸幾十年獨生子女的政策，年輕家庭這輩子來自父母，祖父母的繼承，多是兩套房子以上，根本無需擔心自己年老退休時無房可住。換句話說，雖然大陸年輕人大學剛畢業、收入也不多，但可支配所得是高的，所以他們敢花，不只花在休閒享樂上，同時也會花在學習與投資自己身上。

小確幸心態的確能鼓舞低迷的士氣，但千萬別當它是種麻醉劑。簡單的說，小確幸心態的有無，就是兩岸年輕人金錢價值觀的分野，何況整個台灣社會一再扭曲與誤用小確幸這個名詞。正確的小確幸心態，應與花錢多少無關，或是只花少少的錢，就能借著自己心態的轉換，就能將原本不稀奇不滿意的事物或情境，轉而用欣賞與愉悅的心情來看待，讓當事人能經常感覺到處處都有濃濃的幸福感，從而總是用積極正面的態度，去對待未來的挑戰。

換句話說，每個人的一生中都難免遭遇不順，為免被突如其來的挫折一下子打趴，有時真要靠些小幸福幫自己撐過去，這些小確幸就像你身處黑暗中的明燈，給你希望給你勇氣，並非靠小確幸來麻醉自己忘卻煩惱。部分台灣年輕人不衡量自己的財務能力，為舒解生活壓力而隨性花錢，不量力而為的即時行樂，這種做法那叫什麼小確幸？其實也就是一種不願面對現

實，逃避壓力的人生觀罷了。這種歪風跟媒體開口、閉口都是小確幸有關，看樣子想要改變這種態勢，如果媒體無法自覺，那就只有靠家庭教育去改變一途了，這表示我們做父母的責無旁貸，因為錯誤的小確幸心態，所導致的消費觀念與金錢價值觀，會影響一個家庭好幾代的貧富。

8-3 困擾的孩子教育問題

　　近年大陸友人最常問到我兩個問題，一個是在大陸電商浪潮沖擊下的企業轉型問題，另一個就是小朋友的教育問題？為什麼大陸的朋友會跟我這個台灣人，談他孩子的教育問題，我想是因為 20 年多前，我因工作舉家移居大陸，影響我事業發展最大的考慮與變數，應該就是小孩的教育問題，與我相知甚深的大陸友人，自然就不吝與我分享他的煩惱了！

　　回想 20 多年前，我老婆攜長子赴滬與我相聚後，我們就開始思考未來要如何安排他們的就學之路？兩年後，老二出世時，我們已做好了功課，並對他們未來的教育安排有了具體想法，當時擺在我們面前的路有三條──走大陸教育體系？台灣教育體系？或是國際教育體系？

　　我們首先不考慮的是台灣教育體系，那時我們並無先見之明，完全沒料到日後的台灣會搞出那麼複雜的多元入學方案，

也沒想到日後台灣的大學居然會擴增到 100 多所。主因就是我們了解到這次西進大陸，代表了未來 20 多年的職場生涯將在大陸渡過，而我與我太太有個傳統的家庭觀念，再怎麼辛苦，一家人一定要在一起，如果我們下半輩子是在大陸工作，就不可能等到孩子長到 6 歲或 12 歲時，當我們大人在異鄉發展事業到半途時，將他們再送回台灣唸書，逼使一家人長期分居兩地，所以讓孩子走台灣教育體系的選擇首先被淘汰。

再來就是考慮大陸教育，當然以北大、清華、復旦等名校在國際上的學術地位來看，學校的水準無庸置疑，問題是我的孩子沒把握進得了啊！況且東方高壓的教育方式，對我們這種講求「快樂學習」的父母來說，是比較排斥的，所以研究了半天，看樣子只有選擇「國際教育」體系這條路了。

除了前述的考慮因素外，就是深感我們的下一代，將身處在一個全面國際化的時代，未來在職場上必然是跨國競爭，根本無法預測他們將來在哪裡工作？哪裡生活？但只要有足夠的本事，去哪裡都不應該是個問題，所以讓他們走國際教育體系這條路，除了欣賞他們比較開放的教育風格外，另外就是在培養他們的國際視野與未來國際職場的競爭力。一路走來雖非盡如人意，但大體上還算給了孩子們一個健康快樂的學習時光，眼下他們已完成國外的大學學業，已開始摸索著另一階段的成長生活。

其實走哪條路都是對的，主要是要看自己對生活，家庭與事業的看法，看法不同，選擇的做法自不相同。我有位在食品業的好朋友，我們幾乎是同一時期到上海工作的，他為了讓自己更加融入當地社會，從一開始就讓孩子去讀當地小學，直到

老大 12 歲小學畢業那年，他毅然決然辭掉大陸工作，一家五口舉家回台，他的考慮就是著眼於小孩子的教育銜接問題，如今也是順利平安，一路順遂。

而當初我與我太太在孩子教育方面的決定，對日後我事業發展與職場轉換產生莫大的影響，例如國際學校的學費較高，一旦方向定了，就代表了每年要支出高昂的教育費用，所以每次職場工作的轉換，均要考慮薪資的變化對孩子教育的影響，生活上的家用開銷一切以教育花費為先，雖然過程辛苦，因為目標清楚，一切也就甘之如飴了。

當然如果是年輕未婚，就到海外打拚，自無家庭與孩子的束縛，做任何事自可放手一搏，所以說「年輕就是本錢」，就是這個意思。但企業裡總不會剛好有那麼多的未婚的年輕人可以外派，如果是主管級人選，多半是已婚，至少也有論及婚嫁的另一半，如果企業必須委其重任常駐大陸，那企業主就必須從人性面多加考量，不要讓人才老是在照顧家庭、孩子教育與事業發展上，左右為難與天人交戰。考慮到這些，自然也就留住企業裡的骨幹人才了。

8-4　大陸大學生的就業、婚姻與家庭觀

由於大陸內需市場的快速發展，市場提供了大量的就業機

會，讓大陸每年 750 萬大學畢業生基本上沒在怕，他們不怕找不到工作，但是他們也有一些自己的煩惱與憂慮，幾年前我在杭州幹老總的時侯，想用兩倍的薪資，將一位我很欣賞的上海籍經理人挖過來，但他老婆就是不放人，雖然上海到杭州坐高鐵只要一個小時，但上海人到杭州工作，就只能每週末回上海一趟，這對女權意識高漲的上海女性來講，放老公在外地工作，每週只見一次，這是絕不可能接受的事情，這就是文化習慣對就業的限制。

對剛畢業的大學生，更多根深蒂固的觀念與國家體制，也會影響到他們的就業選擇。現實的說，重點大學對當地戶籍的學生升學，本就有保護政策，外地生要能被錄取，絕對是要優秀很多才行，而大學畢業後，這些一／二線大學比較優秀的外地生與本地生相同，也能在北京、上海、廣州等一線城市找到工作，而且深受福利好的國企、制度完善的外商與財大氣粗大的民營陸資所歡迎，但對絕大多數次級大學的畢業生來說，想到一線城市找到合適的工作，就沒那麼容易了！

舉個典型的真實案例，一位甘肅籍的外地生在江西某大學畢業後，先是在杭州一家外貿公司上班，機緣巧合被一家總部在杭州的上市民企延攬，此時他已與他大學時的同學女友結婚，由於兩人均非杭州本地人，只得在杭州賃屋工作，由於工作認真賣力，3 年後被一家規模不大的上海公司高薪挖走，在夫妻兩人都是外地人的背景下，其實在上海或是杭州工作對他們是沒差別的，雖然上海物價高，但他們住在郊區就還好了，何況公司還提供住房補貼，而且在上海工作的視野與職場舞台根本是

進入另一個等級，這顯然是個比較順利的例子。

但他們還是有個煩惱，就是小孩的教育問題，沒有上海戶口的外地人，如果夫婦倆的收入不錯，還可以靠交贊助費送進當地好一點的小學，否則就只能讀條件很差的民工小學，但無論如何到初中階段，就只有送回老家唸書了，這時就必須煩惱夫妻分居兩地的問題了。大城市競爭力強大的年輕大學生，也沒少些煩惱，隨著職場升調，夫妻倆在事業均各有自己的一片天地時，若其中一方不願犧牲，特別是北京與上海那麼獨立的女性，男女長期分居兩地工作形成社會常態，日久難免感情生變，這也是大陸年輕人離婚率超高的原因與背景！

一位大陸獵人頭公司的老總，跟我談到大陸職場另一個現象，外籍員工通常不計較在大陸的二／三線城市工作，反而是原在一線大城市工作的大陸朋友，非常在意轉到次級城市任職，那是一種發配邊疆的感覺，好像在告訴他的朋友，他是在北京或上海混不下去了，才去那裡的。再加上婚姻與家庭因素的牽制，看樣子現今大陸職場舞台雖大，大陸的大學畢業生在工作進程中，卻也不是一帆風順，而是煩惱一籮筐的！

8-5　怎麼看買房這檔事？

前些年，我在上海經營房地產的朋友跟我談了一個看法，

他認為大陸的房地產絕對是已經泡沫化了，除了一線大城市的市區外，整個中國的房屋是供給遠遠大於需求的，原因是大陸這一代的年輕人買不起房，但也不需要買房！

很多大陸朋友還很年輕，但早已是有房一族。因為大陸實施一胎化的生育政策幾十年下來，眼下這一代的青年朋友，他們大多均來自雙獨家庭（父母兩人均是獨生子女），再過個 20 年，來自於父母、岳父母與祖父母的繼承，就讓他們這一代，不用自己辛苦賺錢買房，就會擁有兩套以上的房產，甚至連他們的下一代，也不用憂慮這檔事。

此後我就常留意身邊上海的年輕朋友，與他們閒聊對買房置產的看法，發覺果真如我朋友所說，大部分上海戶口的大陸年輕人，儘管房價居高不下，他們卻都沒在怕，因為他們中的大部分都不少房，只是未必登記在自己名下而已。而且中國人有土斯有財的觀念，再加上要照顧子女一輩子的傳統想法，整個家族 3 戶人家，擁有 4、5 套房的情況大有人在。

外來工作者則以租房為主，上海近 3 千萬人口，真正缺房的人，其實是占 1/3 的外地戶口，但在上海工作的大陸年輕人，現實情況他們也很看得開，因為他們在家鄉多有房產，來上海工作就是賺錢，若因工作變動可能移居別的城市，但也不可能工作到那裡就買房到那裡，反正日後年老退休，還是可以返鄉過愜意生活。所以他們大多會在上海租房，而不會強求買房，除非機緣巧合，或有特殊目的，而且上海地鐵四通八達，市郊的房子多，租金也划算，交通購物娛樂等生活機能一應俱全，租房比買房對他們來說，顯然是更合適，又是可進可退的解決

方案。

　　其實不只是上海、北京、廣州與深圳等大城市亦然，而且隨著大陸逐步西進發展，內陸的市場與就業機會日增，愈來愈多的年輕人留在家鄉就業或返鄉工作，不只是沒有住房問題，連將來的婚姻與成家問題，也一併考慮了！

8-6 大陸車市為何那麼好？

　　近期國際媒體大幅報導，大陸的汽車銷量增速放緩，印證大陸經濟眼下確實有下行的壓力，但各位要了解大陸的車市還是很夯，2015 年上半年就賣了 953.8 萬輛，仍是全球汽車銷售最大的市場，只不過年增率 7.4%，與往年兩位數的增幅相比放緩不少，但顯然這個銷售量還是相當巨大的，而這個量除了反應大陸居民本身的經濟實力外，同時也反射出某些文化背景型塑而成的消費觀念，提供給在大陸做生意的朋友參考。

　　大陸車市本身規模已是世界第一，目前大陸市場的擁車人數的確很高，每千人擁有 113 部汽車，平均每 9 人中就有一部汽車，若一戶以 3 口計算，每 3 戶中就有一戶是有車階級。事實上我很多朋友是一戶兩車的，記得 2011 年的杭州，因為市區道路不堪日益惡化的交通負荷，市府被迫出台單、雙號限行政策，但 3 個月後的杭州市的交通依然故我，毫無改善，因為大

部分家庭都買了第 2 部車，一單一雙，永遠有部車可以跑。

事實上，包括北京，所有搞單、雙限行的城市，無一成功，上海作為中國第一大城市，則是用車牌數來控制汽車數量，早在十多年前，上海就規定每月限量拍出幾千個車牌，隨著購車者日眾，每張車牌的拍價，已從最初的 20,000 多元增至現今的人民幣 80,000 多元，也由於車牌價格的高漲，上海人購車要嘛買好一點的高價車，才划得來花這個費用，要嘛就甘脆掛外地車牌，省掉這個錢。但上海這個每月定量拍賣車牌的制度，只是抑制車量增速的治標之法，真正解決上海這個 3 千萬人口超大城市交通問題的治根之法，在其四通八達的地鐵輕軌與公交大眾運輸系統。

年輕人買房難，但買車容易，且可到處炫耀。我以前在上海工作時，有位年輕未婚的男性主管，他有自己的車，但一般他是坐地鐵上下班的，但只要那天他要是開車來上班，肯定是當天晚上一定有約會。而掛外地車牌的年輕夫婦，很多也是住在郊區，平日上班坐地鐵輕軌進城，日常生活多在郊區活動，假日進城也不受車牌限制。這種上班以乘坐大眾交通工具為主，放假休閒自駕車出遊的做法，是大部分上海居民常態的生活方式。

大陸富豪的炫富作風，在買車這檔事上最是明顯，因為車子可以開著到處跑，可以到處炫。我有位老家在四川鄉下的好朋友，說起一個多數人常聽過的經歷，他在創業有成之後，買了自己人生的第一部寶馬，每到年節返鄉過年時，他老爸爸總是要他自駕開車回家，為的就是贏得鄰居們羨慕的眼神！這種

現象可說是貫穿大陸整個社會角落，所以只要力所能及，大陸朋友買車是毫不手軟的！

事實上我很多剛從大學畢業的年輕同事，年薪不過是人民幣 5～6 萬元，每天卻開著 20 萬元的私家車上班，估計他薪資的一半都花在養車上了，這事對眼下大陸的新富家庭毫不稀奇，因為家中富裕優沃的程度，根本無需孩子出外打工，很多年輕人外出工作本是一種消遣，總不能終日無所事事，遊手好閒吧！當然這類朋友也根本無需考慮儲蓄，賺多少花多少，對大陸 GDP 的增長貢獻巨大。

汽車工業是火車頭產業，延伸商機潛力巨大。這麼夯的汽車市場，孕育著無窮的商機，因為每一輛在道路上跑的汽車，遲早都會成為報廢車的一天，以今日大陸汽車數量的規模，估計 10 年後，每年至少有 1,000 萬輛報廢車出現，但現今大陸當地處理報廢車，還是非常落後與量少的，有遠見的日商已著手在中國設立自動化的資源回收公司，著眼點就是他們看到了報廢車來源穩定的成長，而這是個未來一定要解決的問題，而且又是個利人利己的好生意。

2018 年的馬來西亞有個小新聞，新當選的馬哈迪總理決定恢復 F1 賽事的舉辦，相信已經 92 歲高齡的馬哈迪先生，並不是 F1 的狂熱粉絲，應該是著眼於 F1 賽事帶來的產業效應，雖然馬來西亞本身市場也不小，但他清楚知道不一定要做自己的汽車，用 F1 賽事帶動馬來西亞的能見度，自然能吸引人才與提升技術水準，就能吸引更多的國際汽車品牌到馬來西亞設廠，顯然這是花小錢，賺國家經濟發展的合算生意。

　　相信年輕的大陸新富，同樣不會只將汽車當做是交通工具，走向玩車賽車是必然的趨勢，包括維修保養與相關的賽事服務，將會形成巨大的產業鏈，加上前述中國成為世界車市龍頭後，大量消費伴隨而來的大量善後工作，絕對會醞釀出一連串的龐大商機，相信除了汽車行業，敏感的有心人應能察覺到在中國這個大市場，其他行業也正上演著類似的場景。

8-7 正當的生意絕不會好賺

　　初到大陸的前些年，因為當時大陸朋友覺得我們台灣人比較見多識廣，常會拉著我們追問一個問題：「有什麼好賺的生意，介紹一下！」

　　當時大陸朋友口中所謂的「好賺」，包含了三種意思；就是要賺得多、賺得快而且是賺得輕鬆。事實上在 20 多年前，在大陸那個落後與百廢待興的年代，只要肯做，幾乎是做什麼賺什麼，我個人已經覺得是非常好賺了。因為在那個法制不建全、遊戲規則不明確的時代，很多大陸朋友靠著膽子大一點，很容易就成為鄧小平口中，先富起來的那群人，但包括政府在內，整個社會都在不斷的在進步中，該繳的稅要繳、該守的法要守，遊走灰色地帶的空間愈來愈小，很多早已習慣以往那種大塊吃肉、大碗喝酒日子的大陸朋友，開始覺得錢不太好賺，所以常

有此問。

其實每個世代都有自己的機會與問題，我印象最深的親身經歷是在 2006 年遇到的案例，從 1992 年初，與我們往來的溫州經銷商，不再與我們做生意，原因是政府法令日嚴，新稅制不允許企業間代開發票，也就是我們無法再替我們的經銷商朋友，代開出貨發票給商場請款，開發票的名字必須是真正的收款人，這對當時商界普遍還流行的個體戶模式，是一個很大的改變，大多數的經銷商朋友，早已成立正常的企業在運作，但我們這位溫州大姐，就是堅持不去設立公司，因為設立公司後，原來放到自己口袋裡的 17% 會不見了，還會增加一些原來個體戶時代沒有的費用，算下來她心好疼啊！雖然一再地向她說明，以前賺的錢裡面很多是機會財，是在法規不清楚時的投機財，但時代在改變、國家在進步，從今爾後做生意賺錢，基本上是要靠專業能力，賺的是管理財，來回折騰了幾個月，最後我終沒能說服她，因為她覺得以後的日子太辛苦了，將無法再輕輕鬆鬆地賺錢了。

其實有這種看法的生意人，在大陸當時還是蠻多的，所以後來演變為全民炒樓、全民炒股的風潮，基本思路肇因於此，因為大家還在迷戀，如何賺 Easy Money ？當搞實業經營太辛苦時，將資金移去炒樓、炒股，豈不快哉！

新興市場的缺陷，是嚴重缺乏產業配套。有很多人常說現在的年輕人機會比我們以前少，賺錢很難，這根本就是個天大的繆誤，其實每一代都有每一代自己的機會，但也充滿了各自的挑戰。就拿我們 20 多年前剛去大陸時，做成衣銷售看起來很

容易賺，但衣服要做出來本身就不容易，因為大陸當時的產業配套欠缺，設個成衣廠外，還得附設個印花廠才行，一大堆原輔料配件必須要全國到處找，做出衣服後，要如何賣？到哪裡賣？也是個大問題，那時在中國的商業環境裡根本沒有商貿企業的存在，如何利用還在摸著石頭過河的試行體制下做生意，每件事都是一個考驗，大家每天都在學習。大陸市場的巨大，但路程遙遠，從廣州產地如何送貨到北方市場又是個問題？在沒有物流產業的年代，我們只得自己買兩部貨櫃車，沿路北送，回程為免空車造成浪費，公司還要向外承攬一些貨運活，這時我們又變成貨運公司了。

　　當今世代創業容易，但競爭激烈賺錢難。而關關難過關關過，卻是我們 20 年前在大陸開創事業的寫照，比照目前最夯的電子商務模式，現在的年輕人在大陸創業簡直就是太輕鬆了，完善的產業配套，創業者只要集中資金與精力，專注在自己有興趣的部分與擅長之處，藉著科技與電商平台之助，甚至連銷售通路都是現成的，自然成功機會大增。誰說現在年輕人機會少？至少眼下我在大陸市場與職場，幾乎看不到當地年輕人這方面的抱怨。

　　所以事業有成的大陸朋友，好幾年也沒人再問我「有沒有好賺的生意」這句話了，因為大家心中都明白，正當的生意哪有什麼好賺可言？一個好點子、好產品，只要一紅，立刻被一堆人山寨，再賺錢的生意迅速變成殺戮戰場，好賺也變成不好賺了。但人往往是做一行怨一行，看別人賺錢好像很輕鬆，只有自己做的最辛苦，等哪天自己真正跳進去，才發覺悔不當初！

現今很多朋友在大陸市場，最常遭遇的事業瓶頸，不在找不到新的機會，而是對新機會的過度樂觀，因為過往的成功讓很多朋友自認功力不凡，忽視新機會的風險，也就是誤認這些新機會是很好賺的，錯誤的期望、錯誤的目標，造成錯誤的投入、計劃與執行，很多年輕人在事業路途中，進進退退來回折騰，這都是對某些所謂好賺的生意，有種一廂情願與過度樂觀的誤解。

8-8 錢不會用

新加坡國民導演梁智強有部描述新加坡生活的寫實劇「錢不夠用」，劇情諷刺三明治族（上有高堂，下有幼兒）在高物價新加坡生活的大不易。看到這片名，回首台灣現況，我感覺在台灣應該改為「錢不會用」！

新加坡開放的移民政策，讓新加坡在短短 10 年內，由 300多萬人口增至現今的 500 多萬人，對於一個面積只有我們新北市 1/7 的城市而言，即使其競爭力全球第二、人均所得全球第四，大學畢業生平均起薪新台幣 74,000 元，但高收入碰到高物價，加上地狹人稠，看樣子新加坡人實在快樂不起來。反觀台灣 20多年前就以「台灣錢淹腳目」聞名全球（現在是大陸），就算台灣人對現狀再怎麼不滿，但大部分老百姓的幸福感遠高於新加坡，絕對是個事實。

　　台灣人約從 20 多年前開始富裕起來，期間股市多次上萬點、日成交額兩千億元是常態，靠土地房產致富者更大有人在，但在台灣每隔一段時間，總會碰到國內打房又打股的不友善環境，這些富人大戶紛紛投資海外房地產，由於過往在台投資的成功經驗，很多投資人往往無視海外市場的詭譎多變，以台北看世界，是很多台灣投資人看待海外房地產市場的觀念。

　　就以海外房仲專家常提的馬來西亞吉隆坡為例，該市最貴的地區就是雙子星大廈的周邊地區，每坪約台幣 70 萬元，遠低於台北信義計畫區的 200 萬元，從台北以往的經驗來看，不去投資好像是自己的 IQ 有問題，由於一般當地貸款利率高於台灣很多，於是不少朋友還會在台灣借錢去投資，企圖極大化自己的投資報酬率，想法不錯但情況卻非如此。

　　因為現今世界金融環境已全球化，國際形勢瞬息萬變，匯率變化又快又大，你根本無從反應，東南亞諸國經常在短期內，對美元就能貶個 10％以上，由於絕大多數的海外置產是以投資為目的，特別是到一個回教國家去買房，當你投資效益遠不如預期時，想要退出，請問如何退場？

　　介紹你置產的房仲業務，一定會跟你打包票，一定可以安全退場，但想賣個好價錢，綜觀全球可能接手的買家主要就是大陸人，請問可能靠介紹你買房的台灣房仲業務，同樣幫你找到大陸買家嗎？退而求其次，再來就是老僑賣新僑，宰接手的台灣同胞，這類事情我在大陸看了不少，很多台灣人將自己經營不下去的生意，漂亮打包賣給後來的新台商，我不禁要問各位忍心忽弄自己人嗎？不論你以前在台灣賺錢是本事還是運

氣？但賺就是賺了，而今世局大不如前，又是到人生地不熟的海外投資置產，千萬要先想清楚自己的退場機制，做個懂得保護自己的財富，又會聰明用錢的投資者。

錢好像永遠不嫌多，問題是面對無窮盡的慾望，再多的錢也是不夠的。我有個任職企業高管的朋友很會賺錢，但所賺的錢大多花在兩個小孩教育上，從小就安排 SAT2 的英文檢定，一路考到 SAT1 與 SAT，小學暑假多次參加美加各類的夏令營，到了高中，小朋友已經能自己獨立的申請 Stanford 與 U Penn 的暑期學習營，並獨自飛美報到上課，現在這兩位小朋友都已自己在美國唸大學，生活、學業都適應良好。無疑這位朋友是將財富投資到下一代的教育身上，比起花在滿足個人的物質欲望，顯然這樣子的用錢有意義多了。

有錢去海外投資，代表從財富的觀點來看，你已是人生的勝利組，接下去是要思考如何聰明地運用已有的財富，讓自己的人生變得更富有，除了物質外，也要讓生活更豐富，新加坡的例子，告訴我們收入高不見得更快樂，生活得要有品質、有內涵才有意義，這就要看我們如何聰明用錢了！

8-9 股災後的大陸消費市場

2008 年雷曼事件所引發的全球金融海嘯，讓當時正在上海

負責公司全大陸最大區域市場的我印象深刻，那時我手底下有童裝與玩具兩項業務，自然生意大受影響，但童裝並無明顯的下滑，而玩具生意卻是快速急跌，因為玩具就如同小朋友的奢侈品，不像童裝有著不得不買的鋼性需求，所以在家庭經濟面臨壓力的時候，父母會優先壓縮在玩具方面的支出，就算不得不買，多少也都會降低購買的預算。

這種消費現象也正在日本社會出現，日本在經濟失落 20 年後，在日元連續大貶、企業獲利大增，並開始給員工加薪的情況下，總算讓日本老百姓對經濟復甦有感，其中一個觀察指標，就是日本家計消費支出的玩具項目，2014 年就比前一年提升了 9%，預測 2015 年以後還會成長更多。

2015 年再次的大陸股災，讓後來才從上海回到台灣的我，感覺整個大陸的消費市場好像又回到 2008 年金融海嘯時的時候。原本大陸最大的高檔玩具銷售商，其主要的生意是來自實體通路，在全大陸遍設百貨專櫃與玩具專賣店，全中國近 2000 個網點，年營業額約 20 億人民幣，這個身為玩具產業指標性企業的高管告訴我，2015 年 7 月以後的中國玩具市場，真的很像 2008 年金融海嘯發生時的光景，他們也發生 2008 年以來首次的成長衰退，由去年同期 27% 的增長率，下滑至當年的 17%，而且主要的衰退來自人民幣 600 元以上的高單價品項，以往這類價位的消費占其公司總營收的比例可達 25%，2015 年 7 月以後大幅跌落至個位數，這就是大陸家庭財富明顯縮水的後遺症。

接著與一位上海大型嬰幼童專業商場的高級主管碰面，她也見證了這種高單價商品消費力道明顯減弱的情況，以我熟悉

的一款歐洲高價進口嬰兒推車而言，2015 年 5 月以前零售價是
13,000 多元人民幣，9 月已下調至 8,000 多元，問題是打了 7 折
後，銷量絲毫不見增加。所以品牌商也跟著調整商品組合，增
加了很多 3,000 元到 5,000 元人民幣的中價位車款，可見眼下大
陸的零售生意也是不太好做！

　　至於這幾年大陸最夯的電子商務，他們的業績似乎未受太
大的影響，與我相熟的大陸電商業者告訴我，因為現在大陸的
年輕家庭多已養成習慣在電商平台消費的習慣，而且電商平台
上的商品本身就是以高 CP 值（性價比）取勝，在經濟下滑的時
候，有興趣到電商平台流覽與選購的朋友，反而是增加的。

　　經濟學理論與包括歐美、日本與大陸市場的實際經驗，都
告訴我們在經濟不景氣的年代，大多數的老百姓在財富縮水的
情況下，高單價與奢侈品的消費是顯著下降的，而台灣的情況
好像不太一樣，出口下滑經濟不振是事實，但為何台灣央行的
數字卻發現新台幣的 M2 一直在增加，國內遊資不見萎縮，有人
說這是財富集中在少數人手中，這種講法頗符合大多數小老百
姓心中的想法，但好像又有問題？因為大家都注意到一個現象，
台灣近年來流行舉辦各類大型的演唱會，從國內藝人、韓日明
星，到來台演出的瑪丹娜，門票從幾千到幾萬元都有，若非秒
殺，最差也就是幾天內賣完，熱門的黃牛票可以炒到 5 萬到 10
萬元不等，大家心裡有數，這些觀眾大部分都是年輕人，而且
還是收入不豐的上班族居多，甚至包括一些還沒有謀生能力的
青年學子。大家都知道演唱會這種商品，絕對屬於高消費的奢
侈品，對月收入僅新台幣幾萬元的年輕人來說，那麼大方的將

錢花在這裡，令人不解！

　　一些朋友說，這種情況有可能是我們現在年輕人的金錢觀念不同，偏向今朝有酒今朝醉的小確幸，反正還有老爸可以靠。要不然就是台灣人並沒有大家所想的、所講的那麼窮，我個人是感覺兩者都是，但理智上我認為後者因素居多，只是我不知道他們錢從哪裡來？

　　坦白講，在大陸的股災效應下，一向大手大腳大陸消費者，多會轉為理性消費者，一改以往感性而炫富的花錢風格，以台灣人向來精明消費與成熟的用錢價值觀來判斷，不論台灣的總體經濟是否變糟？上班族薪資普遍凍漲是事實，省著點用本應該是台灣年輕人現今的花錢習慣才對，但從兩岸日常的庶民消費行為對比中，卻明顯感受到一種矛盾與反差，看樣子只能說台灣經濟好像沒那麼糟！

8-10
每個人都需要財務智商

　　人是經濟的動物，不論你是不是學商的或做生意的，但你每天都在與人做交易，買早餐、去餐館，甚至就業找工作，本身就是一種不斷選擇交易的過程，你選擇了這份工作，就不能做那個工作，買了這件衣服，通常就沒預算再買另外一件了，就算你很富有，面對無窮盡的慾望，大多數的時候也必須做出

選擇，所以不論是窮人還是富人，天天都是在計算中過日子，所以具備基本的財務智商（FQ），就變成每個人一生中不可或缺的部分！

就像《窮爸爸富爸爸》作者羅伯特·T·清崎所說的——真正的財富是一種思維方式，而不是存在銀行裡的錢。換句話說，不同人對錢有不同的理解與不同的用法，就是貧與富的分野。而現今在小確幸背景下生活的台灣年輕人，普遍有著「看不起小錢，但又沒本事賺大錢」的矛盾心情。很多人都聽過亞洲首富李嘉誠與美國 Walmart 創辦人山姆·威頓（Samuel Moore Walton）在成為千萬富翁後，仍彎腰撿起地上銅板的故事，這種錙銖必較的精神是他們致富的關鍵。所以成為有錢人的第一課就是要「斤斤計較」，必須要做到「大錢要賺，小錢也不放過」的基本功課。

第二個功課就是要能掌握「當用則用」的關鍵點。也就是在關鍵時候，能分別出那些錢該花？該怎麼花？我這裡舉些例子，來談談這易懂難學的觀念，例如一日三餐是必不能省，但飯後那杯咖啡就非絕對必要了。花 8,000 元補英文，有助自己未來職涯的發展，但 5,000 元的演唱會門票，卻只會讓你高興一個晚上而已。在剛做事沒幾年就買了一部二手車，看起來是沒必要的花費，但如果你是常跑外地的業代，適當的交通工具，可以使得你業務開發能力大增，以前騎摩托車最遠只能做到大台北地區的客人，換做汽車，不只桃、竹、苗，連台中都可當天來回，這種花費就是一種投資，會讓你提早成功，快速地累積財富。往往同樣一件事，花與不花卻是兩種答案，端視你的目

的何在！

在會計學上來說，就是要先釐清這項花費屬於費用還是投資性質？費用通常只會帶給你片刻的滿足，但投資往往會讓你，在往後的數年都能獲得效益，當然不能老是假借投資之名，給自己花費享樂之實，這不是聰明人之舉。

第三就是「不懂的投資絕不要碰」，在眼下黑天鵝滿天飛，連很多財金專家投資都失靈的時候，奉勸我們市井小民，絕對不要去碰那些所謂的金融衍生商品，天下絕無那種百分百保本的投資，也根本不存在「利大而風險又低」的賺錢機會。買自己都搞不懂的商品、到人生地不熟的國外去投資房地產，其實都是在「賭」，賭的內容看似不同，金額也不相同，但十賭九輸是一樣的，當然有些朋友是輸得起，問題是值不值得的問題，如果真能輸得這麼灑脫，那還不如捐出來做公益用吧！

我同意有些朋友的說法，投機是富人的專利，至少他們不怕輸，也輸得起。換句話說，當你身上沒有錢或只有少少的錢時，絕不要用「賭」的方式去孤注一擲，雖然也有種說法，說「赤腳不怕穿鞋的」，反正沒啥可輸，不如放手一搏！但千萬要記住，任何時代都是講求信用的時代，賭輸了終究是要還的，你就算沒錢，也沒必要因投機而搞到負債累累，從負債起步，不是在增加自己未來由貧轉富的難度嗎？

第四課就是「要搞清楚資產與負債的不同，讓自己常保正向現金流」。這裡面有兩個重點，其一就是千萬別「以短支長」，用短期借款來進行長期投資或過分消費。以債養債的刷卡借貸或消費，會讓收入不高的台灣年輕人，能輕易的靠信用卡擴張

信用,但循環利率的超高利息,會讓借款人陷入長期入不敷出
的負向現金流,宜戒之慎之。

其二就是千萬別將自用型的資產當成投資來處理。舉台灣
的房地產為例,在高通膨與房價高漲的年代,如果你擁有一份
穩定的工作與一套自住的房子,千萬不要被高漲的房價迷惑,
而輕易賣掉現在自住的房產,就算賣了這房可賺個幾百萬的資
本利得,但往往趕不上整個房市上漲的速度,如果手腳不快,
多半的人是無法用賣房的錢,再買入原來價值的房產。這時就
要用上羅伯特‧T‧清崎教你成為「富爸爸」的觀念,清崎說:「資
產是把錢帶進你口袋的東西,而負債是把你口袋的錢拿走的東
西,真正讓你成為富爸爸的,是會帶來源源不斷正向現金流的
資產。」

對沒有財會背景的朋友來說,這是整篇文章裡最難懂得部
分,因為在清崎的觀念裡,年輕人別急著用自己的第一桶金去
買房子,因為房貸會讓你的房子變成負債,因為他會把你口袋
的錢不斷地拿走,此時最好要利用第一桶金,聰明地運用複利
觀念進行再投資,這才能快速地累積財富成為真正的富爸爸。
但前提是你必須要能嚴守「財務記律」才行,也就是本文第三
課所說的「不懂得投資絕對不要碰」。如果你自忖沒有把握,
我個人倒不反對置產,成功的關鍵是你要能找到「對的標的」,
選在「對的時機」,用「對的價格」與「對的融資方式」去購買,
一定要確保你買到是資產,而非負債。

再用一個經常發生的例子延伸說明,一位花蓮的朋友大學
畢業後留在台北工作,由於台北物價高,看樣子僅憑薪資根本

無法存錢買房,於是想將父母留給他的花蓮祖厝賣掉,拿這筆錢加上銀行貸款在台北買房,坦白講這是非常危險的做法,因為花蓮與台北兩地的房價落差極大,花蓮房子賣掉後,還要再向銀行貸一大筆錢才足以在台北置產,但顯然你將會由資產擁有者變成負債者,憑白的每個月流出一筆高昂的現金流給貸款銀行,使得你愈來愈難理財投資,離「富爸爸」之路愈來愈遠。

比較聰明的做法是將這祖厝拿去銀行貸款,在現今銀行資金寬鬆的環境下,應可輕易用 2% 以下的利息貸到 500 萬元,如果你拿這錢去做謹慎穩鍵的財務投資,不受那些高利潤高風險的投機所誘惑,若每年的報酬率以保守的 6% 計算,不算複利,每年也將有淨現金流十餘萬元,雖然你在台北沒有房子,但相信日子也不會太差,而且將來 60 歲退休想念花蓮的好山好水,直接搬回去就可以了,不像台北人還要高價移居。

舉這個例子,是因為台灣的房產自有率高達 80% 以上,比經濟強國的美日的 60% 與德國的 40 幾趴,都要高很多。而眼下台灣年輕人買房困難,主要是難在大台北地區,而目前大部分在北部上班的外縣市朋友,雖然在北部沒房子,卻是在老家有房產,除非你有把握將來退休後,不會再回鄉下老家,實在沒有必要在自己力有不逮時,非在台北買房不可。就是將老家房產拿去抵押借款,也是有前提條件的,那就是如果高堂父母仍然健在,再怎麼有利可圖,在顧及父母感受的前題下,都不宜做這種理財方式,因為人倫孝道是無價的、是無可取代的。

FQ 的第五課就是理財必須「親力親為」,就算金融機構的理專與自己雖是相熟的好友,再怎麼專業,他們的建議最多也

只是僅供參考而已，任何投資決定都必須在明白清楚的前提下，由自己做出來的。金融機構的理專，只是去操作與執行你的決定而已，因為賺、賠都是你自己的，而理專是有生意就有獎金，也不要委由朋友代操，賺了還好，賠了通常朋友也沒得做，何況現在的法律與稅制，也不容許我們私人集資代操。天底下本就無那種坐在那裡，就能輕鬆寫意賺大錢的好事。

財經官員多是財經專家，但很多財經專家，卻不擅理自己的財，因為主要的致富之道是靠 FQ（財務智商），而財務智商不是一門高深的學識，而是一種「正確看待金錢」的能力，這是一種平凡普通，人人都可學會的常識，如果學校無法教，就讓社會來幫助我們吧！

8-11 你想怎麼做？

最近讀到一個令人感動的新聞，一位名叫夏綠蒂的美國全盲女大學生，參加學校撐竿跳比賽，勇奪女子組第三。對運動有點概念的朋友都知道，撐竿跳最難的就是在助跑後，在起跳點要將竿子的竿頭，對準一個地上的洞精確地插入，才能撐起竿子，帶動身體上揚，實際上視力健全的運動好手也常常失手，無法順利起跳，這就不得不更佩服這位女孩子的本事了！

這則故事吸引了當地電視台採訪，才發現這位自 3 歲就幾

近全盲的女孩，不僅是撐竿跳了得，包括籃球、游泳、跑步幾乎所有的運動她都有興趣，而且她可以像正常人般一樣自己搞定，當然連運動都難不倒她，那平常功課上的學習對她而言，更是小菜一碟。

她是怎麼做到的？因她興趣廣泛什麼都想學，但每一項都有其困難之處，她父母也無法一一講得清楚，但是對於為何她總是能做到？她媽媽的回答倒是非常確定，因為我們對她的各種想法，從來都不會對她說 NO，只是會問她：「那你想怎麼做？」

我必須說，這位女孩子的成功，絕對與父母的態度息息相關，相信她的父母一定非常愛她，就像大多數的父母一樣心疼她，但她父母對視盲這件事，有個基本正確的認識，視盲的確是個問題，但不認為這是天塌下來，會阻礙人生追求目標、追求自我的障礙與藉口，她所想的是如何克服困難？有這樣的缺憾已經是夠倒楣了，但她想到卻是我不要因此而被擊倒，不要因此放棄自己的樂趣喜好，我要像正常人一樣能快樂的享受人生，她在家人的支持下做到了。

相信在她嘗試克服問題的過程中，一定是困難重重，其間跌倒摔傷，反覆練習帶來的大量挫折與傷痛，除了她本人咬緊牙關苦撐外，她父母看在眼裡，也一定萬分不捨，但家人的放手與鼓勵，才是她能走出自己彩色人生的關鍵。

反觀現今多數台灣家庭與社會現實，不要說對視盲孩子，就是對好手好腳的年輕人，也不敢放手讓他們去闖，對小孩的要求，也是從不說 NO，但卻是溺愛式的寵愛，想要什麼就買給他，

看看多少不學無術的年輕人，不事生產，卻開著超跑到處炫富，多少年輕人，用薪水養活自己都成問題，卻養了兩隻寵物。一般剛畢業出社會找工作的職場菜鳥，就妄想立刻順利找到好工作，整個社會根本就沒有要求自我，歷經磨練先苦而後甘的氛圍，只會憤憤不平地妒羨周遭的成功者，抱怨上天的不公！

看看這位美國女大學生的故事，奉勸台灣的父母家長們，孩子們的未來在他們自己手裡，我們做長輩的如果只留財富給他們，那絕對是害了他們，真正值錢的是「勇氣」二字，勇於挑戰困難的勇氣，與總是樂觀看待未來人生的積極態度，而這種正向的影響力，是日常生活點滴積累而成的。所以當下次，再碰到自己孩子提出一些新鮮想法時，先別忙著替他分析下結論，最好是先問問他：「那你到底想怎麼做？」

8-12 相信本身就是件 很難的功課

前篇文章談到要信任我們的下一代，要多給些正面的肯定與鼓勵，很多朋友表達贊同，也表示願意與小孩溝通，但另一個問題出現了，就是小孩好像什麼都不願意講，因此也不知道他們在想什麼？所以根本無法產生信任，我承認溝通是信任的基礎，但反過來講，也許是更通的就是——信任是溝通的前提！

台灣社會強烈的逢中必反的氛圍，就是最簡單的例子，沒

有信任，怎麼談？國事家事一個樣，從小朋友呱呱落地，什麼都不懂，但他可以從周遭的點點滴滴中，去感受父母親給他的一切，而 Baby 就是用完全的信任來回應家人的關愛，請問父母是先溝通，才會付出嗎？當然是基於信念與信心，就會無條件付出關愛，但隨著年歲增長，身為家長的我們，由於長期社會化的磨練，已經變得那麼不容易信任他人，最低底線至少是先要與對方溝通過或有過實際接觸，有了某種程度的了解，才可能相信對方。

　　但自己的小孩，不是別人也不是他人，想一想孩子 3 歲時是不是天天纏著你？5 歲時每天將幼稚園裡的好玩事，對你講個不停，或是常常要你講故事？曾何幾時，你們已不膩在一起，你還記得上一次與你孩子談心是什麼時候嗎？所以要講溝通，說實在往往是父母疏忽在先的，當然大人常會講一些冠冕堂皇的原因，說自己太忙沒空等等，但我相信即使你沒空與孩子們常聊，多數小朋友還是相信父母絕對是愛他的，絕不會害他的，這就是信任。因此做父母的是不是也能用這種同理心，無條件地先相信自己的小孩呢！

　　有些父母也會大呼冤枉，說他們其實很願意與小孩談，也願傾聽，但小孩就是不願與他們談？以我個人經驗，在公司身為高級主管，一天到晚與同事溝通，或與生意對手談判，總認為溝通是小事一椿，但與自己小孩溝通，才發現那才是世界上最難的事情，因為商場上的溝通，都是在雙方有共同議題，談話有交集的前提下進行，自然溝通起來會有建設性的結果，但拿在商場上溝通的那一套，來對待現世代的孩子完全不管用，

生長背景不同、價值觀相異，感覺上與他們溝通，就好像在與
外星人在溝通一樣。

　　以前與我大兒子在溝通時，我常犯一個錯誤，就是對他提
出的問題與困擾，我總是以身為人父，加上 30 年社會閱歷，
老氣橫秋地給他一堆建議，結果全被他否決了，我最後沒好氣
地問他：「那你講這些事情的目的何在？」他很明快的回答我：
「我只是告訴你有這些事，與你分享，但我沒要你給我意見，
我自己會處理的。」後來我學乖了，與孩子溝通時，我耐著性
子先聽，聽完了再問他：「那你怎麼想？打算怎麼做？」他需
要時，才是輪到我表達意見的時候！

　　有了老大的經驗，我對老二的溝通本事又進階了，每次溝
通前我們會先講好議題，然後事前約定，不論怎樣意見相左，
絕不可臉紅脖子粗，而且將所有的煩惱事，都當成快樂的煩惱
（Happy Worry），因為討論問題，解決問題後伴隨而來的，將
是較好的結果，既然是好結果，當然處理的過程應是令人愉悅
與高興的，沒必要焦慮，雙方再怎樣意見不合，也絕對不應該
不快樂的！

　　換句話說，唯有將事情的決定權交還到孩子們的手裡，他
們才真正願意與大人溝通，溝通雖說是解決問題的開端，但信
任才是一切溝通的起點，而且是要發自內心，真心地相信自己
的孩子們，相信他的判斷，相信他有足夠的智慧面對困難，相
信他有能力承擔責任、有勇氣面對挑戰！我做大人的再怎麼操
心，也只是個陪伴者，最多也只能扮演教練與啦啦隊的角色而
已。

8-13

是我們寵壞了下一代

　　這個題目有兩個主角，一個是我們，另一個是下一代，很多家長聚在一起聊天時，往往大吐苦水，抱怨現在的年輕人好逸惡勞、不思進取、欠缺責任心與同理心、無法獨立，甚至是不懂禮貌、沒有教養……等等一堆抱怨。但說句良心話，年輕人的這些問題，大多是為人父母者的我們所造成的，大多數情況孩子們只是反射出父母的作為與想法，孩子本身是被動的，而身為長輩的我們，其實才是製造這些問題的主要根源！

　　先說我們這一代，千萬別剝奪下一代的成長樂趣。回想我們的上一代，身處亂世又貧乏的年代，為求溫飽根本無暇他顧，導致我們這一代，多有個既充實又刺激的童年，幾乎沒有不逃過學、沒爬過樹的經驗，考試成績不好被打手心，打架被體罰也是家常便飯的事，被父母知道了往往是加重其刑，但一路走來，也沒見那個同學少了塊肉。倒是長大後若講不出一點兒時的豐功偉績，似乎在同伴間，還蠻丟臉的。

　　而剝奪下一代這些成長樂趣的元兇，就是我們這一代的家長。因為強褓中的嬰兒本身是沒有恐懼與憂慮的感覺，完全是父母傳染給他們的，當嬰兒在父母懷中感受到黑暗中，父母不由自主地緊抱他，之後他就學到了在這種情況下要緊張，所以

當我們做父母的不斷對小孩說：「你們這一代真可憐，機會少競爭大，能力又不怎麼樣，真擔心你們的未來？」久而久之，小孩就被灌輸了「我不行我沒本事，無法競爭，前途堪慮」這種悲觀的想法，當然也無法期待他在遇到困難時，會迎難而上，能積極進取了。

長輩本身要學習鬆手與放手，上個月與朋友餐敘時聊到一個例子，他朋友的小孩從餐旅學校畢業後，應徵上一家很有名的五星級飯店，但在他爸媽去這家飯店吃過一次飯後，就逼著他女兒辭職，原因很簡單，就是捨不得女兒端盤子。顯然有些父母過多的指手畫腳，一邊責怪孩子不懂事，對自己的未來不肯負責的同時，卻往往越俎代庖，將孩子們該自己去煩惱、去面對的事情一手攬了下來，請問這樣的父母，如何教出獨立自主能擔當責任的大人？

事實上，每一代都有每一代的挑戰與機會，記的我們在唸大學時，光是一篇報告就可以讓我們一組人忙上一週，而今日的大學生，電腦上 Google 一下，30 分鐘搞定。60、70 年代看起來職場機會似乎很多，但哪像現在有電子商務，有那麼容易微創業的平台？前些日子在某著名週刊上看到一篇談論「機器人時代來臨」的文章，文中提到該社編輯在企劃這個主題時，大嘆未來不知要小孩學什麼，才不會被機器人取代掉？這其實是過分杞人憂天了，現在年輕人在資訊科技的理解與運用上，遠比我們這些老頭子、老媽媽強太多太多了，現在時代的進步速度，早已超出我們這一輩人的理解程度，我們已經沒有資格對年輕人在知識上說三道四，最多只能做方向性的提醒、人格養成上的影響，最後能

做到就是經常鼓勵他們，扮演好啦啦隊的角色了。

　　有些事大人要做個好榜樣，特別是一種現象，就是年輕一代過分地功利傾向，凡事都要問投資報酬率，包括投資自己的未來，如果沒有十分肯定的答案往往作罷，其實這多半也是父母教出來的，因為與一位抱怨孩子過分功利的家長聊天，發現在談到某些話題時，他完全顯露出作為生意人的精明，凡事必問「市場性」，這時我才恍然大悟，原來孩子們這麼在乎「報酬率」，根本就是大人教出來的，不論我們嘴上怎麼講，一舉一動已經給下一代做了完全的示範。雖然人生中的確存在很多不需講、也不該講投資報酬的事情，但我們在實際生活中，過多的將本求利，自然也造就了功利至上的下一代。

　　一個國家的組成元素是領土、主權與人民，其中最最重要的就是人民，人民的素質決定了國家的未來與興衰，我個人認為過分照顧下一代，又不懂放手的父母，是教不出勇於承擔、敢面對困難、敢於嘗試與冒險，又具有高度視野的下一代，這才是我們這一代人最該擔心的，因為說到底，未來的世界，是要我們的孩子們，自個兒獨自去面對的！

8-14　千萬別再嚇唬我們的年輕人

　　前些時候，董氏基金會有篇研究報導，談現代年輕人普遍

存在焦慮症的問題，特別是即將大學畢業的年輕學子最是嚴重，他們在焦慮未來的前途問題。這的確是個事實，因為在我生活的周遭，就常聽到做長輩的，不斷對自己的小孩貫輸負面訊息，譬如不可能的、沒機會啦！請問做父母的天天對著下一代這樣講，我們的年輕朋友能不焦慮嗎？

但焦慮能解決問題嗎？更嚴重的是很多父母在表達擔心之外，還會指手畫腳，逼著小朋友照著他的想法走，不僅不顧小孩的志趣，有時連聽聽小孩的想法都沒耐性，請問年輕人能不苦悶？能不徬徨與無助嗎？

關鍵首在啟發年輕人，自己能察覺問題，我兩個小孩自幼讀的是國際學校，求學過程並非一路順遂，但就從沒聽過學校老師有任何負面批評，老師對小朋友的任何表現與想法都是抱持肯定的態度，從一開始，就給孩子們一個無限寬廣的視野，包容各種稀奇古怪的想法，只要你願意，凡事皆有可能！這樣氛圍環境下成長的年輕人，當然不會壓抑自己的渴望，而且多能在父母的鼓勵下追求自我，自然就無焦慮問題。

無焦慮並非沒有煩惱，任何事情都有可能帶來麻煩、帶來困擾，但長輩師長們樂觀開放的積極態度，會讓孩子們對未知的將來，總是懷抱著憧憬，而煩惱的出現，也在增加他們生活的樂趣與學習的動力，所謂學習，不就是學習解決問題的能力嗎？父母千萬不能剝奪小孩面對煩惱、自己解決問題的權力。我的大兒子在美國 UT Austin 讀建築時，講了一位教授的故事，給我很大的啟發，這位教授說，他每天回家都花很多時間在想他們的作業，不是在想他們作業哪裡有問題？該如何修改？而

是在想怎樣跟同學溝通，讓他們可以自己察覺問題，進而自己動手找到答案！

　　協助年輕人拉高視野格局，從根本解決問題才是關鍵。眼下畢業在即的年輕朋友，面對台灣職場低薪與機會少的問題，我的建議就是至少要將就業職場的層級，拉高到大中華區的層級，對未來職場生涯的想法與規劃至少往後看 20 年，這樣你就會發現其實職場是無限寬廣，然後用剛進職場最稚嫩、機會成本最低的前兩年打底，一方面找出志趣所在，一方面補強自己欠缺又需要之處，趁還沒有結婚、沒有家累之時，可全力為夢想拚搏。如果是要出國深造，就快快行動起來，為日後打國際賽或亞洲盃做準備。台灣 2,300 萬人口的海島型經濟，無足夠大的內需市場，提供那麼多職場機會，但拉高到大中華地區或亞太區市場來看，那就是台灣百倍多的機會，這就是格局與企圖心的問題了。

　　對擁有專業、經驗、人脈與生意基礎的上一代家長而言，如果你想要下一代有能力接手生意，當務之急就是要將自己個體戶般的生意，轉換成企業化的經營格局，同時預備花個 10 年時間讓年輕一代由基層起步，趁老一輩還跑得動的時候，帶在身旁邊做邊學，當然前提是年輕人有意願接班才行，因此充分地溝通與鼓勵是絕對必須的，如此生意不但可以傳承，也無虞年輕人將來生計無著。

　　想想我們自己，我們也年輕過，也曾是大學畢業生和社會新鮮人，那時代並沒有比較多的機會，但幾乎所有的同學，沒有人將找不到理想工作怪罪政府或推給社會，關鍵應該是在我

們那一代家長的態度身上，父母們從來不清楚我們的課業，也搞不清楚我們大學畢業，將來可以做什麼工作？他們的表達，就是無條件的信任與鼓勵，信任他的孩子有自我的判斷能力，絕對知道自己在做什麼，然後用無窮的愛心包容與鼓勵我們。

我們的上一代以正確的態度，表現對我輩的愛，也讓我們擁有信心與勇氣，在職場上一路走來。現在該是我們放手下一代，給他們勇氣、鼓勵而非恐嚇，讓他們自己能面對困難、挑戰機會的時候了。注意！每一代都擁有每一代自己的機會，也同時有著那個時代的挑戰，路得靠他們年輕人自己走，我們應該做的是給他們「積極正面，永遠樂觀看待未來的人生觀」。最後就是──在他們遭遇挫折時，別忘了給他們一個緊緊的擁抱！

第 9 篇

職涯規劃與人生規劃

　　前些時候在與東吳企管系學弟妹的一場座談中，聊到一個話題，就是——職涯規劃與人生規劃有何不同？多數朋友多會認為，職涯規劃好像偏重工作領域，人生規劃則面向較廣，包括事業、婚姻、家庭……等等。當場我舉了一個切身真實的例子，我太太就是我在公司認識的同事，而且還是在一次重大的職場轉換後發生的，從此我的人生整個都不同了。所以說職涯與生涯就算不是百分百相同，彼此間至少也是高度相關的，不過講到這裡倒是跑出一個哲學性的問題，職涯與人生真是可以規劃的嗎？

　　坦白講，每個人背景不同且人生際遇難料，多數 20 多歲的年輕人，對未來的人生目標，最多也只有個模糊的概念，不容易說得清楚。但職涯比較實際，基本上也是比較能規劃的，但前提是當事人要知道自己喜歡什麼？想要什麼？才知道該如何準備，該朝哪個方向努力？關鍵問題出現了，如果自己後知後覺，一直都沒搞清楚自己該幹什麼？那在職場路上必然顛簸不平，少不了來回折騰，但世間本就少有人完完全全是一帆風順的，還真要看開一點！

　　產業界最著名的職場轉換案例，當屬阿里巴巴的二當家蔡崇信先生，這位 1964 年台灣出生，畢業於美國耶魯大學的高材生，原任職歐洲投行副總裁，1999 年與馬雲在杭州南湖一席談後，決定放棄年薪 500 萬港幣的香港工作，到當時搖搖欲墜的阿里巴巴，屈就月薪僅 500 元人民幣的工作，相信一般正常人絕不會做這樣不靠譜的決定，對蔡崇信全家人來說衝擊是多大？也相信當時信蔡崇信的太太一定認為他可能是瘋了，其間夫妻倆必然是多次的深夜長談，最後結果顯示老婆大人應該是被說服了。現今事後證明蔡崇信先生眼光精準，關鍵時候孤注一擲投資馬雲，眼下他已是阿里巴巴僅次於馬雲的第二大個人股東，

持股比率 2.5%，市值超過 100 億美元。其實在蔡崇信認識馬雲之前，他的職場成就已屬人生勝利組，相信就算他沒加入阿里巴巴，日後也不會太差，所以說到底是馬雲成就了蔡崇信，還是蔡崇信成就了馬雲？沒人說得清楚。

　　人生際遇無常，一個人的遭遇一定會影響其職場的發展，而職涯的際遇也必然影響其未來人生的走向，但像馬雲與蔡崇信，這種奇葩和怪傑聯手創立阿里帝國的故事世間少有，日後當是影視界拍片的好題材。不過留意我們生活的周遭，會發現每個人在其一生之中，總會碰到幾個重要的坎要過，我個人認為當面臨事業徬徨抉擇的那一刻時，考慮的關鍵在自己是否有自知之明？了解自己的興趣、優勢與短處？喜歡哪一行、哪一種企業、哪一種老闆、哪一類性質的工作？適合幹夥計，還是想創業當老闆？單身時只要考慮自己就可以了，若已論及婚嫁或已有家庭子女時，顧慮就要多很多了。

　　回到本文第一段所提的問題，職涯與人生真是可以規劃的嗎？我的答案是可以的，至少可以做到方向性的規劃，特別是上段文中「自知之明」的這個功課，清楚了解自己，才知到該做什麼準備，這是屬於職涯中可規劃的部分，剩下的就是掌握稍縱即逝的機會，因為機會在何時何地、會以什麼形式出現？沒人能早知道，做好準備隨時迎接挑戰，是每個年輕朋友唯一要做的事情，但一定要有個心理準備，就是世事難料，人不可能一生中每一步都是按劇本走的，但能以正面角度對待意外發生的朋友，才能在跌倒後爬得起來，甚至愈挫愈勇，而且人生也不一定照著原來的計畫走就是最好的，但過程中的每個挫折，都是餵養日後成功的養分，走著、走著，一條康莊大道就出現了！

9-1

市場有多大 職場就有多大

　　以前在大學唸書時，常聽到一句話「畢業即失業」，30 多年後的今天，台灣年輕學子的就業問題似乎更嚴重了，不過講穿了，薪資高低不就是職場的供需問題嗎？台灣市場太小，工作機會自然比較少，年輕學子若不拉高視野面向海外，台灣島內的職場供給長期遠大於需求，低薪資魔障將永遠無解！

　　顯然當市場夠大時，就業機會自然就多些。我這裡先談談對岸大陸的職場情況，中國大陸每年有 1,700 萬個新生兒，這意味著每年至少有數百萬的大專生面臨就業的問題，所以在其改革開放十餘年後的一段時間裡，整個社會也迷漫著一股大學生對就業的憂慮與不安的強烈氛圍，但現在又是十多年過去了，可是眼下社會上卻不再有這種普遍的憂慮感，我仔細觀察這種轉折變化來自下列幾個原因：

　　其一，大陸內需市場本身的開放與成長，提供了大量的就業機會。

　　其二，網路的興起加上電商模式的運用，提供了年輕人微創業的舞台，又有足夠大的市場讓他不斷茁長。

　　其三，基於對競爭意識考慮，大批優秀學生在經濟條件許可下，赴海外留學深造，其中部分人才留在國外工作，部分則

以海歸身分回國，成為外資、國企與陸資的高階職員，他們大多成為陸企接軌國際市場的人才庫。

其四，多數年輕人強烈渴望成功，莫不絞盡腦汁追求財富，全力以赴爭取各種職場機會，與各種創業的可能。

其五，由於全國大面積改造致富的家庭，消化了部分遊手好閒不事生產的年輕人。

看看大陸比比台灣，別以為大陸職場好像是隔壁鄰居的事情，那可就大錯特錯了，當中國已由世界工廠轉為世界市場的時候，世界 500 強與各國菁英，莫不爭相搶進中國這個現今世界第二大的經濟體。職場無疆界，就像網路無國界一樣，在職場的舞台上，早就是在跨國競爭了，即使部分台灣年輕朋友想龜縮一隅，企圖保住一點小確幸都不可得，因為好的企業是要能禁得起競爭的，必須要用夠優秀的人才，假如你不夠強，就算台灣有好職缺，也可能會被國際人才搶走。所謂好職缺，自然是高薪待遇好的職位，越高的職缺當然是面向國際市場開放甄才，本國人才唯有本事夠大，才能阻止外籍人才的入侵。

現實上你要問自己一個問題，在職場上你到底要打台灣盃、亞洲盃還是世界盃？國際一流的企業向來是全世界找人才，如果你是一流的人才，為何不能到海外找工作呢？何況在大陸這個類同台灣主場的市場裡，職場舞台是那麼的大、機會是那麼的多，我們年輕人可以不理大陸市場，但沒理由排斥大陸職場或其他海外職場。當然，大陸職場絕不僅限於台商，外企、陸資或國企都是你的機會，你可以替 IBM 工作，沒理由就不能在聯想任職，絕不要先天主觀的排斥陸企，近年在全世界跨國的

併購案中，中國買家就占了一半，就算你今天在外企任職，也可能明天就換成了大陸老闆，誰知道呢？

還有海外就業，根本不存在本國人才外流的問題，事實上比起資金的外移，人才的移動可說是毫無風險，因為本事是跟著你這個人走的，你走到哪本事就帶到哪，問題是哪邊的職場比較賞識你的本事？哪裡的市場能讓你發揮所長？特別要有個正確的觀念——到海外掙錢回台灣花，那是百分百對台灣經濟有貢獻的事情。

9-2

兩岸職場機會比一比

台灣本土市場的狹小，代表台灣職場舞台的局限性，這是先天的現實面，在台灣背景下成長的年輕人，有必要了解這其中的差異嗎？而了解這種差異，對職場就業是那麼的重要嗎？答案是絕對肯定的。

首先在客觀上，要了解台灣海島型經濟體與大陸型經濟體的 DNA 大不相同。回想我在大學唸書時，非常羨慕美國本土市場的龐大，因為企業管理上的教案幾全是美國企業，這其中最大的差異，就是海島型經濟體與大陸型經濟體的不同，美國市場的大讓這個國家的企業，能夠有足夠的沃土，輕易地孕育出企業規模，台灣作為海島型經濟體，本土市場太小，必須高度

仰賴外銷市場生存，賣 FOB 或 CIF 出口價給美國的客人，至於當地市場前後兩端的工作，如市場行銷、產品研發、品牌定位、商品定價、通路策略、庫存管理、售後服務……等等均不用煩惱，當然也就賺不到這個環節的豐厚利潤。所以台灣 50 多年來，一直是辛苦賺著產品的製造利潤，而中國大陸內需市場的崛起，就是另一個美國市場經驗的複製，我們來不及、也不夠資格參與 70 年代美國市場的崛起，現在萬萬不能再錯過大陸，這個超級龐大新興市場的發展機會，所以深刻了解大陸市場的廣度與深度，就是我輩年輕人在國際職場闖蕩，不得不修的學分。

大陸市場的深廣與複雜，逼使企業必須不斷求新求變。就拿我在大陸做了 30 年的童裝生意來說，台灣的設計師對大陸北方，在冬天零下 30 度怎麼穿衣服？從嚴寒的室外，走進溫差那麼大的室內，要怎樣配搭衣服才合適？對來自四季如春的台灣設計師而言，這還是一個最平常的考驗而已。

1994 年，我因公陪同上海一個商貿團訪美，其中有個行程是到田納西州孟菲斯市的 Fedex 總部參觀，到了這個美國最大快遞公司的基地，跑道上總是有幾十架等著起飛的飛機，我的第一反應是在不久的將來，大陸即將會一樣出現擁有自己飛機的民營快遞公司。果真如此，大陸民營的順風速遞，早在幾年前就已有擁自己的全貨機機隊了。

再看看現在最夯的電子商務，阿里巴巴一個民營企業，利用大陸龐大的內需市場，加上科技的運用與商業模式的創新，創造了新台幣兆元產值的產業鏈，影響了數以百萬計的工作機會與家庭生計，大陸型經濟市場的乘數效果，其威力可說是完

全展現。

　　短期內台幹仍是外資進軍大陸市場的憑藉，各位請再試著理解一種情況，中國與日本官方關係非常差，但民間企業卻往來頻繁，日本本土市場長期不振，日資企業近年來大舉西進，大陸市場成為他們最依重的增長點，因此對雙修東語與商學系的同學來說，這不是職場的一大機會嗎？看看 MUJI 無印良品、優衣庫等日商在台展店，目的之一，就是利用在台據點，大舉招訓台籍幹部赴陸工作，這就是一個職場變化，再明顯不過的例子。

　　另外談談大陸的品牌事業，從成衣、鞋子、配方奶粉等傳統品類到眼下當紅的手機，無不是在大陸這個龐大市場基礎上孕育的，它的龐大體量加上對工作的深度需求，提供了我們台灣年輕人在台灣不可能有的職場機會，其實它已吸引了全世界企業菁英的目光，從生產事業到金融、零售、服務、餐旅與電商，從上海、北京到內陸的二、三線城市，無不見國外品牌、外企與外國人逐鹿市場的身影，因為開放的大陸市場已是全世界的市場，這個市場所帶來的職場機會，是全世界有志者群聚的舞台，你要演主角，還是配角？或是路人甲、乙？完全看你的本事與能力了。

　　台灣部分媒體老是提到人才的出走，會造成台灣產業的空洞化？其實這是無稽之談，主因為台灣本地市場太小，很多人才待在台灣缺乏機會，而有限的少數機會，又面對太多人才的拚搶，搶到了待遇也不會太好。如大家能從小區塊，又擁擠的人才市場中解放出來，將可輕易突破薪資魔障，你還會發現世

界有多大？更何況小池塘裡養不出大魚，等那一天面對國際級機會時，往往會因欠缺某些歷練而失之交臂，豈不可惜！

台灣市場的小，讓企業必須以較低的用人成本，擠出公司的生存空間，但卻無力阻止來自對岸的搶人大戰，因此呼籲台企老闆，一定要用接近國際行情的待遇水準，來對待我們台灣的專業經理人，千萬不要以台灣本地市場的薪資行情作為用人標準，因為競爭者都是以大中華區或亞太區事業版圖的薪資觀念來用人才的，不要忙了半天，老是為外企或陸企培訓人才，自然也就沒有人才流失、產業空洞化的問題了。

9-3 先求有　再求好

每到畢業季節，都是企業招新人、畢業生找工作的高峰時段，此時媒體談到很多年輕人，已不願往前幾年正夯的餐飲業就業，主因工時太長或工作環境太熱等因素，近年是對新興的文創產業較有興趣。其實這是社會演變過程中，很自然的一個社會現象，被媒體用誇大的方式報導成一個社會問題，真是太過緊張了！

社會發展的程度，絕對會影響年輕人就業傾向。這個現象，讓我回想起在大陸工作 24 年間大陸職場的演變，2000 年以前的大陸，正是大力爭取外資，發展外向型產業的時候，那時的大

陸年輕人多是到工廠工作，其中程度較好的，可能會成為企業的白領文職或管理人員，但80％大多數的年輕人，則是在工作環境較差的車間裡工作，隨著GDP的逐步增長，內需市場逐漸成熟，後期年輕人就業的選擇開始多元化，麥當勞、肯德基、星巴克與零售業，變成很多年輕人的首選，這些服務業的工時多採取輪休制，工資也沒有較高，但有冷氣可以吹，穿得乾乾淨淨，有較多機會可以交朋友，因為社會的發展，讓年輕人的職場觀念產生變化，工作的目的不再是為了份工資而已，工作環境、交友等非經濟因素變得更是重要。

但最近大陸年輕人口味又變了，當紅的電子商務與網紅相關生意，變成就業首選。另大批快速增長的新富家庭，他們的孩子選工作基本上也不太考慮薪水，而是事少、離家近，工作已變成他們的消遣，輕鬆愉快沒有壓力才是重點。另一邊則是力爭上游的社會底層或原弱勢群體，不放過任何向上移動的可能機會，形成兩極化的職場就業觀。

反觀我們台灣的年輕朋友，大半無富裕家庭可供他們悠哉度日，刻苦努力的程度又普遍不若對岸學子，加上社會充滿怨天尤人的氛圍，搞得部分年輕人不思進取，眼光既看不高、也望不遠，剛畢業就想立刻找個錢多、事少的理想工作，一方面不滿意2萬多元的低起薪，但又不願幹月薪40K～60K的醫院看護工，因為工作太辛苦了，也嫌環境不好不願去工廠，製造業不幹，那就去服務業啊！對不起，零售業如果從基層店務做起，一天至少要站8個小時，也太累了。現在連餐飲業也在嫌，不知道是不是我們整個社會的條件太好，還是這些社會新鮮人

的本事太強，可以選擇的工作機會太多了！

年輕本應是社會新鮮人最大的本錢，初進職場者宜花點時間，找出適合自己的工作。當然我不能說大家想進文創業有錯，但相信絕大多數的職場菜鳥，根本不知道「文創」是在幹什麼？多少文創企業可以熬過初創期的煎熬，尤在未定之天？其實不只是文創業，市場上的百行百業，剛出校門的年輕人，又有幾個搞得清楚是在幹什麼的？自己適合走那條路？幹哪一行？所以給個務實一點的建議，初進社會的首份工作，要將目標放在「探索與了解」，探索一個行業的內涵與運作，了解自身的能耐與性向。而不是在此時就考慮薪水待遇與工作是否輕鬆？因為還不到那個時候。

俗話說「男怕入錯行，女怕嫁錯郎」，所以花點時間搞清楚外面的世界，搞清楚自己的志趣，是選擇職業方向的第一步。我在不同的座談會與演講場合中，一再提醒我們的年輕人，作為社會新鮮人，本就不該一開始就期望能立刻找到一個理想的工作。事實上作為職場菜鳥，剛進社會的前期是不太有本錢挑工作的，因為什麼都不懂，進企業的頭兩年基本是在學習，不用付學費還有收入，這是多麼划得來的事情，只要去的是一家正派企業，你就絕對不虧了。先蹲後跳，就像入伍當兵，先到新訓中心待幾個月，才能分發部隊一樣，如果沒有先訓練，否則哪天真要上戰場，肯定早早就掛點了。

大學畢業，盡可懷抱理想尋找心目中的理想企業，但是否真的理想如意？要去了才會知道，所以就算無法在短期內覓得合適工作，也無需氣餒，因為世事難料，可能你最初認為的不

理想企業，也許才是你的真命天子。所以找個正派企業，磨練
自己的膽識與社會歷練，將離校後的首份工作，當做你社會大
學的研究所，此時真的不是追求待遇高低的時機，因為高低差
別最多也只是幾千元而已，此刻你最大的成本是時間、最大的
資產是年輕，千萬不要過分挑三撿四，如果實在無法立刻找份
理想工作，退而求其次，先求有再求好，也是一條出路啊！

9-4 職場必備的基本五力

　　經歷 30 餘年職場生涯，發覺不論是在台灣還是大陸，除了
行業的專業技能外，如能具備下述五種基本能力，那幹夥計的
必獲主管賞識，步步高升。做老闆的必然順風順水，事半功倍。

　　其一是財務專業，做生意無分行業，都必須看懂財務報表、
分析數據，最好是在升到主管前就要開始學習，如果你從事的是
買賣業或服務業，那初級會計學就夠用了。但若你是在製造業工
作，那至少要懂成本會計，否則怎麼管工廠、管供應鏈？每年
部門要做計畫、編預算，對有財務素養的朋友來說，那是小菜一
碟。記得我大三擔任系學會會長期間，就運用大一學到的初級會
計學，來編列整學年的預算，在開學後兩週的班代會議上，通過
我未來一年的工作計畫與預算之後，我整個大三系學會的工作，
基本上就只剩執行的問題了。

　　後來在職場因緣際會，有兩年被派任管理整個供應鏈，包括工廠、生產與採購等業務，那時幾乎天天談 ISO，講標準成本，這時我大三唸的成本會計就派上用場了。懂財務可以讓我在關鍵時很容易的做對決定，尤其是身為老闆，舉凡日常運營、多角化、合作、投資或購併，財務絕對是你的基本功課。

　　其二是法務素養，坦言之，台灣人一般的法律意識，實在遠不如歐、美、日等國，在國內時貪小便宜走捷徑，從交通法規到食品安全，從身邊瑣事到企業經營，習以為常遊走灰色邊緣，久而久之到海外做生意亦若是，被逮到了就說人家法規不明確，要麼說大家都這樣，幹嘛只抓我？這就好像小學生做錯事被老師發現後，老師要處罰，學生會辯說：「這樣做的又不只我一個，為什麼只罰我？」這就是太缺乏法律觀念的問題，法律向來是只問你有沒有做，別人的事以後逮到了自會了斷。

　　尤其不要以為簽了一個非常有利己方的合同就沾沾自喜，要知道走到全世界都是一個「理」字，違反當地法律的合同就是無效合同，不論甲、乙方本身是否同意，不按當地法規辦廠，被抓到了只能乖乖認罰，不論當初是那個縣長，村長答應了什麼？只要是違法的通通無效，因為全世界的法律向來都是保護合法，而無法保障非法的，事後再如何爭辯，不過是罰輕與罰重、損失大小的差別而已。

　　其三是管理能力，我本人大學讀的是企業管理，運氣比較好，讓我在大學唸書時就接觸管理科學，加上學生時期帶社團又邊學邊用。簡言之，管理包括了計劃、組織、協調、溝通、領導統御與激勵等，一句話就是「Getting things done through the people」。對大多數非企管專業的朋友來說,這些本事是必須在工作中磨練出來的,而每個人的悟性與用心程度,自然決定往後事業格局的高下。

記得楚漢爭霸時,劉邦問韓信,他可以統兵多少?韓信說「十萬人」,劉邦再問,那韓信你可以統兵多少?韓信說「一百萬人」,然後接著改口「愈多愈好」!劉邦一聽下不由大怒,於是韓信立刻說到:「大王是御將的,何需自己統兵?」其實這典故講得就是管理能力,特別提醒一個重點,事情是用管的,但對人,特別是「人才」可是要領導的,這種能力的高低,決定你日後職場職位的高下與事業格局的大小,能不重要嗎?

其四是外語能力,這裡主要講的是英文,千萬不要以為你以後的職場舞台是在台灣或大陸,就可以避開英文,台灣企業國際化不論是出口還是進口、外貿還是內需?必然都需要與老外打交道。現今大陸年輕人的英文水準已遠超台灣,2018 年兩岸多益平均分數(台灣 554 分,大陸 578 分),加上大量海歸留學生,兼具大陸本土背景的優勢,很多跨國企業大中華區的好職缺,都得面臨對岸年輕好手的挑戰。在大陸經濟已然崛起的情勢下,歐、美企業爭相進軍中國市場,又或大批茁壯中的陸企或已國際化的台企,到海外市場發展或購併外企時,必然會啟用大量當地的外籍幹部,和這些外國同事相處,若連英文溝通都出現問題,非但不可能升職,其實根本就無法混下去了。

其五是思辨的能力,另一種說法,就是邏輯分析的能力。台大管理學湯明哲教授則稱之為「批判性思考力」。問題是這種能力很難在學校時學得完全,運氣好碰到好老師或好主管會

讓你早點開竅。因為作為剛大學畢業的社會新鮮人，職場經驗必然不足，所以初臨職場很難快速表現，初期只會被交辦一些簡單的工作，想要快速展露頭角，有賴關鍵時刻的不凡表現，而這不平凡的表現或觀點，要能讓主管眼睛一亮，靠的就是思辨的能力了。

　　思辨力的養成，有賴追根究柢的好學精神，一個充斥懶人包文化的社會，是無助於培養年輕人進入深層思考的，在真實的人生旅途上，每個人大多數時都是在黑暗中摸索前進，問題是兩個同樣都是社會新鮮人，做一件大家都一樣沒經驗的工作，但結果絕不可能完全相同，一定是其中一位比較好，另一位則差一些，就算偶爾打成平手，日久必分高下，為何會如此呢？到底是什麼原因導致這種差異呢？

　　還好這種思辨能力並非天生，是可以靠後天學習與訓練的，具備本文前述四力與行業專業能力卻是必然的基本條件，因為任何事情的分析必須有脈絡可尋，不可能在無根無據的理解下，天馬行空的胡亂猜想，而且往往很多細節必須是在瞬間要做決定的，邏輯分析能力能幫助你，將這些不同的專業能力串連在一起，可以臨場判斷事情該如何辦。有些業界老闆常取笑自己，以前在學校唸書時，成績老是墊底，但卻是全班鬼點子最多、經常帶頭惹事的頭痛人物，這裡暗喻每個人的想法與思維方式是不同的，因為在真實世界裡懂得活用所學，敢挑戰權威、敢問問題與變通的人，遠比那些只懂得死讀書的書呆子，在職場上會吃香很多！

　　上述五種基本能力，絕對大多是在學校求學階段，就可以

學習與磨練的，個人的心得是大學生活絕不能太空閒，只顧唸
書就會感覺時間太多、太閒，要多多參加社團活動或打工，最
好是忙到課業、社團與交女朋友難以兼顧，這樣你就能先一步
學會如何利用時間？能有效率又有效益的處理事情？這些歷練
是會在你日後正式步入職場時，幫上大忙的。

9-5　職場沉浮是常態

　　除非自己做老闆，否則在任何單位、任何組織內都不能保
證自己的職位只升不降、薪水只加不減，就連自己一手創辦的
公司，也可能有遭董事會掃地出門的一天，蘋果的賈伯斯不就
曾發生這樣的事嗎？所謂宦海沉浮，本就是理所當然的事，特
別是看到一生幹公務員的父親，跟對老闆時被重用高升，老闆
下台時也跟著進冷凍庫，一生中上上下下好幾回，要不習慣也
難！

　　像政府這麼龐大的官僚組織，個人職位的降調升遷再所難
免，但因受公務員銓敘制度的保障，只要不犯法，且耐得住仕
途不順時的煎熬，總會有翻身之日。但民營企業就不太一樣了，
身處大企業若碰到有私心，又會搞政治的主管，那你可能難有
出頭之日。還好現代的企業治理全面走向扁平化，加上網路科
技的普遍，讓千里馬很容易被伯樂看見，當然前提是這個企業

要有識才的伯樂主管才行。

勢不可依盡，福不可享盡。現實上講究企業治理與組織扁平化的企業，一定也是競爭異常激烈，不只是自己的表現要夠優秀，還要比同事們更優秀才能脫穎而出，因為主管的位置總是比較少的，一遇空缺組織內總有好多候選人盯著這個職位看，一不留神就可能被後生晚輩彎道超車，這種職場的現實面，難免會讓某些初任主管的年輕人得意忘形，產生一種不可一世的驕狂之氣，這絕對是職場的兵家大忌，因為再厲害的高手，也要靠團隊的協助才能完成工作，職位愈高任務就愈艱鉅，也就需要更多同僚的幫忙，包括跨部門的協調合作，此時就要看你這個主管平常待人處世是否成功了？

所以人在得意之時，切忌對同事頤指氣使，也不需得理不饒人不給人留餘地，要知道天有不測風雲、月有陰晴圓缺，哪天你瞧不起的同事變成自己的頂頭上司時，請問你怎麼辦?! 當然，在你有權有勢之時，必然也是你可宏圖大展之際；我曾聽過大陸朋友有句說法，「當你有某些權力時要趁早運用，因為某些特權可是過時不候的」。這種說法表示你要懂得把握機會，當你有機會獨當一面時，千萬要懂得適時運用職位上的優勢，爭取較多的資源以收獲更大的戰果。這種觀念沒錯，問題是在態度方面，既然你已有職位上的優勢，只要稍加鋪墊，自然能順利推動工作，沒必要對同事大小聲，坦白講能夠舉重若輕，溫柔平和地完成任務，這才是能擔當大任的領導人才，你的主管位置也才能坐的久些。

職涯是跑馬拉松，韌性才能決定成敗。學校畢業剛步入職

場的同學，心中難免會自我比較，同學中誰的工作順利？誰的
待遇較好？這種攀比心態也沒啥不好，至少可刺激我們更努力
些，但時間拉到畢業後 20 年來看，大家會發現情況大不相同，
很多原先就業不太順遂的同學，卻掂掂吃三碗公，一步一腳印
地爬上高位，他們有個相同的職涯發展特點，就是以跑馬拉松
的精神面對自己的職涯路徑，看似平凡平淡的過程，靠著耐力
與長期的堅持，為自己的職涯打下堅實的基礎。

在大陸傳產內需市場中，我曾碰過兩位財務出身的台幹，
能力並非最出眾，但卻懂得把握機緣，很年輕就受老闆重用，
當上一把手的職位，後來幾度在面臨企業經營瓶頸時，不得不
交出兵權，但最終他們又回到了總經理的大位上。關鍵就在他
們擁有堅強無比的韌性，因為通常年輕老總，在被拔除總經理
職位後，多數人會在兩年內離開原來的企業，但這兩位朋友靠
著韌性，撐過比兩年更長的冰凍期，硬是等到繼任人選陣亡為
止，又被老闆重新啟用。雖說職場上有句話「此處不留爺，自
有留爺處」。但被同行高薪挖角，還是被老闆下架請離現職，
同樣是離開，兩種境遇可是大不相同，唯具韌性者才能掌握主
動，並挑選合適的異動時機。

大陸職場普遍具有年輕化的趨勢，2018 年 9 月 14 日一則新
聞報導吸引了我的注意，就是大陸的小米科技進行了上市後最
大的組織變革，一口氣提升了十多個部門的總經理，平均只有
38.5 歲，小米董事長雷軍說，小米未來要達到 1 兆人民幣（約 4.5
兆元新台幣）的目標，需要 10 萬名員工，必然要強化管理提升
組織效率，因此必須給更多年輕人成長的機會。他點出了目前

大陸新創企業，對年輕人的信任與放手的職場趨勢。

　　伴隨著高強度的職場壓力與高薪外，年輕人最期盼的是機會與舞台，問題是台灣老一代的企業家多不願或不敢放手。島內有些台灣朋友，悲觀看待台青赴陸工作的熱潮，專業媒體訪問他們，談到兩岸工作環境的差異，大夥眾口一致談的就是機會，就任新職不論正職還是實習，幾乎都沒有蜜月期，交付任務也不管你有無經驗，最常說的就是：「這事情你知道吧？可以吧？就你辦吧！」基本上陸企只會問你要不要，願不願？從來不談你能不能的問題。這與台企那種，總覺得你還沒長大，不願相信你、怕你失敗的觀念相去甚遠。如果你是當事人，不談待遇與生活條件的差別，請問那邊的工作環境能鍛鍊你、能成就你呢？

　　另外，就是大陸對速度的要求極高，早上要下午給，在陸企是件很正常的事。台商普遍的做法既官僚又保守，不論什麼開發專案，都要經過評估、討論，排定時程，做一個項目的時間，在大陸已來回完成幾個任務了，在大陸大家就是拚命把事情做好、做完，這樣的職場環境，代表著高強度的競爭，被升遷與被資遣都是常態，職場的上上下下自然也是件平常與再普通不過的事情了！

　　許多赴陸工作的台青表示，去大陸其實志在千里，不只是在看大中華市場而已，主要是鎖定全世界，來大陸才能快速接近世界市場，也比較接近國際職場。另外有些朋友表示，在大陸職場，很有機會在 30 歲前就成為小主管，並期望 35 歲時可以返台貢獻所能，但以我個人的了解，若你能在 30 歲前幹到陸

企的小主管，35 歲不但可能回到台企當大主管，替國際企業全球獵才的人力仲介公司，肯定會天天打電話煩你，那要恭喜你，表示你已進入產業內世界舞台的眼簾中，也表示你有某種國際級的身價了！

9-6

職場本就無公平可言

我人生第一份工作時的老闆，就給了我正確的職場觀念，他舉了個例子：兩位同班同學同時獲公司錄用，由於部門崗位不同，兩人起薪並不相同，因此其中一位就抱怨道：「我們同校同系，憑什麼他比我領得多？」但如果兩人同樣薪水，另一人又會說道：「雖然我們是同學，但在校成績我遠比他好，比他優秀多了，何況我們崗位不同，我的責任與工作量那麼重，我應當拿比他高的薪水。」兩個人的論點都沒錯，所以不論單位如何做，就算你的待遇已經很高了，只要一聽到有人拿得比你還高很多，或同行某人在相當你的職位拿了你二倍的待遇，當下立即對現在的公司心生不滿，也不想想對方的產業歷練與成就可能是你的好幾倍，所謂人比人氣死人，就是這個道理！

產業總經情勢不佳，但個人際遇可能天差地別。每到過年，企業發年終獎金的日子，媒體聳動式的報導，哪個行業哪家公司發了幾個月？哪個公營事業績效平平，但員工年終獎金又是

多少多少？講得很多朋友一肚子鳥氣，無疑大大挑逗了一般庶民最敏感的神經，老實講這種刻意喧染的報導方式實在不妥，持平而論，在景氣好的時候，也有企業經營不善，發不出獎金；不景氣的時候，也有企業表現卓越，自然獎金多多。以 2015 年大陸正夯的電子網路公司來說，阿里巴巴 100 個月、騰訊 96 個月、百度 50 個月，怎麼比呢？羨慕人家，那就去彼岸闖啊，羨慕公務員或公營事業，那就拚高普考或特考啊！

　　行業選擇絕對會影響你的一生。俗話說「男怕入錯行，女怕嫁錯郎」，30 年前的我在科技業已坐高位、拿高薪，但自忖以我商學院的背景，做到這個職位已是極限，科技業高速前進的腳步，不可能容忍我 10 年後，還是做同樣的工作，想做總經理勢必要轉行，所以當時斷然在年薪打 6 折的條件下轉戰傳產行業，走出我職場生命的另一春，當然中間過程也是起起浮浮，但沒啥抱怨的，因為要做什麼與不做什麼？都是自己的選擇啊！

　　在大陸工作期間曾與一位香港籍總經理共事，他是做進口礦泉水起家的，某日開會討論幾個棘手的營運問題，會議中他半開玩笑的說道：「你們看起來都很優秀，但為何忙得那麼辛苦，卻賺不到錢？實在是童裝這生意太複雜了，每半年就要推出幾百款新品，3 千多個貨號，加上庫存品，足足有 2 萬個貨號，不像礦泉水這個生意，一種商品不同包裝，常年最多也只有 20 個貨號，經營起來多輕鬆。」他講的是實話，但聽在我們一群資深同事耳裡實在刺耳。行業不同往往造成收穫與付出不相稱的結果，這種例子比比皆是，哪有公平可言？

　　少年時功成名就未必是好事一件。科技業是我職場第一份

工作，我第一位老闆給了我扎實的基本訓練，也影響了我一生的職場觀，他有句話：「年輕人太早拿高薪不是好事。」後來當我身為高級主管，確實看過很多年輕人本事還不到家，但因緣際會坐上高位拿高薪後，一旦遭遇挫折，卻很難退回原點重新來過。因為大多數的人一朝升上副總，就不再能回任經理，一旦月薪到了 10 萬元，再回頭拿 8 萬元就好像是奇恥大辱，其實這完全是心理障礙，是我們中國人在乎的面子問題造成的，在外商企業職位升降是常有的事，常見昨日的部屬變為我今日的主管，所以遇到這種事無需感嘆世道不公，其實有起有落才是正常的人生，小跌一跤不算什麼，重新來過就是了。

還有職場上常講到，人與人相處，會產生一種化學變化？特別是職位愈高，就愈要講究與老闆相處是否有默契？與同僚能否合作無間？老闆喜歡的幹部，除了能力要強、操守要好之外，就是要能與人合作，能夠創造 1+1 大於 3，能讓團隊產生加乘效果的人才。具備這種化學能力，能與老闆結緣的人，就享有坐大位、拿高薪的優勢，你說這是公平還是不公平？

再加上有人命好，常蒙父蔭或貴人相助，又或某人外形出眾天資聰穎，職場起點自有優勢，我們唯一能做的就是要認清自己，了解自己的優缺點與長短處，充分掌握每一個機會，敢於面對問題迎難而上，千萬不要做一行怨一行。醒醒吧！現今社會早已沒有那種輕鬆愉快賺大錢、沒風險又不辛苦的活了，最現實的是就算你多優秀、多努力，也不能保證你一定功成名就，因為每人的際遇不可能完全相同，所以就別談什麼公不公平了。

9-7 職場異動與叛將之分

　　上一代的職場觀念講究對老闆的忠心，好像進了一家企業就要待一輩子似的，換工作似乎代表了忘恩負義的意思，而我卻是美式管理教育的信徒，追求企業與個人理念的契合，忠於職守而非忠於老闆個人，這種背景讓我每次在轉換工作時，多少都會先天人交戰一下，做完決定然後稟告父親大人，取得理解後採取行動！

　　首先我要簡單地談談換工作與叛將的區別在那裡？不是因為行業的相似度，也不是事涉競爭對手的關係，更不是關乎轉換企業的國籍問題？基本上是與職業操守有關，若當事人在轉職過程中，未攜帶任何原東家的業務機密，是憑藉自己的個人能力投效新東家，那就是合乎情理的職場異動。不論原因、不論觀感好壞，就算你再不喜歡，也不能以你個人的好惡來說他是叛將，或是叛國了。

　　職涯轉換本身就是天經地義的事，事實上年輕時工作轉換的目的，主要在找出適合自己的工作，而且是正派企業，又能讓你磨練身手的地方，當時的我年輕富衝勁，勇於嘗試不同的行業與不同性質的工作，好像轉換工作並未遭遇任何困擾，主因那時的我未成氣候，對老闆和我雙方來說，離職是件機會成

本很低的事情。年過 30 後，情況變得不同，這時候對自己與產業都有些了解，此時工作的轉換不能再那麼輕率，重點要放在未來 2、30 年整個職涯路徑的規劃上，包括：志趣、行業、企業、工作性質、職場場域、職位與目標等都是要考慮清楚的，如果你有想這麼多，那轉換職場也不會是件太困擾你的事情。

現代商場的競爭異常激烈，就算你想在一家企業幹一輩子也不可得，還記得昔日全球手機霸主諾基亞（Nokia）吧？職場的異動早已不是「誰想留」或「誰不想留」的問題？多數時候是在身不由己的慘酷現實下，必須面臨的抉擇，所以請不要再用叛國或叛將的角度，來看待人才的跨國流動了。有位外商總經理朋友，對科技業工程師外流的現象說道：「就算資料被帶走也是當時的，只要你公司進步得夠快，這些帶走的東西很快就過時無用了，而最寶貴的是人的腦袋，流出的人若腦袋夠好，才不稀罕這些即將過時的資料，若流出去的人腦袋不夠好，那你根本就什麼都不用擔心，企業首先要學會的，是保護好自己最珍貴的人才資產，那才是重點之所在。」

每個人想換工作時，都有各自不同的理由，但除了非常親近的人，旁人是很難搞清楚當事人內心真正的想法，以我曾負責人資業務與高管的工作經驗，一個已下定決心換工作的員工，你是很難說服他改變心意的，尤其是當他提出有關家庭、婚姻、出國或深造等公司根本幫不上忙的理由時，除非你平日和他夠交情，否則你仍不知他真正意欲何為？雖然有些離職朋友會藉機一吐心中不平與多年沉冤，但以中國人的職場習性，多數朋友也只會含蓄地表達不滿，不細心的主管很難一窺堂奧，何況

有些同事本不為當道所喜，留職面談只是虛應故事而已，如此這般對待意欲離職的員工，當事人將會不太開心地離職，這都可能種下日後二度傷害公司的後遺症。

　　建議企業主管多以同理心看待員工的辭職，也要用真心看待對方的新職或新生活，鋪墊出日後與這位優秀幹部再續前緣的可能。簡言之，若能讓一位離職員工對企業心存感念或感恩，他怎可能會在離職後做出傷害老東家之舉？將來還可能成為強而有力的友軍，或公司的宣傳員呢！難道這不是好事一樁嗎？！

　　員工簽競業條款不是在簽賣身契，我第一份正式工作是在科技產業，深能體會高科技行業為保護公司智財權，必須要求某些員工簽署競業條款的無奈，競業條款對雇用雙方同時是個責任也是個負擔，對員工來說，不只關係到其在職其間的工作，更延續到往後未來數年的職涯，甚至影響到人生最黃金的工作歲月，對專事研發的技術人員來說，就算你人正心正，但競業條款的存在，的確會牽制住你整個人生，讓你想飛卻不容易飛出去。

　　至於對雇用員工的企業來說，這條款原本是希望備而不用的，但實際要用時，可要想想該員工的未來生計，怎麼說呢？如果你與員工簽了 3 年的雇用合同，卻要求員工離職後滿 3 年才能從事類似的工作，設身處地想未來 3 年他要怎麼生活？如果不靠他最懂最值錢的本事去賺錢，他要靠什麼？不許他做類似的工作，等同斷了人家的生計，如果此人真是那麼重要，那企業就要多付這 3 年的薪資，或窮盡洪荒之力留住他啊！

　　同樣身為受雇員工，但你卻不想受制於一紙雇用合同的話，

那請你務必謹慎看清競業條款的內容，不要讓競業條款成為你一生的夢魘。作為企業老闆，就算你一世英明，也不能保證公司永存，自然也無權要求員工替你工作一輩子，所以合理善待員工，少用競業條款強壓員工，帶人帶心加上一流的待遇，才是留才的根本。

「帶槍投靠」乃職場的兵家大忌，帶槍投靠與前文提到的職業操守是同一件事情，因為這裡所說的槍，就是公司的技術資料，業務機密或關鍵團隊。換言之，你憑藉自己的本事換工作，是談不上帶槍不帶槍的，因為你本就人槍合一孤身前往，還頗有點猛龍過江的英雄架式。

真正的帶槍投靠，對個人與企業都是極端危險的事情，當事人要冒著竊取商業機密的刑事風險，就算能躲過法律的懲罰，個人名聲在業界已壞，長遠看絕對是得不償失的。對企業來說，網羅帶槍投靠的同業大將實屬不智，因為你要挖的是這個人，而不是這些機密資料，你看重的應該是他的腦袋，靠原東家的槍，來自抬身價的人絕對不是人才，而且今天他會帶槍投靠你公司，他日也可能再度帶著你的槍投靠其他同業，有智慧的企業老闆，應當不會做這種搬石頭砸自己腳的事。但某些短視近利、急於求成的高管就很難說了，迫於公司任務的巨大壓力，難免有些投機取巧的主管會在面談時，隱喻或暗示對方可帶槍投靠，這就為企業日後帶來無窮盡的法律風險了。

國家興衰與個人轉換工作無關，春秋戰國是中國歷史上百家爭鳴、人才倍出的年代，楚才晉用一詞就是出自那個時代，最典型的例子就是魏人商鞅，不受母國重用，只得遠走地饑人

貧的秦國成就其變法大業，奠定日後秦一統六國的基礎。魏國上下定認為他是叛將，問題是當商鞅還在魏國之時，魏國國君根本不在乎他啊！另外那時代有個最著名的人物，就是至聖先師孔子，這位魯國先賢最高官位也僅至當朝的大司徒（教育部長）而已，後捲入魯國政爭不得不出走他國，初期孔子周遊列國之舉，本在找尋一展其才的舞台，但他志向高遠，非賢君大國不仕，仕途不順轉以講學著作立說，坐育英才為一身職志。以孔子之大賢，尚如此懷才不遇，何況其他人呢！

　　現今世局頗似 2 千多年前的春秋戰國時代，國家與地區間的競爭，日趨全面且白熱化，但多非直接的軍事衝突，產業界不分國籍，全球獵才成為世界趨勢，連政府部門也加入這場人才爭奪戰，例如前英國央行總裁是加拿大人，有位企業家講，人才的國際移動能力絕對是國力的展現，就像遍布全球的猶太人，始終是以色列最值錢的寶藏。我們台灣自身不僅要珍惜本國人才，也要用正面思維留住人才，由於先天市場的局限性與發展性，就算一時留不住人，也要設法留住他們的心。千萬別用叛國角度，來看待這些人才的跨國流動，那等同是將自己的寶藏，永遠推出國門一樣，那才是國家長期積弱的關鍵。

　　企業始終要將員工列為第一優先考慮，而近年的職場也有類似趨勢，一改以往客戶最大的觀念，變為員工第一。對職場上 99％的企業夥計來說，這個邏輯是很正常的，因為具體接待與接觸客戶的工作都由員工在做，如果公司對員工不好，搞得員工心情不好，請問客人能從員工手裡，得到令人滿意的商品與服務嗎？當然做生意是市場導向，要了解客人想要什麼以客

為尊，但這一切都要靠員工去完成，這樣理所當然的事，為何我們企業界至今才搞清楚呢？真不知道是我們的社會教育，還是管理教育出了問題！

幾年前，台灣第一位世界麵包冠軍吳寶春先生想讀企研所，但台灣僵化的教育體制，硬是將他推向了新加坡，現在他已成為全台擁有 4 家門市、超過 200 員工的管理者，為了留住人才，2018 年他在公司內部首辦麵包大賽，參賽師傅兩人一組，一位是組長以上的資深師傅，另一位必須是剛進公司不滿一年的學徒。獲得冠軍的那組師傅，將可贏得前往歐洲的烘培見習之旅。很多同業笑他費心培訓師傅，當他們學到一身本事後，最後多半還是選擇出走另立門戶。他則說出了當年幹學徒時的茫然，因為在傳統麵包店，師傅都在等老闆給多少錢才做多少事，而老闆也在等師傅做多少事才給多少錢。最後一家店的經營每下愈況，因為彼此都在等對方先付出，這阻礙了公司進步的可能，他想改變這種關係，他要當願意先付出的一方。

令人欽佩的是這位老闆的見解，他認為就算在這些培訓投資後，師傅仍要離職，公司也不會以任何條款或合約要求師傅賠償，給夥伴機會不代表要綁住他，員工會選擇離開，不是員工的問題，一定是企業哪裡沒做好？他的公司在台灣只是個中小企業，規模雖小格局卻大，這樣的視野是很多規模百倍大的台企所望塵莫及的，包括很多我們引以為傲的科技業，希望員工為企業賣命，但卻缺乏對員工先給的胸襟與氣度，欠缺這種格局，自然也就局限住企業的發展性了！

9-8

人生勝利組的煩惱

　　我朋友應邀到高雄醫學院演講，談到眼下醫療工作環境的惡劣，超時工作、健保給付日少與醫療糾紛頻發等，聽到這裡不禁讓人感覺，做醫生好像是個苦差事，但事實上卻非如此！

　　很多人往往是身在福中不知福，考上醫學院，未來做醫生，無論從學涯與職涯來說，絕對算是屬於人生前半段的勝利組了，身處勝利組卻叫苦連天，看在那些想要但苦無這種機遇的年輕人眼裡，他們是非常令人羨慕的，真希望能有這種煩惱的工作可以幹，因為對某些朋友來說，能有機會煩惱這類問題，其實本身就是件很幸福的事情。

　　所以那天在聽完演講後，我與朋友聊到一個「Happy Worry」的觀念，因為在日常生活中，我們每天都會聽到無數的抱怨，可是其中有一大半是那種生在福中不知福的 Happy Worry，我稱之為「快樂的煩惱」。就拿我們做生意來說，每天有開不完的會議，老是糾纏在好像永遠解決不完的經營問題與客訴中。每次當大家精疲力竭、充滿挫折沮喪的時候，我就跟同事聊到一位前輩的名言「有問題是幸福的」，因為生意做愈大客戶愈多，問題才會愈多，如果都沒生意，當然也沒有問題，但那時只有一個問題，就是「沒有生意」，這才是天大的問題。

　　人生若無煩惱，那才是最令人苦惱的事。問題本身不是真正的困擾，而是遇到問題時的對待態度，才是能否解決問題的關鍵。解決問題從來沒有終南捷徑，懷抱樂觀態度看待困難，才可能克服困局，而且每克服一個難關，就像武林高手般又過了個門檻，功力大增，更能在日後面對更艱難的挑戰。生意場上總會碰到某些朋友在問：「最近有什麼好做的生意，介紹一下？」事實上世間哪有那種輕鬆愉快又能賺大錢的生意？哪個正當生意的成功，不是要你千辛萬苦絞盡腦汁，有時還要帶點運氣才會成功呢?!

　　騎驢找馬表示你對現狀並不滿意，但想想那些連驢都沒得騎的人來說，豈不是更慘?!所以換個角度，騎驢族已屬幸福，如果仍不滿意，眼下當務之急是先把騎驢的本事練好，否則連驢都騎不好，哪有本事騎馬？何況還想騎千里馬，馬上功夫夠不夠？才是未來能否一飛衝天的關鍵。

　　所以建議那些已身處勝利組的朋友們，客觀看待你眼下的困難，就像桃園敏盛醫院在健保給付持續調降、壓低獲利的背景下，敏盛營收仍能從 2005 年的 40 億元不到，增至 2014 年的 60 億元，同期獲利更是大增。其實困難人人有，問題是看你怎樣去面對而已，何況勝利組的朋友本已占據了某些有利位置，就少些埋怨吧！再說任何抱怨完全無助問題的解決，反而是多一分抱怨，就多一分負面的情緒與阻力！

9-9　大陸職場的人生修煉

　　作為公司最早派往大陸工作的第一位幹部，常被後期去的台灣同事問一個問題，為什麼大陸同事講的話每個字我都聽得懂，但往往全句或整段話連在一起，就聽不太明白了？我當時只有一個回答：「過些時候，你就會明白的！」

　　派駐大陸的台幹，在台企的溝通問題不大，在陸企就很難說了。真正原因不難理解，因為大陸與台灣兩地相隔 40 年，彼此互不往來，雖然大家語文相通，但文化、習慣與內在思維邏輯天差地別，有聽沒有懂是很正常的，其實不只是我們有時不太明白大陸朋友真正的意思，同樣很多大陸同事也不太清楚我們在說什麼？最讓我印象深刻的是，當我們常引用一些成語來說明一些情況時，發現大陸同事大多面無表情，事後私底下與他們聊天時，才知道他們根本沒學過也沒聽過，所以往往講了半天，我們自認已經講得很清楚了，其實大家還是一知半解而已。

　　作為台企的高幹，這種情況還好處理，只要我們做主管的心口如一，加上耐心溝通，經由公司文化長期的孕育，終能型塑一個有戰力的在地營運團隊。但當後期我來到陸企工作時，才突然發現原來職場上，還有更巨大的環境障礙橫亙於前，這裡面混合著包括人文差異、不同價值觀、種種利害關係與政治

考量下的各種衝突，工作本身不像在台企只是一個單純的專業問題，也沒有母體企業的文化與環境優勢，這時赫然發現在那麼不相同的文化背景下，甚至是與你人生觀完全不搭調的組織裡推動工作，是多麼地困難！

所以真正內部溝通的考驗，是來自當地的陸企與外企。首先新官上任的初期，在老闆的支持下一定有個蜜月期，這時切忌拿著大刀亂揮，而是要先花點時間搞清左右同僚的背景，包括自己的部屬，誰是誰的親戚？誰跟誰是同學？誰又是誰找來的？弄清這些事的目的，就是不要誤觸地雷，搞到自己出師未捷身先死，進而可借力使力，以利工作的推動。

另有件很弔詭的事情，陸企老闆找你這個台幹進來，往往是負責一些很重要，但原陸幹沒能辦妥的業務，也就是說在你之前，已經有好幾位大陸同事坐過你現在同樣的位子，通常多數這些老臣在企業內仍占高位，雖然現在負責別的業務，但過往的經歷讓他對你的工作擁有發言權，老闆難免多少仍會諮詢他們對你的看法，這種影響力對成事與否至關重要。

但坦白講要他們完全站在你這邊很難，多數情況他們並不會與老闆的立場完全一致，反而是希望你的任務失敗，因為你的成功會反映他們以前的無能，而如果連你這個專家都失敗了，代表這事本身就非常難辦，絕非是因為他們無能；包括人資、財務、行政等非直線部門的高管同僚，在不認識你的初期，也多冷眼以對，因為你有多少本事他們還不清楚，但你拿數倍於他們的高薪，他們是知道的，當然心裡不會太爽，就算不找你麻煩，一開始就期望他們大力支持你，還真的是很難。

　　同時，你要將成功歸於領導與組織。因此事情要做，但個人作風還是以低調為宜，切莫因工作上有些進展就沾沾自喜，要知道，你的成功讓很多人心裡不舒服，多多把同僚納入你部門成功的因素之中，才是化阻力為助力的關鍵。何況你的成功，絕對少不了老闆的支持與同僚的協助，而且是現成的公司平台讓你發光、發亮，所以將功勞推給公司與同僚一點都不委屈。

　　另外，取信於同僚與老闆是重要的第二步，特別是要尊重公司現行的財務流程與稽核制度，千萬不要因為某些財務規定讓你行事不便，就仗勢著自己的專業而指指點點，因為對一個年營業額幾十億人民幣的大公司，在你來到這之前，他們早已存在一套行之多年的官僚化體系，就算有些瑕疵，大家也都能接受，為何獨獨你不能忍受呢？何況這些舉措並非針對你的部門，如果你反應太激烈，大家反倒懷疑你：「到底你想幹什麼？」包括個人的財務紀律，別說什麼身正不怕影子斜，反正大原則要遵行，小細節也要顧及，看過太多台幹死在小事與耳語上，原因就在忽略了平日周遭的瑣事上，要知道身為組織中少數的外藉幹部，公司裡有無數雙眼睛盯著，你的一舉一動是被同事拿著放大鏡來檢視的。

　　專業領域要能創新突破，也需過程嚴謹，但工作態度更要圓融隨和。融入新公司的企業文化中乃新主管的第一要務，「既來之則安之」的心態會讓你比較沉靜下來，不要隨意否定你看不慣的事物，對你當下不太理解的事情，最好是先花點時間做些功課，不要太早發表意見，虛心請教同事會有意想不到的收穫。對於像呼口號、誓師大會等這類中國式作風的活動，最好

是要有接受它的心裡準備。同時要放下身段參加公司的活動，如運動會或晚會等，大家都知道我根本不會唱也不會跳，但就在入職陸企的第一個年終晚會上，我自告奮勇來段個人秀，當那晚我在舞台後著裝時，遇到同樣排隊等待演出的企業創辦人，大家難免自然的聊上兩句，各位可以想見在這種情境下，老闆對你的印象是加分還是減分？

談到與陸企老闆的相處，大家最常碰面的場合是開會，剛開始時實在是不太習慣，因為我出身美式的企業管理風格，習慣有話直說而且直指核心，面對不同作風的老闆，時常搞不清楚何時開口才對？後來我總算摸到重點，大老闆是用觀念來領導幹部，所以談話的內容重啟發且較務虛，大部分的時候我需要的只是傾聽與思考；至於與二老闆開會就不太一樣了，二老闆具體領導工作，開會時多談具體事務，要的是專業意見與績效結果，這時該說什麼就說什麼，我明白此時就不用太客氣了。

另外，與同事私下相處，也有很多需要注意的細節。在台企工作時，總會有一批背景相同的台灣朋友公餘之暇聚在一起，合得來又談得來的同事自然也會成為好朋友。但在陸企情況變得較難捉摸，主因文化背景的差異，讓大陸朋友對很多事情的反應與我們想像的不同，所以在沒把握前，往往事情只能聊個三分，當然也難交到知心朋友，這種細膩的思考，對身處陸企的台幹來說是個考驗，同時也考驗你是否耐得住寂寞？是否守得住祕密？

人生的路沒有對、錯之分，只要能坦然面對自己的抉擇，活得自在、活得快樂，就不虛此行了。我大學主修企業管理，

在大陸職場歷經台企、外企與陸企高管職位多年後，坦白講，在陸資企業這幾年的工作歷練讓我收獲最豐，讓我有機會能從大陸企業的內部來認識陸企，以往都是與陸企對手談生意，是在陸企的外面與他們交手，因緣際會能從他的內在角度一窺陸企的經營思維，感覺就像在讀企管教育的博士班，也是人生旅途上難得的修煉！

9-10　褓姆現象是大陸職場的縮影

　　全家在大陸生活了 20 多年，我太太去年搬回台灣，最不習慣的一件事，就是家裡沒再雇用褓姆，所謂褓姆在台灣就是幫傭，大陸當地多稱為褓姆或阿姨，附帶說一句，我太太剛回台灣時，對在公共場合被人叫「阿姨」非常不習慣，原因在此。沒了幫傭，家裡什麼事都要自己來，當然我也不可能像老爺子在一邊袖手旁觀，這種情況我們全家都要去適應！

　　用人難，帶人更難，幾乎以前所有大陸台商太太的聚會，都會談起用褓姆的經驗，而且是一肚子苦水。一般歸納問題如下：薪水愈來愈高，而且每隔幾個月就要加薪，工作態度不佳，還會給老闆臉色看，買菜摳錢是常態，家事做不好還講不得，教了半天就算平日待她多好，她要走就走，絲毫沒得商量。

　　這些抱怨，聽在我們這些在公司做主管的老公耳裡，發覺

真是再熟悉不過的。其實剛到大陸的時候並非如此，印象中月薪 1,000 元人民幣不到，在上海就可以用到比較高素質的浙江褓姆，雖然初期要花點工夫帶一下，但 2 個月順手後，日子就舒服多了，工作態度好、忠誠度高，平均在職多在 3 年以上，而離職原因多是結婚與小孩教育等家庭因素，而我們對待這些褓姆，久而久之，也多像家人般相處，雙方彼此間除了雇傭關係外，多少都有感情因素參雜其中，特別是有小寶寶的家庭，這種感覺特別明顯。

近年來大陸的褓姆市場，需求遠大於供給。除薪資大漲外，專職的褓姆已愈來愈難找，兼職的鐘點阿姨大行其道，原因是專做一戶薪水再高，也不如一天做三戶，每戶做 4 個小時。一個月可以賺超過 5,000 元人民幣，加上採買外快，收入頗豐。最令人頭痛的就是幾乎一年不到，就要換個阿姨，根本原因在於褓姆市場的需求遠大於供給，特別是做事乾淨俐落的熟手，每個家政服務公司（褓姆仲介公司）都清楚旗下那些褓姆是好手，說服這些好手不斷跳槽，他們的仲介收入就源源不絕。而褓姆自己也樂的轉換到待遇更好、工作更輕鬆、油水更多的地方工作，這裡面褓姆與家政公司互利共榮的生態關係，無形加重了整個褓姆市場的惡質化。

前些日子，與我東吳的學弟聊到他上海公司的用人問題，他說現在的大陸年輕人非常缺乏耐心，大學剛畢業才進公司半年，就期望升職加薪，大家心裡都明白他還沒那個本事坐那個位置，但他們就是敢要，他們不怕老闆不高興，也不怕老闆不給，因為同行就已經用這個行情在挖他了，你認為他不夠強，

需要再磨練 1 年，但大部分的年輕人可沒這個耐性等，他們渴望快速成功，快速坐高位、賺大錢，在大陸這個高速增長的市場，提供了大量遠大於其工作能力的職場空缺，所以企業只有用高於行情的待遇才可能留得住人才，這種情況自然大大墊高了當地企業的運營成本，當然也讓台灣職場的年輕人羨慕不已。

此外不同背景的褓姆，也會帶來我們生活的新變化。從用褓姆的經驗，可以看到大陸職場的另一個現象，褓姆工作中有個重頭戲，就是做飯這件事，因為大陸幅員廣大，來自不同省份的褓姆，口味習慣可是相差很大的，一個不喜歡做菜的褓姆，不只做不出她自己的家鄉菜，再怎麼教，也教不會她做出好的台灣料理，對我們這種比較重視「吃」這檔事的家庭來說，褓姆本身廚房的基本功就變得很重要了，這跟企業徵人選才不是同一個道理嗎?! 在用過幾個來自不同省份的褓姆之後，導致我老婆的廚藝大進，四川褓姆的辣、河南阿姨的麵食，加上上海當地本幫菜系的薰陶，家中伙食不定於一格，而且還可常常變換菜式招待客人，職場上的教學相長，在用褓姆這件事上，真是體現得淋漓盡致！

9-11
現在才去大陸
會不會太晚了？

十幾年前去大陸發展是顯學，這些年隨著國內政治氛圍的

改變，似乎有點不一樣，好像公開談論此話題的人較少了，但近來察覺其實對大陸充滿好奇與興趣的台灣朋友，仍大有人在，前些日子在媒體專訪時，就被問了一個台灣朋友最常問的問題：「現在才去大陸，是不是太晚了？」

事實上，企業發展與個人前途的考慮是不一樣的，所以回答這個問題，要從「台商」與「台幹」兩個角度分開來看的，對台商而言，去大陸發展是個別企業「比較利益」的選擇，對以外銷為導向的企業來說，要考慮的是身處產業的配套條件？對市場訂單的幫助？大陸生產因素的成本與效率？在國際市場的競爭力？企業本身的核心能力？在眼下大陸勞動工資高漲，營運費用日增，環保要求日嚴，各項優厚獎勵措施不再的情況下，去大陸只是個選項，沒有絕對的必要性，當然考慮台灣對外簽署 FTA 的困局，必須設廠海外的話，除了大陸以外，倒是還有其他國家可以選擇。

但對瞄準大陸內需市場的台商而言，去大陸發展就是個避不開的課題，但首需考量企業自身的實力？團隊？資金？專業？時機？步驟？營運模式？對大陸市場習性、遊戲規則與相關法規的了解？所謂不是猛龍不過江，就算不是隻猛龍，至少也不能是隻弱雞；簡言之，事情想清楚了，事前的功課也做足了，才可能有勝算。切莫貪快求成，在關鍵因素還沒準備妥當前，我個人是不贊成輕舉妄動的，反之只要準備夠充分，市場必然有你一席之地，早去、晚去都是一樣的。

至於對身為打工仔的台幹而言，大陸職場是國際職場的一環，不論喜不喜歡，來自大陸職場的機會與競爭，是遲早要面

對到的。目前不僅台商需要台幹，陸資也普遍喜歡用台灣人才，很多外商更是如此，其實很多外商來台設點的真正目的，本就是志在大陸，台灣的人才隊伍，的確是很多國際企業前進大陸市場所依賴冀望的。現今大陸的市場格局早已領先台灣一大截，很多世界品牌最新最好的產品一定首發中國，商品的豐富度、服務的多樣化，都遠勝台灣市場，主因中國市場太龐大了，大陸任何一個小眾市場，都比台灣整個市場大很多，這表示市場需要各種各類的專才，來滿足市場多樣化的需求，這提供了我們年輕人一個巨大的職場舞台，也是更具挑戰性的舞台，因為要在這舞台上與來自全世界的好手同場較量，能在這個世界級的舞台勝出，必然會被整個產業界看到，薪資身價必然大漲，其實目前大陸獵人頭公司那麼火，就在反應當地市場對人才的渴求。

本事夠大才能出頭天，人力市場上本無卡位之說，早到大陸者有早到的機會，也有早到者的難處，晚去者也許遇到產業環境更好，與更舒適的生活環境，但機遇可能較少，也會少些刺激，這絕無早去或晚去的問題，重點在你的本事與決心。

而身為受雇者在人才市場價格（薪資）的高低，就像所有的商品一樣，取決於市場的供需關係，若你身處台灣某一產業的人才市場，是供給遠大於需求，以致機會少待遇偏低時，解決之道就在提升自我能力與拉高職場視野，走出台灣找尋那個更需要你、更能賞識你的舞台。楚材晉用不是壞事，若生在楚國沒有工作沒有收入，為何不到晉國打工賺錢？只是別忘了賺錢之後，要寄錢回來給自己的高堂老母，也別忘了那曾經養育

你的故鄉。

9-12
兩極化的年輕人思維

　　進入 21 世紀，讓我們這些年過半百的家長最苦惱的一件事，就是與現在年輕人的溝通變得愈來愈困難，這幾乎是我輩同學與朋友的共同困擾。坦白講，雖然花了一些工夫試圖去了解這些問題，但就算能理解兩代人間的隔代差異，卻也找不出化解這種隔閡的有效方法，大多數的時候，我與兒子的溝通多屬不歡而散，要嘛就是各說各話，只有一個大家堅信不移的共識──再怎麼爭執，我們都是深愛著對方！

　　事實上，地不分南北、人不分東西，這種世代差異普遍存在所有的國家，其中比較不明顯的差異，則是往往同一國家居住在一線大城市的年輕人，與來自窮鄉僻壤的年輕人，所思所想也大不相同。這種現象最值得從事政治工作與商業活動的朋友參考，就從我們最熟悉的台灣來說，原本家在台北天龍國的年輕人，與北上打拚的南部年輕人想法就大不相同，原因是兩者的生活條件差別太大；記得我高一時從中部去台北求學，到後來留在台北讀大學與工作，由於家父的堅持與執著，讓我就業殷始就有個無後顧之憂的起點，對那時還沒有結婚的我來說，待在台北吃在家裡、住在家裡，賺多、賺少都不是問題，所以

有本錢對工作挑三撿四，有較多時間找與自己志趣相投、待遇也比較滿意的工作，現在回想起來，那根本不是自己的本事啊！

40 年後的今天，我們下一輩在台北出生的子女，面對兩代人努力積累下來的成果，好像在台北生存，並不是件太困難的事情，雖然台灣 20 年來職場薪資凍漲，但與必須北上謀職的南部同學相比，他們已是太幸福了，一份 4 萬元薪水的工作，家在台北的小孩省著花，每個月可以存上 2 萬元，但北上打工的南部同學，再怎麼省吃簡用，要存個 5 千元都很困難，問題是想留在南部也找不到理想工作。此外，整個台北的生活環境相當進步與便利，與美國紐約與波士頓的地鐵相比，台北捷運新穎快速，所以戶籍在台北的當地青年，普遍有種相對的優越感，會視眼前的幸福為理所當然，這與北漂青年必須靠自己努力、全力拚搏才能勉強生存是大不相同的。

這兩種不同背景的年輕人，雖在同一城市工作，但他們的煩惱、想法與價值觀根本是天南地北，一類是容易高看自己，眼高手低，藐視生活周遭的障礙與磨難，認為自己無所不能，好像只要自己願意，總能手到擒來，事情若不順心，就容易怪罪他人與環境因素，較少檢討自身，可說是對未來懷抱著既樂觀、又輕敵的態度。另一邊則是比較務實，甚至有些絕望，基本認為要改變唯有靠自身的努力，但無論如何努力好像又總是力不從心，因為先天的條件就是差了一大截，久而久之，就形成一種對現狀極度不滿的情緒，對未來有期待，但又不耐政府無所作為，也無法久等外在環境發生改變，所以有些年輕人選擇放棄，或是乾脆豁出去了。簡言之，不同背景的年輕人，造

就不同價值的人生觀，自然演變出不同的消費習性，也形成消費型企業經營上的難題。

同樣類似的情況也發生在對岸的中國大陸身上，只是初期開放的前十年問題不太明顯，因為 80 年代以前的中國是個均貧的社會，閉關鎖國幾十年，從南到北整個國家同樣落後，企業內的年輕員工雖來自不同省份，溝通與相處卻沒有太大的隔閡，因為大家的社會條件與經濟條件相當，最多也就是感覺北京年輕同事，多有種出生官宦世家的優越感，上海朋友則普遍將外省同事，當做沒見過市面的小老弟看待的感覺，其實那只是幾世紀遺傳下來的人文特質，沒啥奇怪的！

但 90 後出生的年輕人就不一樣了，先富起來的沿海城市，帶出一批無憂無慮的年輕人，這群年輕人沒用過糧票，根本不知道上一代人遭遇的苦難，自然與長輩難以溝通，加上傾斜的國家政策與共產黨對城鎮戶口的嚴格限制，一線地區的富二代，開始大幅拉開與內陸二線城市的生活水準，使得原本均貧的共產社會，出現了貧、富差距日漸嚴重的社會問題。也就是說，現今世界每個國家眼下都面臨了 M 型社會兩極化的現象，全世界的年輕人都好像同時活在一個國家兩個世界中，表面上網路社群工具拉近了彼此的距離，但城鄉背景巨大的現實落差，又讓同一時代的年輕人也會出現雞同鴨講、南轅北轍的溝通問題，其實台灣地狹人稠情況並不嚴重，同樣的情境若發生在美國與中國這樣的大市場，就是企業經營者不能忽視的課題了。

千萬不要小看這些二、三線地區的市場潛力，記得 1962 年美國沃爾瑪創業時，是從哪裡起步？是美國阿肯色州的班頓威

爾，這個至今仍屬四線城市的美國小城市，現今因全世界最大實體零售商的總部坐落於此而聞名；設想一下，當初要是它要是從一線市場創業，與當時最強的對手 K-mart 直接硬碰硬，請問後果為何？相信全世界整個零售產業的故事都要重寫。

　　一個城市的命運也因企業的發展而改變，大陸的深圳與貴陽何嘗不是如此？當偏遠地區開始開發，帶動了外地人才的回流，並刺激當地市場進一步地蓬勃發展時，年輕人的命運也跟著發生改變。2010 年後的中國特別明顯，原來出外打工的年輕人，開始返回戶籍地工作與結婚，這種趨勢導致沿海地區工廠的缺工現象，也逼使外資必須赴內地招工，或乾脆將工廠移往內陸省份，加上地方政府的有意引導，企業成群結隊地往內地移轉，使得二、三線城市迅速夯了起來，「富裕」一詞不再是沿海一線城市的專利，其實這也是大陸由世界工廠轉為世界市場的先兆，中國的內需市場，自此成為帶動經濟成長另一具重要的引擎。

　　坦白講現今中、美貿易大戰，中國最不受影響的地區也正是這些內陸城市，例如：成都、重慶、西安、長沙等地，因為它們已是典型以內需為主的經濟結構。面對這種總體經濟形勢的變化，已變成現今企業界的新課題，特別是資源有限的中小企業，如何抓住年輕人分眾市場的特色經營，絕對是企業成功走向未來的關鍵。兩極化的年輕人思維，雖讓企業面臨新挑戰，卻也帶出市場的新機遇！

第 10 篇

江湖經驗

　　初入社會的新鮮人，面對社會上的形形色色，難免手足無措處置失當，也有些老闆不重學歷重經驗，同樣講的是社會歷練對一個人的重要性，運氣好的朋友初入職場就遇到會提點你的同事或主管，但多數時候可是要靠自己察言觀色，不動聲色的從前輩身上偷學本事。坦白講同儕們在職場存在著某種競合的關係，既合作又競爭，甚至可說是競爭多於合作，因為在職場誰都想快速往上爬，但僧多粥少機會有限，現實上別人的失敗，有時會變成自己的機會，如能適時把握機會表現得體，自然容易獲得老闆垂青，委以重任！

　　所謂應對得體，就是一種急智的表現，急智看起來像天馬行空的神來之筆，其實是根源於豐富的常識與深刻的洞察力，這些往往無法從正規學習中獲得，卻是和日常待人接物與應酬交談息息相關，當然這與時間積累有關，但功力高低主在個人觀察力的高下，是否能見微知著，有位大我兩屆的同系學長，在其畢業離校前，留給我一生受用的警語——人情練達皆學問！這句話惠我良多，也提醒了我們江湖經驗的重要。

10-1
吃飯應酬學問大

　　正經八百的在辦公室，或會議室內談公事，大家有備而來，表現多不會太離譜，但同樣的情況，移換到吃飯喝酒的場景，

在卸下心防之後，很多人的真性情就顯露出來了，這時才會發現對方似乎變了一個人，很多事好像都必須重新考慮一下！

　　正式宴請本質上就是另一種戰場，做生意的朋友都知道，吃飯喝酒本身就是正式商業談判的延伸，通常會安排這個會餐的節目，代表雙方有望合作或更進一步的加強聯繫，也就是主客雙方都有所圖，當然為達目的也自然必須做些準備，通常有兩個重點：一是有些在正式商業談判中，尚未解決的重要議題勢必再度觸及，我方必須擬妥應對方略，做好內部事前溝通；二是氣勢要能旗鼓相當，中國人宴客，少不了喝酒助興，但有些場合對方是有準備的想灌倒對手，不論動機為何？我方如果不想氣勢輸人，表現出我方文場與武場都是一把罩，那可要帶幾個海量高手一起赴宴，情況不明也要有備無患，至少有幾位專責喝酒的好手在旁護駕，讓主帥比較心安，也能專心處理正事！

　　不過某些宴請，基本就是以喝酒為主，記得我在陸企工作期間，每年年終都要與經銷商聚餐，那天老闆與整個業務部門都別想悻免，因為一杯酒代表人民幣 10 萬元的訂單，很多千萬級的經銷商，每年要訂多少貨心中早已有數，你少喝他也不會少訂貨，但他就是要找理由灌你酒，平常道貌岸然的大老闆一杯接一杯，再厲害的業務員，也少有能撐過 20 杯高度五糧液的，反正這一天客戶最大，讓客人盡興是整晚活動的主旋律，這種情況下，酒量再好也千萬不要逞強，此時識時務者為俊傑，一定要讓客戶感覺他是老大才對。

　　但酒能助興也會誤事，聚餐時來點小酒助興是再平常不過的事情，不過點酒也有點小學問，記得有年冬天到寧波出差，

由於天冷自然晚餐時就想喝點小酒，寧波的朋友問我想喝什麼酒？坦白講，我不太懂酒，酒量也不好，顯然無法給出什麼好意見，我朋友看出我的難處，就提議挑黃酒系列，順便不經意地教了我一招，他說喝酒原則上要選當地的名酒，因為大陸市場太大，某些不肖商人會做假酒牟利，每年都有不少人因喝到假酒中毒而亡，但做假酒的人不會做當地盛產的招牌酒，因為太容易被察覺，在當地也無利可圖。而且大家難得到外地，既來異地，就要喝當地的特色酒才不虛此行，所以他建議點了一瓶價廉物美的古越龍山，大夥盡興而歸。

另外千萬不可小看喝酒失態這檔事，尤其是熟人小聚最易變質，小範圍三兩好友的聚餐，很容易讓人放下心防，問題商場上的好友，到底是好到什麼程度？我大陸職涯僅有的一次酒後失態，就是壞在 3 位多年好友的小型聚餐上，而且還是午餐，事後回想，我這幾位老友應該是有預謀或有默契的，雖然我知道現場無關乎生意本身的利害關係，在老友面前喝到不省人事，也非太丟臉的事情，但發生此事說明一件事，我的自制力與判斷力有問題，身為企業的高級主管，這種情況對自己的領導統御與職涯發展來說，絕對是個負面的評價！

10-2 聊天也是種考驗

與客戶相處最常做的一件事就是天南地北地聊天，雖說是

客戶，但相處時真正談生意的時間最多僅占 3 成，但千萬不可小看這種閒談的重要性，事實上如果在不經意的平常閒聊中，給了對方某種好感與信任，那談正事時，自然水到渠成，比較順利！

閒談時要能多聽少說大哉問，與客人聊天要聊到對方高興，首在談及對方感興趣的話題，因此面對不是很熟悉的客人，一定要先聽再說，耐著性子搞清楚對方的興趣、特長與專業，因為每個人都喜歡談自身的得意故事，談到自己引以為傲的經歷，話夾子自然就開了，順著對方的談話內容適時地提問，又會引出更有深度的內容，如果時間允許，保證能讓客人對你印象深刻，重點是大部分時候是要讓對方講，而你主要的工作是做個好聽眾而已。

不過中國人常會對不夠熟的朋友，問一些涉及個人隱私的問題，會問這類很不符合國際禮儀的問題，是因為華人社會普遍的社交習慣，好比問別人的年齡、婚姻等，其實這都是比較唐突的話題，除非是對方主動提及，當你是被問的一方時，若你覺得不舒服或不願意，其實你是大可不必回應這類問題的。

幾年前我家老二講了一個笑話，說他在波士頓大學讀大二的那年，接待以前在上海讀中學時來訪的老師，這位老師在寒暄過後就問他有沒有女朋友？你猜我兒子怎樣回答，他居然回說：「我們有那麼熟嗎？」既然話題取決於雙方交情的深淺，所以交情不夠深，有些自認幽默的玩笑是不能開的，顯然與客人聊天，首在適當的場合挑對話題是成功的第一步。

此外，聊天深度關乎自身的經歷與常識，談天說地看似彼

此間隨意交談，但卻是陌生的兩人，在互測對方底細與實力的機會，特別是在商場博弈的場合，是否能獲得對手的尊敬與好感？其實許多成功人士，特別是那些在商場上的常勝軍，多是那些能充分展現自我風格與特色，給其他來賓特別印象的朋友。

與客人聊天最痛苦的事，莫過於你不感興趣的話題，或是談及你不擅長與不熟悉的事物，這是經常會碰到的情境，很正常！問題是你不能顯現焦躁不安，而是要興趣盎然地提問，表露出學習到新事物的喜悅，相信我，這樣做會有兩個收穫：一是對方會愛死你，二是你會學到很多新東西。

久而久之，你會發現自己愈來愈能與人胡扯，隨著年紀的增長，會發覺什麼話題都難不倒你，因為你的閱歷已豐。不過有朝一日當你位高權重之時，你也會發現身邊奉承的人變多了，很多朋友會挑你喜歡的話題與你攀談，也會挑你喜歡聽的話講，這時主導話題的話語權在你手上，不過千萬別太得意，因為你那時應該已不再年輕，而你所代表的身分與地位，反而會讓你說話更有所顧忌，如果你頭腦夠清楚的話，你會發現自己比以前年輕時，更謹言慎行，也更知道什麼場合該談什麼。

10-3

原則問題抵死不從

商場上的朋友，想見面談生意上的事情，多會事前來電相

約，也會在電話中先告知會談主題，所以大多數的時侯，我們都是在心中有底的情境下赴約，照理說在這樣的情況下，雙方都是有備而來，所以大多數事情會談出什麼結果，往那個方向發展？當事人心中多會有所估量，但實際狀況卻常出人意外，主因突然插入的新話題，或不該出現開會的人出現了，或某些特殊的臨時情況發生，讓事態變得無法控制，這時我們能怎麼辦呢？

任何談判，隨時要有會遭遇突襲的心理準備。與幕僚進行事前模擬是預防突襲的必要準備，這位客戶最近生意往來有何異常？有何抱怨？我們的對案？正常來說，往來多年的老客戶彼此都非常了解，哪些事情可以商量？哪些問題根本沒得談？雙方都很清楚。可是每年在談新年度的業務計畫時，很多老客戶仍會嘗試要求一些較佳的交易條件，我經驗中遭遇最多的議題，就是放帳問題，記得大陸改革開放初期，整個國家發生嚴重的三角債問題，那就是 A 公司欠 B 公司、B 公司欠 C 公司，大家欠來欠去，欠多欠久了，僅要其中一家出了問題，那就是一連串的倒帳問題。有鑒於此，我們公司從在大陸做生意的第一天開始，就將「不放帳」做為絕對遵守的天條，當然定這樣的規矩必然會丟掉一些生意，但也免掉壞帳風險，得與失之間是老闆自己要拿捏的。

每家企業都有自己做生意的原則與底限，這是一種死規定，不論對錯，公司內不分職務階級，大家都要遵守，千萬不要搞成官大學問大，手握權力的高管好像可以任意更改遊戲規則，但天底下沒有不透風的祕密，任何針對某一客戶給與的特殊條

件，沒多久每家客人都希望比照辦理，最糟糕的是高級主管的核決權限，往往導致部屬將一些難纏的客人丟給主管來談，因為客人的要求超出他的權限，比較省事的做法就是將這個案子，直接推到位高權重的高管身上，如果你是經常會對客戶特批放行的主管，保證你會變成最忙的主管，也會是部屬最愛的主管，但你的部門往往也會是公司績效最差的單位。

其中內神通外鬼最是可怕，通常客戶要找高階主管談一個大家眾所周知的政策問題，本身就是件很弔詭的事情，因為多年生意的老客人，除非情況特殊，是不會輕易開口的。至於新加盟的新客戶，負責接待的業務員也該早就講清楚公司的底限，但為怕拒絕客人導至對方不快，很多業務員會替客戶出主意：「我替你約主管出來，你直接跟他談，我在旁幫腔。」碰到這種情況，我在同事跟我喬客戶約會時，一定會先問清楚客人目的，並與他共同商定與公司政策一致的答案，逼使公司業務員在與客戶開會時，與我保持一致立場。久而久之，這類的約談就變少了。

面臨重大兩難時刻，如何決策與應對？任何生意人一生中，總會碰到幾次手頭緊的時侯，如果客人的要求是有針對的個案性，不涉及原則的通案性，多數情況我是會考慮客戶的要求，比如客人對我司某項促銷活動很有興趣，想在時限前多進一些貨，但手上現金不足，希望我們可以讓他分 2～3 次付款，鑒於他是我司多年往來的大客戶，信譽也不錯，我就可能傾向有條件的放寬某些規定，因為這種情況不是通例，不用耽心一堆比照辦理的後遺症。

另外就是碰到關係重大的事情，這種情況會讓我們天人交戰，如果便宜行事，很快就拿到訂單，順利讓本季或本年的業績達標，問題是以後怎麼辦？如果問題提出的當下令你困擾，暫時脫離現場，或請對方多給點時間考慮，也不失是種聰明的做法，因為不要讓自己在巨大壓力下匆忙決定，才不容易做出令人後悔的決策。

其實管理學裡談管理就兩個重點，就是例外管理與重要性原則，而牽涉原則問題的事情，自然也是大事情，所以多花點時間考慮也很正常，我經驗中最長的一役，是從早上談到下午，客戶從頭到尾就是要求放寬出貨條件，前後磨了 5 個小時，我們口氣和緩但態度堅定，最終還是將合約簽了下來，雖然過程非常辛苦，但也印證商場上常說的一句話——嫌貨才是買貨人！

10-4 究竟是生意夥伴 還是朋友？

商場上結交認識的朋友，可以成為無話不談的朋友嗎？這是本文題目的真意，其實在一個人真正的一生中，難得有二、三個知心好友，但通常卻有一堆普通朋友，甚至是很多酒肉朋友，特別是在進入社會後，在生意場合上認識的朋友！

為何這是一個話題？主因大部分年輕人初入職場往往是很孤獨的，甚至也沒人教你，哪些事情可與那些人聊？特別是在

異國他鄉，如能在工作場合或商場上遇見談得來的朋友，自然會讓你覺得有種他鄉遇故知的感覺。這不是個多麼嚴重的大問題，只是我們要了解商場上結識的朋友，多少都帶著些利益關係，這與大家僅是單純朋友，可以像家人般傾吐煩惱、可以無話不談，是大不相同的，搞不清對象，聊不該聊的事情，常會惹來一堆麻煩事或更大的困擾。

我個人吃過這個虧，因此磨礪出兩個簡單的原則來辨別朋友：其一是真正的朋友是不會為難你的，不會要你違背公司政策給他優惠或方便，大家會交換經驗與看法，也會為自己認為對的事情與原則而辯論，但不會要求對方一定要按自己的意思從事。異中求同或同中存異，彼此間是一種互相尊重與相知相惜的關係。

其二是彼此間會聊公事以外的事情，比如一位合作了 5 年生意的經銷商，有次特地花了 1 個多小時與我談小孩的教育問題，因為他知道我有兩個正在讀初中的小孩，也知道我很重視教育，了解我曾花了些工夫去思考與安排小朋友的教育環境，正當他也正面臨同樣煩惱時，很自然的想到可以問問我，這裡面帶有兩層含意：第一是他認為我是個可以諮詢的對象，表示他對我某方面能力的肯定；第二是他認為我不會將他的問題到處去講，也就是說他了解我，應該不是個會到處八卦的人，是個可以信賴的朋友。

如果通過這兩層的檢視，基本上才會將這些人，視為真正的朋友。但坦白講，如果你問我這一生中，從職場上總共結識了幾位朋友？我必須誠實地告訴你，包括同事與生意夥伴，我

在職場上結交了上百位的朋友，但稱得上真正朋友的，到目前為止，應該不超過5位，這表示朋友好交，知音難尋。也就是說，我們人生中大多數時候說話都必須十分小心，逢人通常只能說半句，這不是虛偽，而是自保之道！

第 11 篇

格局定天下　戰略決勝負

　　什麼是「格局」？格局的高下怎麼分別？簡言之，就是看事情的高度與視野，在公司裡，同事看 50 步，你看 100 步，同事看一季，你看一年，同事看一個部門，你看的是企業整體；在產業界，同業看 5 年，你們公司看 20 年，同行看台灣，貴公司在看世界；格局誰高誰低，最後誰會勝出？答案不言而喻。

　　「戰略（又稱策略）」，是設定目標，並包括達成目標的整套方略，「格局」是一種內在的氣度與胸懷，而戰略就是外顯的企圖規劃，基於戰略目標，擬出戰略地圖、戰略路徑與一系列的子目標與子計畫。有格局卻無戰略，無疑是空中樓閣，但戰略卻也不是一層不變的，必須依企業內在條件與外在環境的變化，適時做出調整。

　　前台積電董事長張忠謀先生在 2009 年，世界金融海嘯爆發的隔年，撤換掉採取裁員減編的執行長，親自出馬兼任 CEO，在全球產業界風雨哀嚎之際，反方向進行積極的投資擴張策略，十年後的今日，台積電已成為全球半導體行業的霸主，市值成長 10 倍。這個大膽成功的戰略，證明張忠謀董事長身處亂世，高瞻遠矚的事業格局，加上團隊堅實的執行力，才得以成就非凡，也為台積電的「企業格局」做了最佳的詮釋與說明！

11-1
腳踏實地是登高望遠的前提

　　我們都很崇拜那些卓越的企業家，他們好像總能洞燭機先，

預見問題於前。其實這些優秀的領導人都有個共通的特質，就是他們非常務實，胸懷大志但卻腳踏實地，有耐心、有步驟，也懂得利用方法，不斷去磨礪自己的本事，終其一生只為了成就他的理想與目標！

台灣的四、五年級生，談到白手起家的企業家，就會想到僅有小學學歷，16 歲開米店，最終建立台塑帝國，成為台灣經營之神的王永慶。統一的高清愿則是台南布行的小學徒，卻成就了台灣最大的食品集團。海邊長大的張榮發，17 歲進入日本船公司擔任基層艙管員，花了 15 年升上大副，靠一艘二手雜貨船起家，又花了 17 年才建立起全世界最大的海運王國。他們原本出生貧窮，但從不為貧苦所困，一步一腳印，築夢踏實，成就不凡。

幾乎所有人，都了解沒有一步登天這回事，但很多朋友本身沒做太多努力，卻總是期望著幸運降臨的可能，能不費太多勁，就快速成功致富，但真正的成功絕無捷徑，除非有個富爸爸，所有企業幾乎都曾面臨資源匱乏的艱苦階段，就算你眼光精準，但資金不足時或時機不對時，也只能耐著性子，蓄積自己的實力為先，必須等待機會與條件成熟時，才能進入下一階段的發展！

企業如此，國家亦然。年過 50 的朋友都很懷念，並推崇 60、70 年代的台灣，在尹仲容、孫運璿、李國鼎、趙耀東等首長擘劃領導下的台灣，在那個百廢待興且資源極度匱乏的年代，那種恢宏的大國氣度、高瞻遠矚的施政格局，什麼事情先做？從哪裡開始？缺人找人，缺錢籌錢，不慌不忙將國家一步步帶

向富強的軌道，台灣雖小，但 30 年前，就是傲視全球的四小龍之首，憑藉的就是那個小志氣高的遠見與格局。

為何會將企業經營的話題扯上國家大政？因為企業的事業格局與國際局勢息息相關，像大摩、富時等早想投資中國，但直到 2019 年才能夢想成真，因為條件與時機總算成熟了。最近中、美貿易大戰，打得我們一堆台商西遷東協或撤退回台，或將大陸廠轉型自動化，或專攻中國內需市場，因為企業戰略必須隨著外在環境的改變而調整，當然也包括投資地政經情勢的變化。

不過，這些有能力進行國際移動的企業還不是最嚴重的，因為他們比較有規模，也較有籌碼、時間與能力自行調整或選擇，最糟糕的是一些以內需為主的小微企業，如：農漁民、攤商、民宿業者等，兩岸關係急凍，少了陸客自然生意大受影響，就算政府推什麼補助方案，也只是救急不救窮的短期措施而已，大環境改變不了，再有多少理想與抱負，他們自己能做的事情實在有限！

企業的格局，受制於外在環境的制約，個人職場的發展，也同樣受制於企業本身的事業格局與老闆的企圖心。所以我們年輕人在挑選工作時就要非常小心，除了興趣、專業考量之外，最要擔心的是公司是否正派？老闆是否善待員工？因為剛畢業的年輕人作為職場菜鳥，無法很快找到理想的工作，本就是理所當然之事，但各位不妨拉長來看，對整個未來三四十年的職場生涯，將職場的頭兩年當做投資，磨練學本事絕對是值得的，這種想法代表你是從 10 年或 20 年的角度看待自己的職涯發展，

顯然這就是一種具有職場投資觀念的深度體認。

　　若台灣本地職場無機會，就將眼光拉高到大中華區，最終是國際職場，感覺自己本事不夠，就趕緊花個 3 ～ 5 年去積累自己的經驗或補上不足之處。敢於做夢並勇於挑戰夢想，具有這種眼光高度與野心，就是事業格局的展現，根據這樣的格局視野，擬定出自己的目標、方向與計畫，相信你的整個人生必然開朗，登高才能望遠，這又是職場高度的一種表現。

　　我初入職場時曾獲貴人指點，年輕人太早得高位、拿高薪未必是好事。因為職場升遷難免有機緣因素，或起或落本是常態，如果自己的底子不夠，過早升上去，也會較早下來，就像股市一樣，在低點盤旋整理的時間愈久，日後大漲一飛沖天的機會，也就更長更久些，如果職場生涯，能在最高點時告一段落，豈非人生一大快事！

11-2
怕死還是怕輸？

　　有位新加坡的產業分析師，談台商、陸企與新加坡企業家的不同，他認為台商對新事物或企業轉型的投資，普遍都是從風險的角度去考慮，非常怕輸，怕萬一不成功會危及整個事業；但陸企與新加坡商人的考慮顯然不同，他們經營事業有種天不怕地不怕，就怕糊裡糊塗，不知道怎樣死的，特別是今天明明

還是好好的，怎麼第二天就風雲變色，被丟到死胡同裡去呢？

　　坦白講，我對新加坡企業家的接觸較少，不適合評論，但對陸企的感覺倒真與這位朋友的看法一致，陸企老闆普遍的危機意識極高，每天在想的都是衝衝衝，在他們的字典裡，絕沒有什麼「穩健經營」這句話，他們在怕什麼呢？他們怕一不留神，就被同業的小老弟給超越過去？他們怕今年沒有新產品，明年業績就無法成長？他們怕橫空出世的新技術或新的經營方式，毀掉他們原本領先的事業？他們更怕錯失商場上出現的好機會，他們認為明明自己察覺的商機，怎能因自己的猶豫不決，被競爭者捷足先登呢？其實我們了解，這是種不進則退的經營心態，但多數朋友不知道的是，他們迫切尋求改變與進步的程度，遠大於我們的認知與理解。

　　在大陸生活過的人都理解，以前四川吉利在中國汽車產業，只能算是個 C 咖，2009 年，吉利的董事長李書福先生向新聞界透漏，他們要收購富豪（Volvo）了！第二天這個新聞在北京炸開了，但產業界沒有幾個人當真，只說李書福是個瘋子。事實上，李書福想收購富豪是早已醞釀很久的事情，早在 2008 年初底特律車展期間，見到了福特的首席財務長，李書福當即明確表達收購富豪的意願，對方回答得也很乾脆——富豪是不打算賣的。

　　但機會似乎總是留給敢做夢的人，僅在 1 年多後，全球汽車產業形勢大變。原因是 2007 年美國次貸危機所帶來的世紀金融海嘯，首當其衝的就是全球的金融行業，進而擴及所有產業，特別是那些財務不健全、高度仰賴銀行融資的美國大企業，於

是，福特被迫做出賣掉富豪的決定，吉利因此名列參與競標的候選名單之中。

即使如此，李書福的野心似乎仍是非常可笑的，因為即便在跌入谷底的 2008 年，富豪汽全球仍保有近 36 萬輛的汽車銷量，147 億美元的銷售額，遠比當時市值兩億美元、香港上市的吉利汽車大太多。當時有位參與購併的吉利高層問過李書福：「你憑什麼收購富豪？」李答道：「我除了膽兒，什麼也沒有。」其實這句話就是反映出大陸民企「怕輸」的企業精神。結果，經過 1 年多的艱苦談判，李書福居然以 18 億美元的價格，完成對富豪汽車 100％的股權收購，富豪自此成為中國吉利集團的全資子公司。雖然這個搏命冒險的故事才剛開始，但現今全球汽車業似乎已無人再稱李書福是瘋子了，產業界也無人敢小看吉利了。

企業界以小博大、出奇制勝本是天經地義的事情，只不過從台商角度來看，這類大型跨國性購併出自一家 C 咖陸企之手，實在令人難以接受。事實上台商沒啥好怨的，記得 2005 年科技業也有宗大型的跨國購併案，就是大陸聯想電腦公司買下美國 IBM 公司的 PC 部門。坦白講，以當時台灣科技業的實力來說，這本應該是台商的菜，問題是台企太缺乏市場想像力與高度的企圖心了。

10 年前我在陸企工作期間，不止一次在不同的場合，聽到多位知名大陸成功人士的演講，他們經常提到一個概念，就是——許多看起來很偶然的成功或失敗，卻是某些歷史必然的因素所造成的。坦白講，每位做生意的朋友，仔細回想自己的事

業，都會發現一些關鍵轉折點，成功與失敗往往就取決那時的關鍵決策，往左還是往右？前進還是後退？不同的決策，造就日後結果的天差地別。大陸朋友普遍的想法，是絕不會放過任何機會，特別是當你碰到一生中，可遇不可求的機會降臨之際，你說他衝動也好、不自量力也罷，反正幾乎所有的陸企老闆，都會選擇放手一搏的。

多數台商的謹小慎微與陸企的豪邁激進形成強烈的對比，這裡不是在批判誰對誰錯的問題，只是讓讀者了解兩地企業家思考邏輯的差異。大文豪歌德曾說過：「決定一個人的一生與整個命運的，只是一瞬之間。」陸企老闆將這句話做了更深的詮釋，那些看似一瞬間的衝動決策，卻已在他們腦中盤旋了許久，甚至一直在默默的準備中，雖然常因經驗不足、思慮欠周或因資源不足而功虧一簣，但只要還有一口氣在，相信他們就會永不停止的去嘗試各種可能。

事實上勇於嘗試的陸企，遭遇挫折的機會遠比成功的的比例高太多，但大陸市場規模百倍於台灣，就算兩地是相同的成功率，大陸市場的成功案例也遠多於台灣，市場大，相對延伸機會就多，有時東邊不亮西邊亮，碰到問題轉個彎又是另一方光景，加上媒體多喜歡報導那些具有勵志色彩的傳奇故事，所以成功的故事也較容易被吹捧放大，這種風氣自然助長了整個社會險中求勝的氛圍。

不過深一層來說，如果當初沒購併富豪，今天的吉利恐早已在中國的汽車產業中被淘汰了，其實李書福先生當時的大膽決定，確實是不得已而為之的必要決策，其他中國 9 家排名在

吉利之前的大陸車廠為何無此圖謀？原因是他們不需要，他們的銷量比吉利高，比賺錢更是多了好幾倍，且中國車市當時形勢一片大好，在全球金融風暴颳起的當下，選擇持盈保泰是大多數有實力的大企業會做的正常決策。簡言之，資源太多未必是企業的好事，否則那些享有市場寡占地位的國營事業，為何總是經營績效不彰呢？

雖然陸企比台商冒進，但他們普遍撤退也快，一旦發覺形勢與原先預估不同，研判力有不逮，且情況無可挽回之時，他們也比較能當機立斷，斷尾求生。據我觀察，這應與陸企初創時資源有限有關，必須靠打遊擊戰的方式來嘗試新事物，一看苗頭不對，就會另覓獵物絕不戀戰，所以他們往往一開始時就會設個停損點，臨到停損極限時，不論是對人還是對事，他們都比較能不帶感情地壯士斷腕。

企業老闆怕死，還是怕輸的經營格局？決定了日後企業是否成就非凡，我這裡並非鼓勵朋友們冒險躁進，面對任何案子，合理的分析與基本的功課還是要做得透徹才行，但想要算無遺策滴水不漏，世上恐沒人可以保證百分百一定成功的事，而最終決斷總是落在領導人身上，領導者的信念、個性與意志力，才是驅動事情往哪個方向發展的關鍵，絕不是看你企業規模多大，手中有多少資源而定？這些只是影響成敗的變數，卻不是必然成功的要素。

11-3 好壞都是學問 做中學就對了

　　大學四年的寒、暑假，我都到校外打工，因為假期前後 3 個月的薪水，是我未來一整年生活花費主要的經濟來源，這對家裡供我上私立大學不無小補。其中有段令我至今難忘的工作經歷，這位同事叫什麼名字？迄今我完全沒有印象，但我卻是非常清楚記得他對我所造成的影響，是一輩子都不會磨滅的印記，而且是正面的幫助。印象中是在我大一結束，要升大二的暑假時，去到一家紡織大廠的台北辦公室實習，直接帶我的主管能幹又和善，多年後我從報章上得知，他已成為某上市公司的總經理，我一點都不感到意外，不過他卻不是這篇文章的主角！

　　令我感覺深刻的是一位船務主管，從電影的情境來看，他絕對是在演大反派的角色，印象中他講電話時好像總是用吼的，他負責船運與進口業務，所以電話中的那一頭應該是報關行或船運公司的業務人員，也因其業務具有嚴重的時效性，讓他無形中以嘶吼的方式，企圖將壓力傳達給對方。說實在的，這招是否管用？我不清楚，但可能效果尚可，否則他不會老是一直用這一招，當然也可能是他已經習慣了，長期往來的對方也早已麻木了，所以看似雙方關係緊張，但彼此卻是習慣這種溝通

方式。

因為我們的辦公室是全開放式的，所以他每次對著電話吼叫時，全辦公室的同仁都聽得一清二楚，大家似乎也都見怪不怪，不過對我這種初踏入叢林的小白兔來說，卻是相當震撼的，還好我的工作與他完全無涉，整整兩個月，根本不太有機會與他說上幾句話，這也是為何我對他印象深刻卻不知其名的原因，實在是我根本不敢招惹他。

不過有個奇怪的現象，就是他雖然對外溝通容易暴怒，但對公司內部的同僚多能平心氣和地論事，事後回想，難不成他對外的暴怒只是一場表演，所以他常能在放下電話後，迅速地轉換到另一個頻道與同事溝通，如果真是這樣，那他的功力已非同一般，心境的轉換已達到隨心所欲的地步，真高人是也！

雖然公司同事多能容忍，但也因他幾乎每天都在發脾氣，自然難免對辦公室氣氛帶來一些負面的影響，當時我心中最大的疑惑就是難道不能好好講嗎？非要這樣大吼大叫才能辦妥事情嗎？當然也有另一種可能，就是仗恃著老闆寵幸，養成了隨性發作的習慣，但無論怎樣的原因，發脾氣絕對有礙健康，就算能力不凡，長此以往也難免變成組織內的頭痛人物，更現實地說，除非是真正的老闆，大夥同事都是吃人頭路的打工族，沒必要因為你的壞脾氣搞到天天上班不開心。我與這位主管同事兩個月，也聽他罵人罵了兩個月，他教會了我，以後在職場上絕對要能控制自己的情緒，輕聲說重話，要比大吼大叫有效得多。

這事對我更有深一層的影響，因我從小功課尚可，也自認

小有聰明，所以難免有些過於自負的毛病，但此事告訴我，如果想要得到更高的成就，就必須仰賴團隊的力量，而謙虛待人、察納雅言絕對是根本的要件，如果平常做人沒兩句話就與別人吵起來，那其他也就沒得談了。

同時我們這個時代的主管，正巧迎來了 90 世代以後成長的年輕人。講脾氣，這群年輕人的脾氣比你還大，也更缺乏耐心，但能力與反應一流，而且高度敏感，現在的主管或企業領導人，非但無法再用以往直接批判的管理方式與下屬溝通，反而要用朋友的方式與同事相處。往往在溝通前，還得先花點時間想想如何談才行，迂迴、耐性、尊重，加上參與式的研商，才能讓大夥高高興興、心甘情願地合作。

不知道是命還是運？當我們年輕的時候，做主管的威風，而現今是年輕的下屬神氣，但不論是哪個世代、哪個行業的從業人員？除了薪資待遇外，追求工作成就感、愉悅與尊重同仁的工作環境，都是大家一致的期望，也是這兩年流行的說法，就是追求幸福企業。很高興在我 20 歲的時侯，這位壞脾氣的同事，就教導了我要怎樣才能成為一個幸福企業的主管！

11-4

如何在積極中兼顧保守？

台灣企業界很重視策略規劃，但大多數的朋友卻搞不清楚，

策略與計畫有何不同？可是我在大陸工作 20 多年期間，最常聽到陸企老闆講的是戰略，而非台灣朋友所說的策略，久而久之我也習慣講戰略了，後來我發現這有個好處，因為談戰略就自然帶出戰術，反而讓大家容易理解戰略與戰術的區別。戰略是從整個大局來看企業的方向、目標與格局，坦白講，如果一個老闆連企業要往哪走都搞不定？自然無從談目標，也甭談什麼計畫了。換言之，沒有戰略，就無從定戰術。因此我很喜歡從這個角度來與同事談企業運營的戰略與戰術！

陸企老闆有句經典名言，就是要我們——從戰略上藐視敵人，但在戰術上要尊重敵人。這句看似矛盾的說法很容易了解，做為市場經濟後進者的陸企，面對世界一堆強大的產業對手，若無出人頭地的豪情壯志，就根本不用玩了，一旦決定加入戰局，必然要堅信自己有戰勝對手，取而代之的可能，所以在戰略上藐視敵人，毋寧說是給自己壯膽，同時也是講明自己的決心，並給公司同仁打氣。

但戰術拚的是真刀真槍的硬工夫，是比產品、比服務、比成本、比價格，拚專業、拚流程、拚團隊、拚效率。但 2010 年以前，大部分的陸企老闆深知自己本事不夠，無法對同仁談什麼具體的戰術指導，所以很多民企老闆去大學 EMBA 深造，目的就在補足自身管理與領導專業的不足。談戰略則要從宏觀的角度去談，又可借鑑不同產業與不同市場的例子，也可從歷史、政治與軍事中去學習，眾說周知的《孫子兵法》與《三國志》等，甚至是很多老闆，包括日本企業家參考的經營寶典。

同時「談戰略」是企業老闆喜歡做的事，也是企業老闆與

某些高管的特權,或是在組織中某種身分地位的象徵,代表他的煩惱與一般員工不一樣,不在一個水準上。事實上大公司的陸企老闆多善長邏輯辯證,談起戰略頭頭是道,會讓人打從心裡佩服他,但仔細推敲內涵,多是務虛而非務實之論,原因是戰略通常是個原則指導概念,他必須保持某種程度的模糊與彈性,並非這些大陸高管或老闆不識實務,也不是他們想說一套做一套,存心的心口不一,而是他們常常過分放大彈性,特別是在企業面臨重要關頭或大利大害權衡之際,其實這才是真正考驗企業老闆格局高下的時候!

不過從他們日常行事作風來看,陸企老闆普遍有「戰略積極,戰術保守」的特點,而且通常只會在創業的頭幾年行事保守些,一旦稍具規模就會迫不急待地往前衝,他們普遍有兩種戰略考慮:一是深怕機會稍縱即逝,他們將時間成本看得非常重要,因為他們多數比起國外同業自認起步已晚,想要彎道超車,就必須充分掌握各種機遇與時間;二是怕比同行晚行動,深怕自己先想到的好點子或好機會被別人捷足先登了。所以他們往往勇於嘗鮮,這就是他們戰略積極的緣由。雖然這些陸企雖勇於大膽投入新領域,但卻不盲動與妄動,做老闆的絕對會緊盯著新事物的一舉一動,包括新部門的計畫、組織、人事、預算與時程進度,一發現苗頭不對,該換人就換人、該砍預算就砍,立馬將資源移往能出效果的地方,絕不戀戰,這就是所謂戰術保守的部分了。

而與各位朋友談「戰略戰術」這檔事的目的,是因為眼下的國際職場,有愈來愈多的機會碰到陸籍高管或老闆,而我接

觸的台灣年輕人雖具備專業的戰術能力，但大多極度缺乏戰略
思考的訓練，通常無法在戰略層面與老闆做有效的溝通，當然
無法取得老闆足夠的信任，同時也無法得到董事會的支持，在
得不到足夠資源與授權下，往往許多台籍高管適應不良，有志
難伸。倒是那些從基層起步的年輕朋友，因為與企業和老闆一
同成長，而且初期工作重心是在戰術專業領域上，反較能給自
己多一些的餘裕與空間，讓自己能漸入佳境。其實這些考慮不
僅適用於陸企，同樣適用於其他外企，因為不同的國家，不同
的國情背景與文化，大家雖然同在一起工作，但想的就是可能
大不同，這就是在國際職場工作時，必須要有的基本認識。

第 12 篇

事業經營的道與術

　　幾乎所有人都企求自己的事業永遠成功，所以總是會要求自己，要能做對的事情，而且還能將事情做對。前者「選擇對的事做」就是道，而「做對事情」則是術。可是天底下偏偏有那麼多的聰明人，卻常用自己一身的好本事，總是非常有效率的做錯事情呢？其實多數創業者的初衷並非如此，但做生意目的就是要賺錢，日子一久，很多人就忘了原則與理想，忘掉賺錢只是手段，而非當初創業真正的目的，其實只要能做「對的事情」，錢就自然能賺到了！

　　古人有云：「君子務本，本立而道生。」以台灣的驕傲台積電為例，2019 年員工運動會上，新任董事長劉德音說：「台積電空前的成功來自三個根本，就是──技術領先、製造優越與客戶信任。」其實前兩者雖是獲取客戶信任的原由之一，但卻不是最難的部分，最難得的應是如何取得客戶的長期信任？因為客戶信任的基礎在員工信任，與供應鏈夥伴們的互信，如果沒有這些傑出員工與供應商夥伴的長期支持，台積電怎可能做到技術領先與製造優越？自然也得不到客戶的信任，其實半導體代工模式的成功關鍵就在客戶信任，而要獲取客戶信任，也絕不是光有說到做到這樣的決心而已，必須通過高度貫徹落實的執行力與長時間的考驗，才能獲得客戶真正的信任。

　　台積電的成功讓人羨慕，也令台灣人驕傲，多數企業家雖心嚮往之，但卻認為這是很遙遠的事，因為眼下台積電規模太大、產業地位太強，舉手投足信手拈來，所有事情好像都能水到渠成，理所當然。事實上，1986 年創立的台積電，當時在世界半導體的舞台上算哪根蔥？張忠謀與一群來自工研院的台灣

工程師，在政府支援下發展半導體界史無前例的代工模式，但並未被全球業界看好，因為這種模式高度挑戰人性！除了當時台積電本身的技術實力尚待證明外，怎樣在訂單的誘惑下，還能保護客戶的機密，讓互為競爭對手的同業，都願意下單台積電，顯然台積電的誠信正直，通過了嚴格的市場考驗。

日本經營之神、京瓷集團創辦人稻盛和夫，將這種講誠信的信念，稱之為「商魂」。他在近年日企大廠，爆發一連串的造假醜聞後，撰文指出，日企的商魂已死，誠信不再。台積電今日成績耀眼，但一路走來絕非一帆風順，而誠信正直為企業克服重重難關立下大功，也為台積電設下同業難以逾越的道德護城河，並為現代企業將誠信正直作為事業經營的商道或商魂，立下了絕佳的典範。

科技模範生台積電成績輝煌，但令我感觸最深的，卻是一家 1967 年在彰化成立的輪胎廠，其實台灣的輪胎業在世界舞台上只能算是 C 咖或是 B 咖，主要是台灣沒有具世界規模的成車廠，引領整個汽車產業相關供應鏈的發展，基本上從這家輪胎廠 50 多年前創立至今，汽車工業根本是歐美日大廠的天下，但這家一點都不張揚的台灣傳產企業，卻從輪胎業的配角，默默的走入汽車市場的國際舞台。2018 年 8 月，他獲美國輪胎商業評為全球第 9 的輪胎廠，同時也被英國品牌評估機構評為，2018 年全球最有價值輪胎品牌的第 8 名，也是 2019 年在全球車市衰退的背景下，成為上半年全世界前 9 大輪胎品牌中，淨利正成長的唯二品牌之一。

翻查其事業軌跡，2014 年應該是關鍵轉折，其實在 2014 年

以前全球輪胎產業基本上是供應不足,生意最好的時候,只要做得出來就能賣得掉,那時同業們都在擴廠,但這家台廠想得不一樣,因為他已預見如果不改變,很快地就會遭遇賣一條、賠一條的紅海競爭局面。所以從 2014 年起開始「A 咖計畫」的布局,就是決定做一連串所謂「對的事情」,才讓這家企業能在今日全球車市大萎縮之際,逆勢擠入 A 咖輪胎市場的競爭行列之中。

而他所謂「對的事情」,主要就是下述內容:

(一)往自創品牌的目標與方向轉型。

(二)全力投入研發,在台灣、美國、歐洲與大陸等地,打造了 5 座研發中心,提高每年研發費用對營收的占比,甚至高於大多數科技公司的水準。但他們仍戒懼謹慎,因為千人規模的研發團隊,遠不及世界 A 咖品牌的水準,深怕一旦減少持續的研發投入,幾年後就會面臨被市場淘汰的危機。

(三)耗費巨資打造全亞洲最大的試車場,單每年維護費至少就要新台幣 5 千萬元。這改變了以往台商總要商借海外試車場測試車胎,資訊往返以月計算的窘境,現在靠著工廠旁邊的試車場,結合實測與實驗數據,最快兩天就能做出新輪胎,大幅提高了客製化輪胎的服務效率與產業競爭力。

企業成績傲人,但最令我印象深刻的,卻是幾年前一篇非關產業的新聞報導,才讓我注意到這家低調的優秀企業,新聞談及這家企業在工廠內附設幼兒園,照顧員工家中學齡前的嬰幼兒,我會注意這篇報導,是因為我們那一代的年輕夫婦,常為家中降臨的小寶寶手忙腳亂,後升為公司高管後察覺到若企

業能解決年輕員工的幼兒照顧問題,肯定能為公司留住優秀的
年輕同事,特別是生產型的製造企業,因為在廠區內找個百來
坪空間來做幼兒園並非難事,公司定期撥補一些經費,可由企
業工會或福利委員會來操辦,這是典型花小錢卻能解決員工大
問題的大好事。這是我第一次發覺,果然有著麼一家藏在彰化
鄉下的台灣企業,就是這樣辦的。事實上 20 多年前,在老董娘
負責員工伙食期間,每天都會多煮一點,送給同村的獨居老人
們吃,其他像捐助台鐵數十座郊區小車站、捐推車給離島機場
等,這些看起來不太起眼的小公益,他們就是順手做、默默做,
而真正感動人心的,反而是這些非關企業經營的溫心小故事。

最膾炙人口的事發生在 2010 年,這家輪胎廠坐落於彰化縣
六大窮鄉之一的大村鄉,卻因為老董娘的過世,大村鄉迎來了
一筆 10 億元的遺產稅收入,大大改善了鄉裡的財政情況,讓大
村鄉一躍成彰化前三富有的鄉鎮。3 萬 7 千名鄉民每人因之有了
每年 50 萬元的免費意外險,老人們擁有每年 1 萬元的敬老津貼。
這個家族身價名列全台第 6 卻從不避稅,不是不懂而是不願,
因為這家企業的創辦人認為企業的成功源自於社會,所以必須
回饋社會,而回饋社會最好的方式就是實實在在地繳稅,讓政
府能好好照顧老百姓。所以老董事長中風多年後,一直未曾花
心力去避稅,估計又將為大村鄉帶來 16 億元的遺產稅收入。坦
白講,這種風範與氣度不僅是難得,也絕對稱得上是台灣富豪
家庭中的第一名。

這家輪胎廠的成功,無疑是靠中國車市崛起,躋身全球輪
胎十強之列,但根據上市櫃年報資料統計,他匯出台灣投資大

陸的金額不超過新台幣 34 億元，但投資收益匯回台灣的總金額
已達 490 億元以上，至今仍居台灣所有上市櫃企業之冠。帶動
台灣彰化總部從 30 年前西進時的 1 千人，成長至今日的 6 千多
名員工，這家企業證明如何善用大陸市場的成長契機，在世界
舞台上成功脫穎而出的典範，不是靠大陸的低成本，也不是走
低價搶單的代工模式，經營企業更不是只為了賺錢，就像台積
電堅持正直誠信的經營理念一樣，這家傳產企業以永續經營的
精神，發揚光大到善待員工與回饋鄉裡，最令人欽佩的是他的
行事作風，默默做、少少做，就近就便順手做，做人、做事、
做企業，都是持續堅持以人為本、飲水思源的道理，其實這才
是值得企業深耕挖掘的事業護城河，也是同業總難望其項背的
主要原因。

　　決定那些是「對的事情」其實並非太難，但卻經常為管理
者所疏忽，因為這要回到做人的領域來談，就像堅持守法、以
人為本與正直誠信等經營原則，很多人會覺得這是大家都知道
的道理，既不時髦也不特別，沒必要多花時間去探究這些老掉
牙的題目。同時學校教育也將重點放在知識技能等術的傳授上
面，就以我大學主修的企業管理來說，專業領域所有的教學重
點，目的幾乎都是在談如何將利益極大化或損失極小化，最多
就是將時間軸加上去，是長期、中期，還是短期？但其中又有
個講不清楚的觀念，何謂長期？多久又是短期或中期？因為每
個人對時間的態度與看法不同，你的短期對某些人來說變成了
長期，而且多數時候對長期有益的事，卻不利於短期利益，這
時對經營之道無所堅持的人來說，什麼事是對？什麼事是錯？

就不是那麼容易判別了！

　　還有一種見解，認為應該等公司規模夠大時，再來談社會責任，企業規模小的時候一切以生存獲利為優先考量，其實這只是企業老闆的托詞，如果一位口口聲聲以人為本的老闆，在公司只有 5 名員工時，都在苛扣員工，怎可能期待當企業成長到 500 名員工時，他反而會大方善待員工，這是不切實際的期望。其實善待員工，也並非讓你在公司還未能獲利前，就要給員工高薪，量力而為絕對是必然的，但尊重員工就特別顯得重要了，大企業財大氣粗可以用錢砸人，小公司的老闆除了革命感情，好像也沒有太多籌碼留才，但看現實社會中，很多善行義舉卻出自普羅小民之手，顯見沒錢有沒錢的做法，誰說只有大企業或富豪之家才能做「對的事情」。

　　近年國際上繼 CSR（企業社會責任）後，又颳起講究 ESG（環保，社會與企業治理）的旋風，聯合國並邀集全球專家制定永續會計準則（SASB），希望制定出量化的指標來鼓勵企業做「對的事情」，顯然社會道德已然成為企業治理中的大課題，但我個人認為以量化指標來衡量企業的道德水準，固然有益企業社會責任的推展，好像將 ESG 變成了管理科學中，一項新的管理工具，但過分鑽研這項管理工具，是否會讓企業為追求「術」，而忘了本質上「社會責任」乃企業之根本，基本上屬於「道」的領域。

　　西方社會對管理科學有個看法，總認為無法量化的事物無法管理，但因為東方管理學者對企業社會道德的理解，較偏向「道」的論述，這裡面的目的雖然相同，可是手段做法就會出

現差異了，其實兩者的講法都對，因為從代價成本的角度來說，若企業不重視 ESG，這個公司遲早必要付出代價，不論是政府罰款或股價下跌導致企業市值的縮水，這種風險絕對是能計算與量化的。但如果公司長期注重企業治理，它的回報到底會是多少呢？坦白講，這裡面有那個專家可以說的清楚呢？其實真正具有強烈責任感與道德高度的企業家，內心裡並非在追求顯性的數字報酬，也就是說真正的回饋往往不是金錢價值可以衡量的。換句話說，不論是注重 ESG 或 CSR，都不是花了錢就了事的，這種可讓公司基業長青、員工引以為傲的企業精神，如何量化預期成果呢？事實上，很多企業老闆是抱著取之於社會、用之於社會的心態在回饋鄉里，打從心裡沒在想什麼投資報酬率的問題。

在 ESG 出現前，早有矽谷的高科技企業將「不做惡」列為公司的行事準則中，表明了企業的態度與價值觀，這就是在說明企業對某種「道」的堅持。近日又讀到一位台灣企業家的文章，談事業經營難免遭遇逆境，但總靠三顆心走出逆境，就是慚愧心、慈悲心與感恩心，他認為人生是所大學校，面對逆境帶來的苦與順境時帶來的喜，都要答題，而這個題目就是「什麼是對的事」？他就用這三心來幫助他「做對的事情」，自然能走出困境或更上層樓，再加上專業能力「術」的加持，相信你不僅能成功，而且是能快速的成功！

寫到這裡，我突然發覺本書全文似乎只有「正直誠信」一個重點，經營事業好像只要能面對現實，肯承認問題，願意迎難而上，天底下似乎就沒有過不去的坎。例子雖多，但道理一

點都不新奇，幸好很多朋友覺得無聊的老觀念，近年來卻很容易在台灣產業界看到成功的案例，台灣製造業的典範，台積電當之無愧，服務業我則高度推薦國人熟悉的鼎泰豐，除此之外，當然也有很多其他傑出的台灣企業，在經營事業之餘，以適合自己的方式回饋社會，令人驕傲與佩服。這些企業的共同特徵是──他們的老闆與管理層，只會花小部分的精力，去管理企業的營運績效，因為所有的績效數字都是結果，數字不好看，表示公司一定有問題，至於是什麼問題？要如何解決？才是企業主要關注的「原因」範疇，但說到底不論原因為何？只要公司擁有不文飾、不掩過的企業文化，天底下就沒有問題可以難倒它！

　　「正直誠信」真的是知易行難嗎？看起來對某些企業還真是如此，榮獲雅虎財經 2019 年「全球最爛公司」封號的飛機製造商，美國波音公司，就是典型的負面教材。表面上波音的問題出在 737 Max 機型，2018 年 10 月的印尼空難與 2019 年伊索匹亞空難就說明一切，但真正的問題卻是波音「報喜不報憂」的企業文化，2015 年 12 月，波音內部就有工程師指出問題，結果是這位工程師被迫離職，其實大家都心知肚明，如果波音這種文化不改，飛機出事只是早晚問題，根本不是那個機型的問題而已。

　　所有人都是環境下的產物，若環境對作弊有利，毫無疑問最後的生存者皆是作弊高手。波音出事，絕不是只是幾位高層死不認錯的問題，而是整個環境迫使企業高層必須如此做方能生存。當然不只是企業，任何組織包括政府皆然，面對問題不

去解決，問題不會自動消失，只會換個面貌出現，最終將讓你付出更大的代價。這就是為什麼我們要堅持，將「正直誠信」作為經營事業根本之道的原因，凡立足于「正直誠信」的經營之道，不但能確保企業總是在關鍵時刻做對決定，也就是選擇做「對的事情」，也讓任何有關企業對「術」的追求，也就是「將事情做對」，變得更有意義！

國家圖書館出版品預行編目資料

跨域人生：大市場小故事 / 吳紹華著. -- 初版. -- 臺
北市：商訊文化事業股份有限公司，2021.06
　　面；　　公分. --（商訊叢書；YS09940）

ISBN　978-986-5812-91-1（平裝）

1. 創業　2. 企業管理

494.1　　　　　　　　　　　　　　110008510

跨域人生——大市場小故事

作　　　者／吳紹華
出版總監／張慧玲
編製統籌／翁雅蓁
責任編輯／翁雅蓁
封面設計／小魚人文設計有限公司
內頁設計／唯翔工作室
校　　　對／吳紹華、羅正業、陳睿霖

出 版 者／商訊文化事業股份有限公司
董 事 長／李玉生
總 經 理／劉益昌
行銷總監／胡元玉
地　　　址／台北市萬華區艋舺大道 303 號 5 樓
發行專線／ 02-2308-7111#5607
傳　　　真／ 02-2308-4608

總 經 銷／時報文化出版企業股份有限公司
地　　　址／桃園縣龜山鄉萬壽路二段 351 號
電　　　話／ 02-2306-6842
讀者服務專線／ 0800-231-705
時報悅讀網／ http://www.readingtimes.com.tw
印　　　刷／宗祐印刷有限公司

出版日期／ 2021 年 6 月　初版一刷
定價：299 元